从新手到高手

孙文博 汤超 / 编著

手机/电脑双平台

剪映短视频后期编辑

从新手到高手

清華大学出版社
北京

内 容 简 介

随着各大短视频平台的持续火爆，无论是视频创业者还是希望通过短视频分享自己生活的内容创作者，都需要掌握一定的后期处理技巧才能制作出优质的短视频。

虽然软件市场上有很多专业的后期剪辑软件，如Premiere、Final Cut Pro等，但由于其上手难度大，不适合希望快速掌握基本视频剪辑方法的非专业人士学习，所以本书将详细讲解手机版剪映和专业版剪映（计算机版），以及剪辑、后期处理的基本思路和操作方法。

相信通过阅读本书可以让零基础的新手也能制作出精彩的短视频，让有一定后期剪辑基础的读者掌握更多创意效果的制作方法，让视频剪辑不再成为短视频创业的门槛。

图书在版编目（CIP）数据

手机/电脑双平台剪映短视频后期编辑从新手到高手 /孙文博, 汤超编著. -- 北京 : 清华大学出版社, 2022.7

（从新手到高手）

ISBN 978-7-302-61014-4

Ⅰ. ①手… Ⅱ. ①孙… ②汤… Ⅲ. ①视频制作②视频编辑软件 Ⅳ. ①TN948.4②TP317.53

中国版本图书馆CIP数据核字(2022)第097545号

责任编辑：陈绿春
封面设计：潘国文
责任校对：徐俊伟
责任印制：刘海龙

出版发行：清华大学出版社

网　　址：http://www.tup.com.cn，　http://www.wqbook.com
地　　址：北京清华大学学研大厦A座　　　**邮　　编：**100084
社 总 机：010-83470000　　　**邮　　购：**010-62786544
投稿与读者服务：010-62776969，c-service@tup.tsinghua.edu.cn
质量反馈：010-62772015，zhiliang@tup.tsinghua.edu.cn

印 装 者：天津鑫丰华印务有限公司
经　　销：全国新华书店
开　　本：170mm×240mm　　**印　　张：**14.25　　**字　　数：**395千字
版　　次：2022年8月第1版　　**印　　次：**2022年8月第1次印刷
定　　价：79.00元

产品编号：096672-01

·前言·

随着专业版剪映（计算机版）的持续更新，其目前已经可以实现手机版剪映的几乎所有功能。但手机版剪映拥有丰富的模版，且具有便携和易用等优势。鉴于这两个版本的剪映软件使用广泛程度都很高，所以本书将同时对它们进行讲解。

虽然手机版剪映和专业版剪映的运行环境不同、界面不同，操作方式也有区别，但由于专业版剪映其实是手机版剪映的计算机移植版，所以其使用逻辑与手机版剪映是完全一样的。那么在学会使用手机版剪映后，只要了解专业版剪映各个功能的位置，自然就可以掌握其使用方法。同时，考虑到手机版剪映的受众更广，所以本书将以其作为主要讲解对象。

为了让零基础的视频后期编辑新手也能通过本书掌握剪映的使用方法，本书在以下5方面进行了优化。

1. 手机版和专业版剪映同步教学。虽然本书以手机版剪映为主要讲解对象，但在基础和进阶功能部分，讲解完手机版剪映的使用方法后，就会同步讲解专业版剪映。对于使用方法相同的功能，会介绍该功能在专业版剪映中的位置；而对于使用方法不同的功能，则会进行详细讲解，如关键帧功能。而在实操案例中，也会穿插专业版剪映后期处理案例，从而让读者可以同时掌握两个版本剪映的使用方法。

2. 图文＋视频的学习方式。本书赠送配套的教学视频，不仅实操案例有教学视频，对于一些重要的功能也有对应的讲解视频，让读者获得更轻松、多样的学习体验。

3. 更完整的内容结构。很多关于剪映的书籍只讲怎么使用剪映制作各种效果，而本书在此基础上，还涵盖了后期处理思路、剪映“草稿”管理，以及剪辑技巧等内容，让读者更全面地掌握剪映的使用方法，进而制作出脑海中想象的效果。

4. 一本性价比更高的剪映教学书籍。为了降低读者的学习成本，本书以赠送电子书的形式，为读者提供额外的内容。该部分涵盖片头、片尾、变身视频以及创意视频后期案例的教学，并依旧是图文＋视频的模式，可谓加量不加价。

5. 进阶剪辑教学。对于视频后期处理而言，剪辑是很重要的组成部分，并且可能需要花费一生的时间去学习。但由于短视频时长短，再加上对剪辑的要求不高，所以就被很多人忽视。因此，本书的第9章单独对剪辑进行了进阶教学，讲解了剪辑的5个基本方法，8个常用技巧，以及通过剪辑控制时间的方法等，进一步提高读者的视频后期处理能力。

本书第1作者孙文博负责编写第1~6章，第2作者汤超负责编写第7~10章，感谢在编写过程中贾亦男等老师提供的帮助。

需要特别说明的是，虽然读者购买的是一本书，但将获赠长达800分钟的剪映视频教学。获得的方法是关注“好机友摄影”微信公众号，在公众号界面回复本书第113页最后一个字，按提示操作，即可免费学习此教学视频教程。

编者

2022年6月

目录

活动现场欢声笑语 气氛热烈而温馨

Happy
New
yeaR

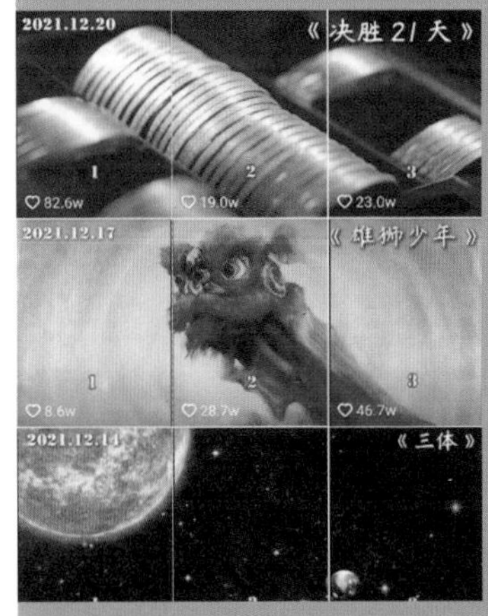

2021.12.20
《决胜21天》
82.6w
19.0w
23.0w
2021.12.17
《雄狮少年》
8.6w
28.7w
46.7w
《三体》

第十一期
热门玩法
2752
第十期
热门玩法
8133
第五期
画中画用法
6550
第四期
拍摄挑战
4707

泠月听风

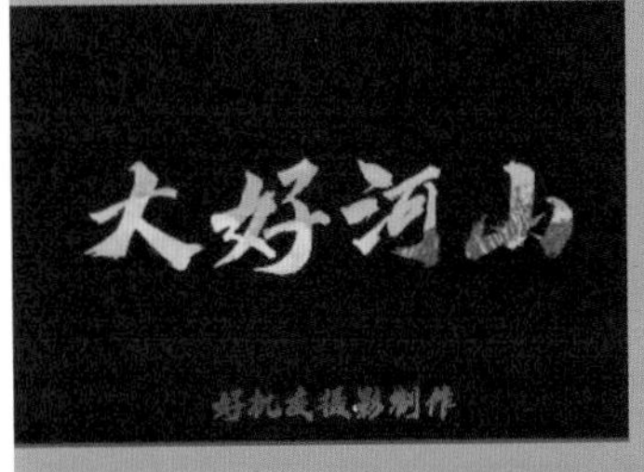
大好河山

只想确认你现在一切都好

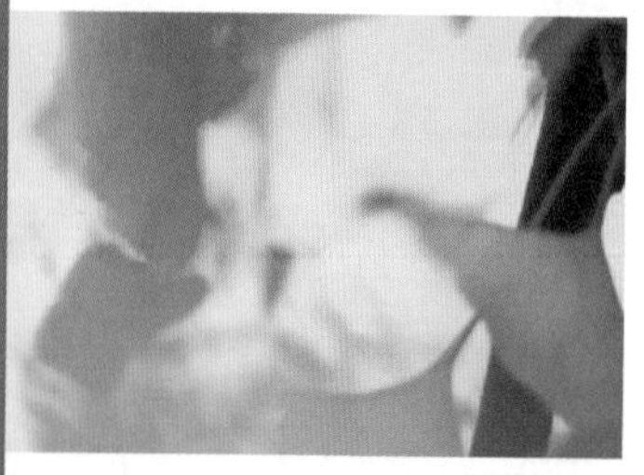

时尚达人
Lucy

死于战争是一种荣耀

欢迎来到赛博朋克世界
WELCOME TO CYBERPUNK WORLD

感谢
一路有你
感谢你为我负担这不安和心甘

第1章

认识短视频5大构成要素

1.1 短视频的5大构成要素概览

虽然，大多数创作者每天观看几十甚至数百个短视频，但仍然有不少人对视频结构要素缺乏认识，下面对短视频组成要素进行简单介绍。

1.1.1 选题

选题就是每一个视频的内容主题，也是视频创作的第一步。好的选题不必使用太多制作技巧就能够获得大量推荐，而平庸的选题即使投放大量 DOU+（抖音为创作者提供的视频加热工具，能够高效提升视频播放量与互动量），也不太可能火爆。

因此，对于创作者来说，“选题定生死”也并不算过分夸张。

1.1.2 内容

选题方向确定后，要确定其表现形式。同样一个选题，可以真人口述，也可以图文展示；可以现场拍摄，也可以用漫画表现。当前丰富的创作手段给了内容无限的创作空间。在选题相似的情况下，谁的内容创作技巧更高超，表现手法更新颖，谁的视频就更可能火爆。

所以，抖音中的“技术流”视频，一直有较高的播放量与认可度，如图 1-1 所示。

图 1-1

1.1.3 标题

标题是视频主体内容的概括，好的标题可以让人对内容一目了然。

此外，对于视频中无法表现出来的情绪或升华的主题，也可以在标题中表达出来，如图 1-2 所示。

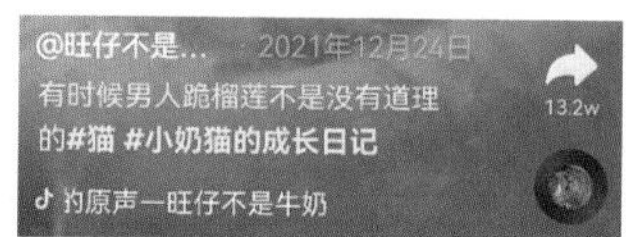

图 1-2

1.1.4 音乐

抖音之所以能够给人沉浸的观看体验，背景音乐可以说是功不可没的。大家可以试一下让视频静音，这时就会发现很多视频变得索然无味。

所以，每一个创作者要对背景音乐有足够的重视，养成保存同类火爆短视频背景音乐的好习惯，如图 1-3 所示。

图 1-3

1.1.5　封面

封面不仅是视频的重要组成元素，也是粉丝进入主页后，判断创作者是否专业的依据。整齐的封面不仅能够给人专业、认真的印象，而且还会使主页更加美观。

1.2　选题——让思路源源不断的方法

与任何一种内容创作方法相同，如果要进行持续创作，就必须不断找到创作的思路，这才是真正的门槛，许多账号无法坚持下去也与此有一定的关系。

下面介绍 3 种常用的方法，以帮助大家找到源源不断的选题。

1.2.1　蹭节日

拿起日历，注意是包括中（阳历和阴历）、外各种节日的日历，另外，也不要忘记电商们自创的节日（双 11、双 12）。

在这些特殊的时间点，要围绕这些节日进行拍摄创作，因为每一个节日都是媒体共振的时间点，不同类型、行业的媒体都会在这些时间节点发文或创作视频，从而将这些时间节点炒作成或大或小的热点话题。以 5 月为例，有劳动节和母亲节这两个节日，立夏和小满两个节气，这些都是很好的切入点，如图 1-4 所示。

围绕这些时间点找到自己的垂直领域及其相关点。例如，美食领域可以出一期“母亲节，我们应该给她做一道什么样的美食”；数码领域可以出一期“母亲节，送她一个高科技‘护身符’”；美妆领域可以出一期“这款面霜大胆送母上，便宜量又足，性能不输 ×××”，这里的 ××× 可以是一个竞品的名称。

只要集思广益，总能找到自己创作的方向与各个节日的相关性，从而成功蹭上节日热点。

图 1-4

1.2.2　蹭热点

此处的热点是指社会上的突发事件。这些热点通常自带话题性和争议性，利用这些热点作为主题展开，很容易获得关注。

所以，成功蹭热点是每一个媒体创作者必备的技能。这里之所以说是“成功蹭热点”，是因为的确有一些视频蹭热点是不成功的。

例如，主持人王某芬曾经就创业者茅侃侃自杀事件发过一个微博，并在第二条中庆祝该微博阅读量破 10 万。这就是典型的“吃人血馒头”，因此受到网民的抵制，如图 1-5 所示，最终不得不以道歉收场。

因此，蹭热点既要有一定的技术含量，又要保守道德底线，否则，会适得其反。

图 1-5

1.2.3 蹭同行

这里所说的同行，不仅包括了视频媒体同行，还泛指视频创作方向相同的所有类型的媒体。

例如，不仅要在抖音上关注同类账号，尤其是相同领域的头部账号，还要在其他短视频平台上找相同领域的大号。

视频同行的内容能够帮助新入行的小白快速了解围绕着一个主题，如何用视频画面、声音、音乐来表现选题主旨，也便于自己在同行基础上进行创新与创作，如图 1-6 所示。

图 1-6

1.2.4 利用“创作灵感”

“创作灵感”是抖音官方推出的帮助创作者寻找选题的工具，这些选题基于大数据筛选，所以不仅数量多，而且范围广，能够突破创作者的认知范围。

下面是具体的使用方法。

❶ 在抖音 App 中搜索“创作灵感”话题，如图 1-7 所示，并点击进入话题。

❷ 点击“点我找热门选题”按钮，如图 1-8 所示。

❸ 在顶部搜索栏中输入要搜索的视频主题词，如“麻将”，再点击“搜索”按钮，如图 1-9 所示。找到一个适合自己创建、热门度较高的主题，例如，选择“沈阳麻将玩法”，点击进入。

图 1-7

图 1-8

图 1-9

1.3 选题——寻找热门选题的方法

1.3.1 通过抖音“热点宝”寻找选题

什么是抖音“热点宝”

抖音“热点宝”是抖音官方推出的热点分析平台，基于全方位的抖音热点数据解读，帮助创作者更好地洞察热点趋势，参与热点选题创作，获取更多优质流量，而且是完全免费的。

要开启“热点宝”功能，需先进入抖音创作服务平台，点击“服务市场”链接，如图 1-10 所示。

图 1-10

在服务列表中点击“抖音热点宝”链接，显示如图 1-11 所示的页面，点击红色的“立即订购”按钮后点击“提交订单”按钮，再点击“立即使用”按钮，则会进入使用页面。

图 1-11

如果感觉使用页面较小，可以通过网址 https://douhot.douyin.com/welcome 进入“热点宝”的独立网站。

使用热点榜单跟踪热点

抖音“热点榜”可以给出某一事件的热度，而且有更明显的即时热度趋势图，如图 1-12 所示，将鼠标指针放在某一个热点事件的热度趋势图上，可以查看某一时刻的事件热度。

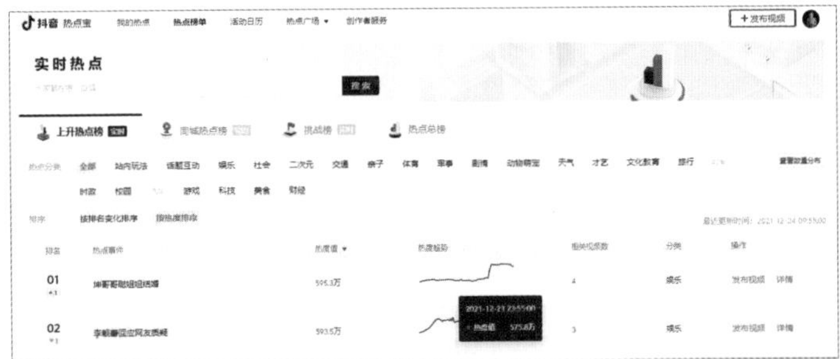

图 1-12

使用抖音“热点宝”可以按领域进行区分，点击“查看数量分布”按钮，查看哪一个领域的热点更多。

1.3.2 通过其他渠道捕捉热点话题

仅使用抖音的“热点榜”，维度难免单一，对于新手来说，当一个新闻事件进入抖音“热点榜”后，再开始动手制作视频，由于速度上不占优势，因此，当发布视频时，有可能热度已经开始降温了。

所以，新手应该从更多维度寻找热点，下面列举 3 个获取热点的途径。

今日头条热点榜

打开今日头条 App，点击界面上方的“热榜”按钮，即可看到按照关注度进行排名的榜单，如图 1-13 所示。

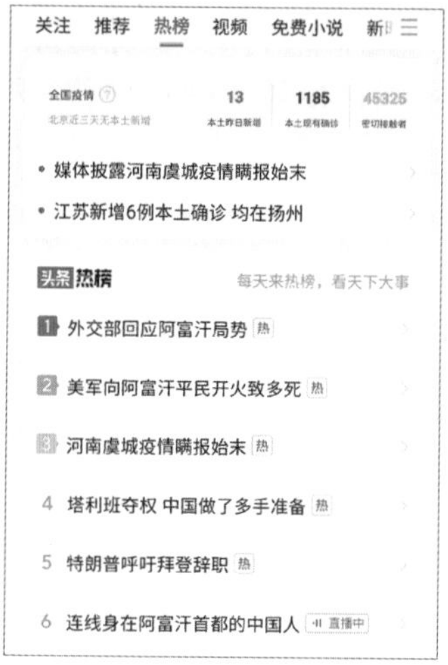

图 1-13

百度搜索风云榜

百度可以通过数亿网民单日的搜索数据来确定热点。只需要在搜索栏中输入“风云榜”并进行搜索，即可出现如图 1-14 所示的界面，其中就包括“热搜榜”。点击“热搜榜”或“更多”链接，即可进入详细的热搜榜单。

图 1-14

微博热搜榜

微博可以说是目前使用最多的个人网络社交平台之一，而微博热搜也是社会舆论的风向标。进入微博界面后，点击上方的搜索栏，然后点击“查看完整热搜榜”选项，如图 1-15 所示，即可进入热搜榜页面。

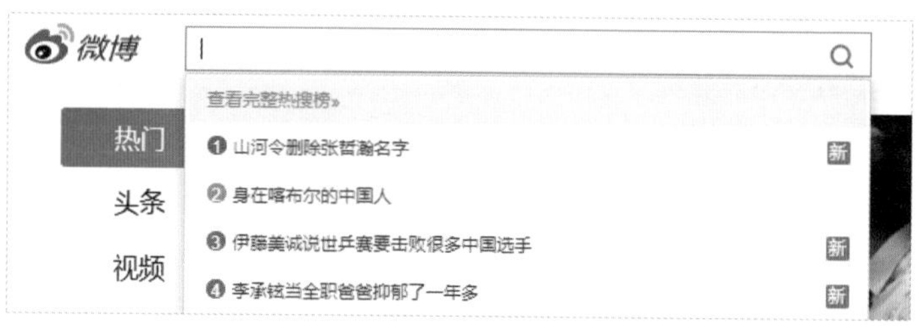

图 1-15

值得一提的是，作者几乎是在同一时间对这 3 个热点获取渠道进行的截图，发现展示的热点内容是有一些区别的。其中“今日头条热点榜”和“百度搜索风云榜”的政治类相关内容会更多一些，这类热点其实是很难被运用到短视频中的，而且稍有不慎还可能产生负面影响。而“微博热搜榜”则更多的是网友感兴趣的八卦、猎奇、民生事件等内容，更容易用短视频的方式进行二次创作，并且即使结合这些热点进行带货，也不容易引起非议。

1.4 内容——抖音短视频的12种内容呈现方式

短视频的呈现方式多种多样，有的门槛较高，适合团队拍摄和制作。而有的则相对简单，一个人也能轻松完成。下面介绍 12 种常见的短视频呈现方式，大家可以根据自己的内容特点，从中选择适合自己的形式。

1.4.1 固定机位真人实拍

在抖音中，大量口播类视频均采用定点录制人物的方式。录制时通过人物面前固定的手机或相机完成，这种方式的好处在于一个人就可以操作，并且几乎不需要后期处理。只要准备好文案，就可以快速产出大量的视频，如图 1-16 所示。

图 1-16

1.4.2 绿幕抠像变化场景

与前一种呈现方式相比，由于采用了绿幕抠像的方式，因此人物的背景可以随着主题进行变化，适合于需要不断变换背景，以匹配视频讲解内容的创作者。但这种方式对场地空间、布光和抠像技术有一定要求，如图 1-17 所示为录制环境，图 1-18 所示为抠像后的效果。

图 1-17

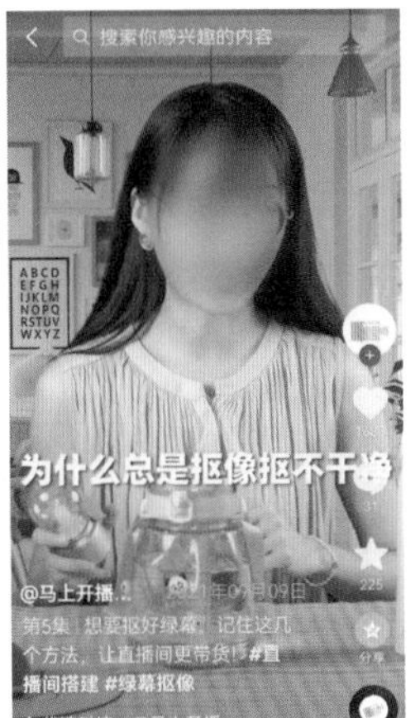

图 1-18

1.4.3 携特色道具出镜

对于不希望真人出镜的创作者，可以使用一些道具，如图 1-19 所示中的超大“面具”，既可以起到不真人出镜的目的，又提高了辨识度。但需要强调的是，道具一定不能大众化，最好是自己设计订制的。

图 1-19

1.4.4 录屏视频

录屏视频即录制手机或平板电脑的屏幕显示内容，这种视频创作门槛很低，适合于讲解手机游戏或者教学类的内容。

如图 1-20 和图 1-21 所示，前者为手机实录，后者为使用手机自带的录屏功能，或者计算机中的 OBS、抖音直播伴侣等软件录制完成的。

如果可以人物出镜，结合“人物出镜定点录制”这种方式，并通过后期剪辑在一起，可以增强画面的表现力。

图 1-20

图 1-21

1.4.5 素材解读式视频

素材解读式视频采用网上下载视频素材、添加背景音乐与 AI 配音的方式创作。影视解说、动漫混剪等类型的创作者多用此方式呈现，如图 1-22 所示。

此外，一些动物类短视频，也常以“解读”作为主要看点。创作者从网络上下载或自行拍摄动物视频，然后再配上有趣的“解读”，如图 1-23 所示，也可获得较高的播放量。

图 1-22

图 1-23

1.4.6 “多镜头”视频录制

这种视频往往需要团队合作才能完成，拍摄前需要编写专业的脚本，拍摄过程中需要使用专业的灯光、收音设备及相机。拍摄后，还需要进行视频剪辑、配音和配乐。

通过调整拍摄角度和景别，以多镜头、多画面的方式呈现内容。

大多数剧情类、美食类、萌宠类短视频，都可以采用这种方式拍摄，如图 1-24 所示。

当然，如果创作者本身具有较强的脚本策划、内容创意与后期剪辑能力，也可以独自完成，3 个月涨粉千万的抖音账号“张同学”就属于此类。

图 1-24

1.4.7　“道具”类创意视频

这里的“道具”是指在通过抖音内置的“相机”拍摄视频时，可以点击如图 1-25 所示中左下角的“道具”按钮，并选择各种有趣的效果，如图 1-26 所示。而如图 1-27 所示就是在选择“红礼服”效果后，为人物“穿”上的一身红礼服。

这类视频，不能成为一个账号的主体内容，但由于较为新颖，因此，点赞率较高。

图 1-25

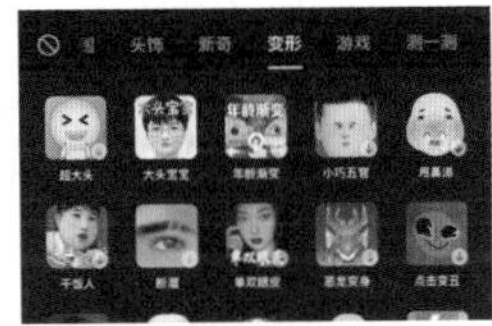

图 1-26

图 1-27

1.4.8　“合拍”类视频

通过“合拍”功能，可以与抖音上任意一个视频同框，如图 1-28 所示。而当二者形成互动，尤其是与各“流量明星”进行合成，可以产生不错的视频效果。

浏览一个希望“合拍”的视频，点击界面右下角的图标，选择“合拍”即可，如图 1-29 所示。

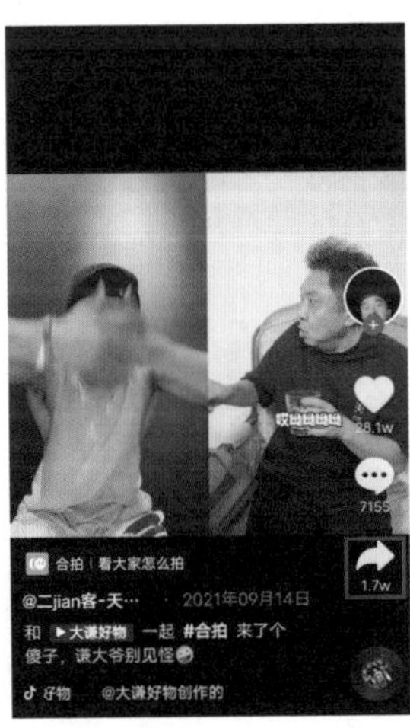

图1-28

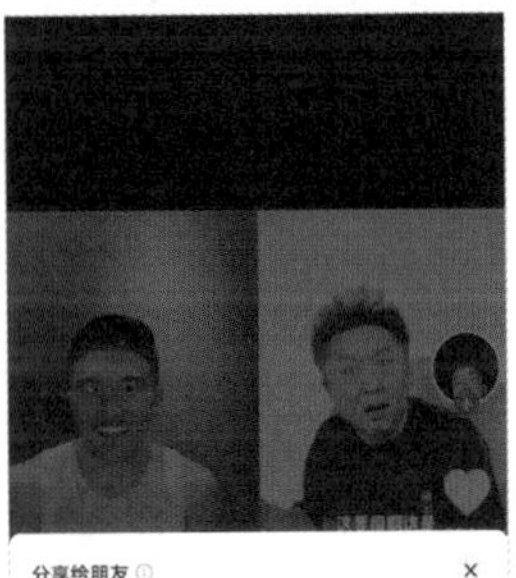

图1-29

1.4.9　移动自拍式真人出镜

移动自拍式真人出镜的拍摄门槛更低，只需打开手机的前置摄像头，在户外边走边拍即可。再加上目前剪映的“提词器”功能，可以直接“念稿”，并且保持画面自然。这种呈现方式虽然画面观感看上去不如“固定机位真人实拍”的效果好，但更接地气，如图 1-30 所示。

图 1-30

1.4.10 文字类呈现方式

在视频中只出现文字，也是抖音上很常见的一种内容呈现方式。无论是如图 1-31 所示的为文字加一些动画和排版进行展示的效果，还是如图 1-32 所示的仅通过静态画面进行展现的视频效果，只要内容被观众接受，依然可以获得较高的流量。

其中教程类视频可以用图 1-31 的形式展现，“书单号”可以用图 1-32 的方式创作。

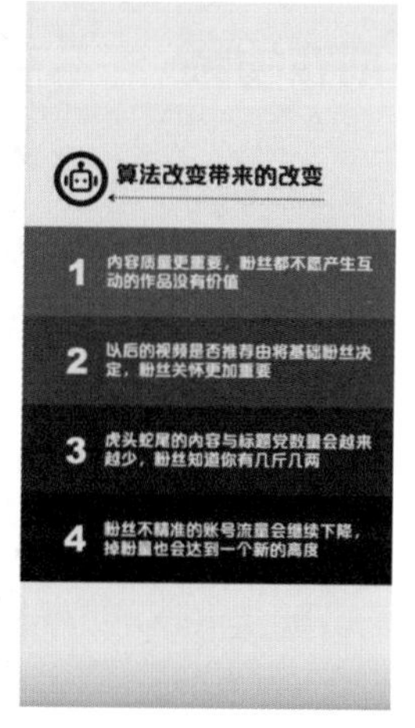

图 1-31

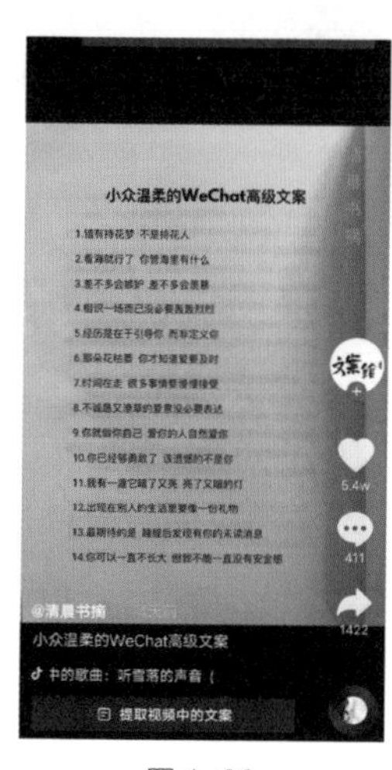

图 1-32

1.4.11 图文类呈现方式

“图文视频”是抖音目前正在大力推广的一种内容表现方式。

通过多张图片和相应的文字介绍，即可形成一个短视频。这种方式大幅降低了创作技术门槛，按照顺序排列图片即可，如图 1-33 所示。

由于是抖音力推的表现形式，因此，还有一定的流量扶持，如图 1-34 所示。

图 1-33

图 1-34

1.4.12 漫画、动画呈现方式

漫画、动画呈现方式以漫画或动画的形式来表现内容，如图 1-35 和图 1-36 所示。

其中，漫画类视频由于有成熟的制作工具，如美册 App，难度不算太高，但动画类短视频的制作成本与难度就相当高了。

需要注意的是，这类内容由于没有明确的人设，所以变现难度较高。

图 1-35

图 1-36

1.5　内容——不要忽视文案

1.5.1　认识文案的重要性

某营销学家曾经做过一个试验，给 A、B 两组人分别看纯图像及带有文字说明的图像，然后采取答卷的方法判断 A、B 两组人所获得信息的发散度和准确度。

这个试验的结论是，观看纯图像所获得信息的发散程度高于看图像加文字，而观看图像加文字所获得信息的准确度远远高于只看单纯的图像。

除了准确性，文案还能为视频增加意境，例如下面的文案。

在青山绿水之间，
我想牵着你的手，
走过这座桥。
桥上是绿叶红花，桥下是流水人家。
桥的那头是青丝，桥的这头是白发。

图 1-37

这样的文案，配合舒缓的音乐与唯美的视频画面，想不火爆都很难。

现在我们经常能够在一些火爆的视频评论区看到粉丝对视频文案的赞美，甚至有一些视频的文案成为粉丝关注的重点，如抖音账号“冷少”的文案中的“对不起，是我肤浅了”，如图 1-37 所示。

正是由于文案的重要性，无论在互联网上，还是在抖音等短视频平台，都有很多专门收集文案的网站与账号，如图 1-38 所示。

所以，在创作短视频时，每一个视频都应该配有相应的文案。

文案既可以是视频中的字幕配音、视频中人物的对话，也可以是视频的长标题，甚至可以是背景音乐的歌词。

图 1-38

1.5.2 学会分析爆款文案

爆款视频往往有出色的文案，尤其是那些带货视频会用更准确的词汇、更打动人心的语言来介绍商品的优势，所以找到同一领域的头部账号，在观看他们制作的视频时，记录下精彩的文案，将其运用到自己的视频中，就可以不断地提高自己视频制作的质量。

例如作者观看了抖音账号“大花总爱买”发布的多条视频，如图 1-39 所示，从中摘录了 3 句比较有助于订单转化的文案，大家可以感受一下视频文案的妙处。

第一句，“就算在不同的学校也要好好照顾自己。”这句话非常自然、巧妙地提示各位进行评论，并 @ 闺蜜，从而让视频得到更广泛的传播。这与直接说“欢迎大家评论、转发”的效果要好太多了。

第二句，“秒变行走的空调。”这句话是在介绍当六神花露水与带喷雾功能的水杯一起使用时，能够让人感觉到凉爽时说出的。非常简单的 7 个字，就让观众仿佛感受到了一种清凉。相比“可以让你感觉非常凉爽”这种文案，其优势不言而喻。

第三句，“简直就是懒癌患者的福音。”这句话通过一种诙谐的方式强调了商品会让你的生活变得便捷，可以有效激发观众的购买欲。

图 1-39

如果内容创作领域垂直于化妆、美妆、美容等赛道，强烈建议创作者以抖音号“大花总爱买”为学习榜样。

她以近 4 万元每条的广告价格，接了 114 条广告，如图 1-40 所示，这与她的优秀文案有很大关系。

另外，强烈建议大家每观看一个爆款视频，就将类似的精彩文案记录下来，经过一段时间的积累，这些文案就会成为自己的创作源泉。

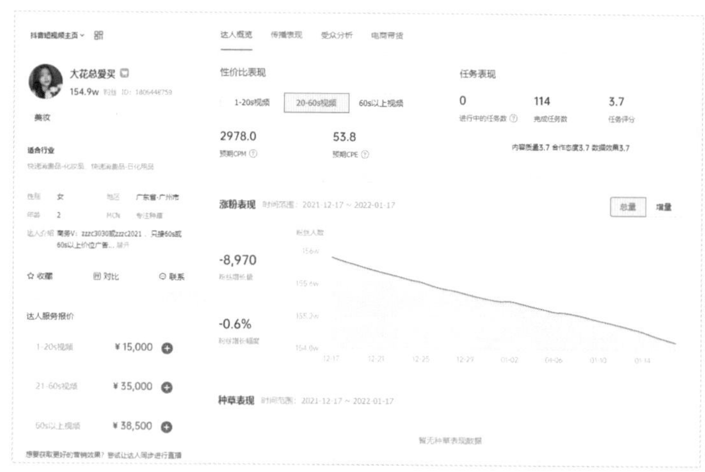

图 1-40

1.5.3　获取优秀视频文案的方法

如果希望快速获得大量的短视频文案，然后再统一研究，建议使用“轻抖”微信小程序的“文案提取”功能，具体的操作方法如下。

❶ 进入抖音，点击目标短视频右下角的▶图标，如图 1-41 所示。

❷ 在打开的界面中点击“复制链接”按钮，如图 1-42 所示。

❸ 进入微信，搜索并进入“轻抖”小程序，点击“文案提取”按钮，如图 1-43 所示。

❹ 将复制的链接粘贴至地址栏，点击“一键提取文案”按钮，如图 1-44 所示。

图 1-41　　图 1-42　　图 1-43　　图 1-44

❺ 稍等片刻后，识别出的文案将显示在界面中，点击“复制文案”按钮，如图 1-45 所示。

❻ 长按文本界面，选择需要复制的文字，再点击左上角的“复制”按钮，如图 1-46 所示。接下来无论是粘贴到手机的“记事本”中，还是粘贴到 QQ 或者微信中，将该段文字发送到计算机中保存即可。

图 1-45　　图 1-46

1.6 标题——利用人性写好标题

1.6.1 从大众心理出发写标题

正如，兵书有云“上兵伐谋，攻心为上”，好的标题也是对粉丝的“攻心战”，只有胜利者才能获得粉丝的青睐，获得更好的互动数据。

所以在写标题时，不妨从下面几种大众心理出发，以满足各种心理需要为出发点。

1.好奇心理

AI 计算机是怎样画出水墨画的?

燕窝到底是不是“智商税”？

2.贪婪心理

只需要看看视频，每天也能赚五十元。

这个课程能让宝妈边带孩子边赚钱。

3.懒惰心理

脏鞋刷得跟新鞋一样，还省时省力，如图 1-47 所示。

要整理图库用这种方法，只需按一键即可。

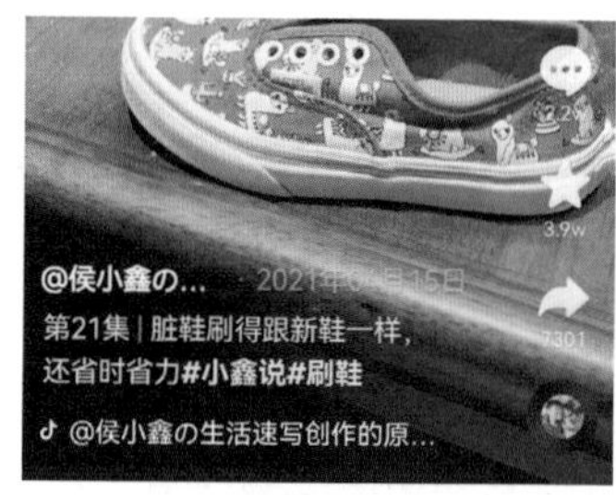

图1-47

4.恐惧心理

这种台灯只会让孩子的眼睛更快变坏。

肥胖带来的坏处，最后一种可能是致命的。

5.规避心理

换季清仓，只有三天。

儿童牙齿矫正只有一年黄金期，千万别错过。

在免税店里不买这种商品就亏了。

千万别错过，2021 年最后一场大流星雨！如图 1-48 所示。

图 1-48

6.从众心理

十万网友打出九分的心理好书，你一定也要看看。

好吃到爆，上万好评，到海南一定要打卡的网红小吃店。

这款卖了 32 万单，10 万好评的洗发水，就这还有人怕上当。你问问评论区，哪个上当了，不好用，包退包运费，如图 1-49 所示。

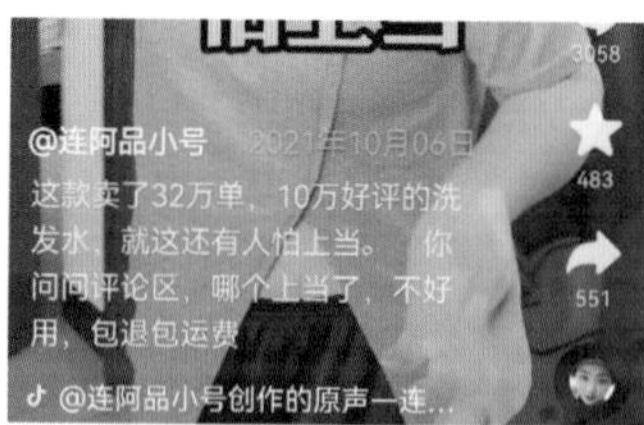

图 1-49

1.6.2　15个短视频标题模板

对于许多新手来说，可能一时间无法熟练运用书中讲述的标题创作思路和技巧。因此，可以考虑以下面列出的 15 个模板为原型，修改其中的关键词，即可在短时间内创作可用的标题，如果能够灵活组合运用这些模板，一定能得到更好的效果。

1. 直击痛点

例如，“女人太强势婚姻真的会不幸福吗”“特斯拉的制动是不是真的有问题”“儿童早熟父母应该如何自查自纠”，如图 1-50 所示。

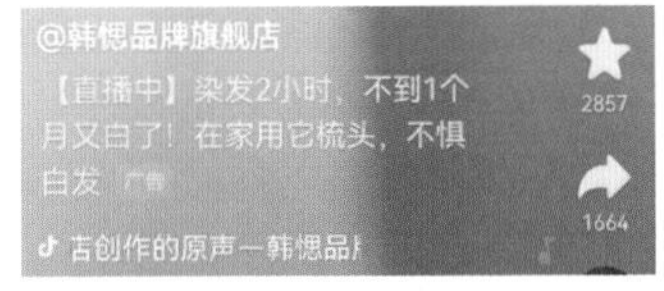

图 1-50

2.共情共鸣

例如，“你的职场生涯是不是遇到了天花板”“不爱你的人一点都不在意这些细节”“你会对 10 年前的你说些什么”。

3.年龄圈层型

例如，“80 后的回忆里能看的动画只有这几部”“90 后结婚率低是负责心更强了吗”“如果取消老师的寒暑假会怎样”，如图 1-51 所示。

图 1-51

4.怀疑肯定

例如，“为什么赢得世青杯的是他”“北京的房价是不是跌到要出手的阶段了”“码农的青春不会只配穿格子衫吧”，如图 1-52 所示。

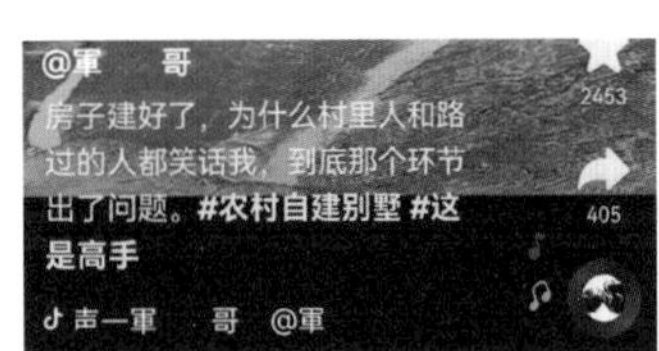

图 1-52

5.快速实现

例如，“仅需一键微信多占的空间全部清空”“泡脚时只要放这两种药材就能去除湿气”“掌握这两种思路写作文案下笔如神”。

6.假设成立

例如，“如果生命只剩 3 天你最想做的事是什么”“如果猫咪能说话你能说得过它吗”，如图 1-53 和图 1-54 所示。

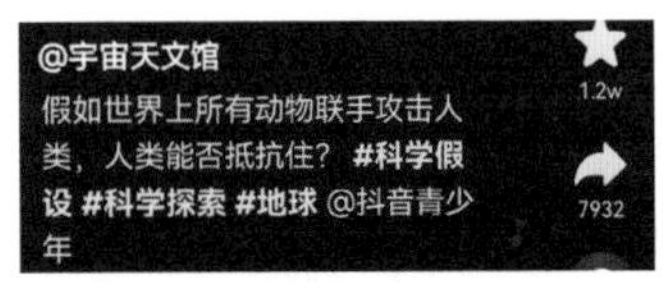

图 1-53

7.时间延续

例如，“这是我流浪西藏的第 200 天”“这顿饭是我减肥以来吃下的第 86 顿饭”“这是我第 55 次唱起这首歌”。

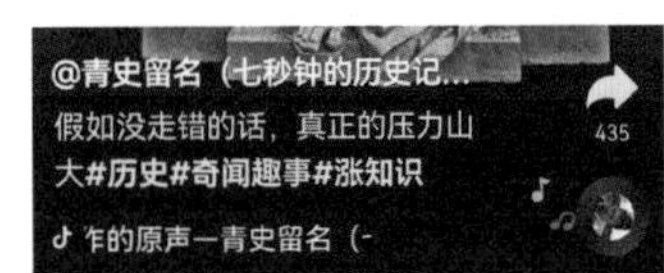

图 1-54

8.必备技能

例如，“看懂易经你必须要知道的 8 个基础知识”“玩转带混麻将你最好会这 5 个技巧”“校招季面试一定要知道的必过心法”。

9.解决问题

例如，“解决面部油腻看这个视频就对了”“不到 1 米 6 如何穿出大长腿”“厨房油烟排不出去的 3 种解决方法”，如图 1-55 所示。

图 1-55

10.自我检测

例如，“这 10 个问题能回答上来都是人中龙凤”“会这 5 个技巧你就是车行老司机”“智商过百都不一定能解对这个谜题”。

11.独家揭秘

例如，“亲测好用的快速入睡方法”“我家三世大厨的秘制酱料配方”“很老但很有用的偏方”。

12.征求答案

例如，“你能接受的彩礼钱是多少”“年入 30 万元应该买辆什么车”“留学的性价比现在还高吗”，如图 1-56 所示。

图 1-56

13.绝对肯定

例如，“这个治疗鼻炎的小偏方特别管用”“如果再让你选择一次职业一定不要忘记看看过来人的经验”“这个小玩具不大但真的很减压”，如图 1-57 所示。

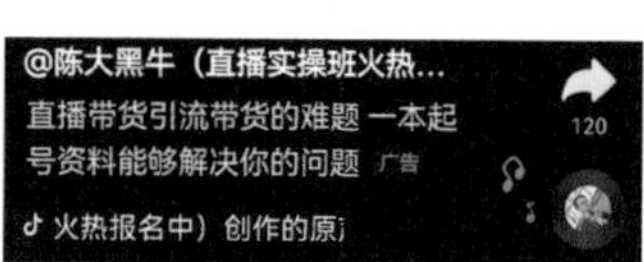

图 1-57

14.羊群效应

例如，“大部分油性皮肤的人都这样管理肤质”“30 岁以下创业者大部分都上过这个财务课程”。

15.罗列数字

例如，“中国 99 个 4A 级景区汇总”“这道小学数学题 99.9% 的人解题思路都是错的”，如图 1-58 所示。

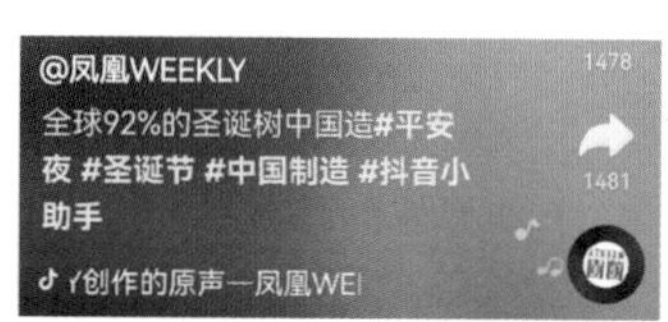

图 1-58

1.7　视频有了音乐才有了灵魂

抖音短视频之所以让人着迷，一方面是因为内容新颖别致，另一方面则是由于有些视频有非常好听的背景音乐，或者有趣搞笑的音效铺垫。

想要理解音乐对于抖音的重要作用，一个简单的测试方式就是，看抖音时把手机调成静音模式，相信那些平时让你会心一笑的视频，瞬间会变得索然无味。

所以，提升音乐素养是每一个短视频创作者的必修课。

1.7.1　音乐的类型

抖音短视频的音乐可以分为两类：一类是背景音乐，另一类是音效。

背景音乐又称“伴乐”或“配乐”，是指视频中用于调节气氛的一种音乐，能够增强情感的表达，达到让观众身临其境的目的。原本普通、平淡的视频素材，如果配上恰当的背景音乐，充分利用音乐中的情绪感染力，就能让视频给人不一样的感觉。

例如，火爆的抖音账号“张同学”的视频风格粗犷简朴，但充满对生活的热情。这一特点与其使用的奔放气质背景音乐 *Aloha Heja He* 的契合度就很高。

使用剪映制作短视频时，可以直接选择各类音效，如图 1-59 和图 1-60 所示。

音效就是指由声音制造的效果，用于增进画面真实感、气氛或戏剧性效果，例如常见的快门儿声音、敲击声音，综艺节目中常用的爆笑声，都是常用的音效。

图 1-59

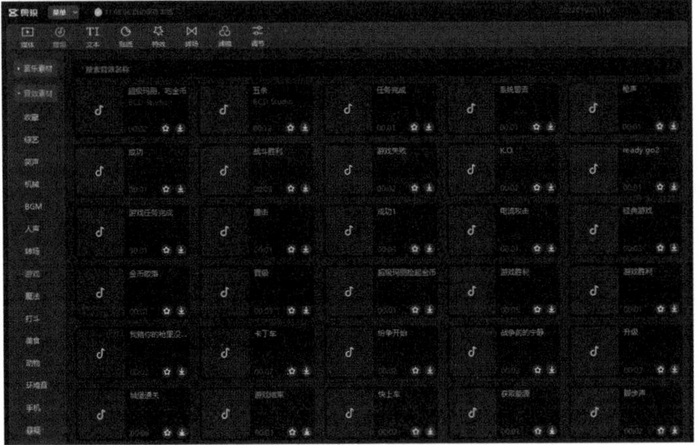

图 1-60

1.7.2 积累背景音乐的方法

观看抖音短视频时，遇到好听的背景音乐一定要收藏，这样就会拥有一个自己专属的音乐素材库。

下面讲述具体的收集与使用方法。

❶ 打开抖音短视频后，点击右下角的小唱片图标，如图1-61所示。此时会显示背景音乐的名称、创作者，以及使用了该背景音乐的视频，如图1-62所示。

❷ 点击收藏按钮，如图1-63所示。

❸ 在抖音App右下角点击“我”按钮，再点击“收藏”按钮，点击“音乐”按钮，如图1-64所示，可以找到收藏的背景音乐。

❹ 发布视频时，在最上方点击“选择音乐”按钮，如图1-65所示。

❺ 点击“收藏”按钮，选择收藏夹中的背景音乐。

❻ 如果不希望使用原视频中的音乐，取消选中“视频原声”单选按钮，选中“配乐”单选按钮即可，如图1-66所示。

❼ 在发布视频过程中，如果需要对音乐进行编辑，可以点击小剪刀图标。

图1-61

图1-62

图1-63

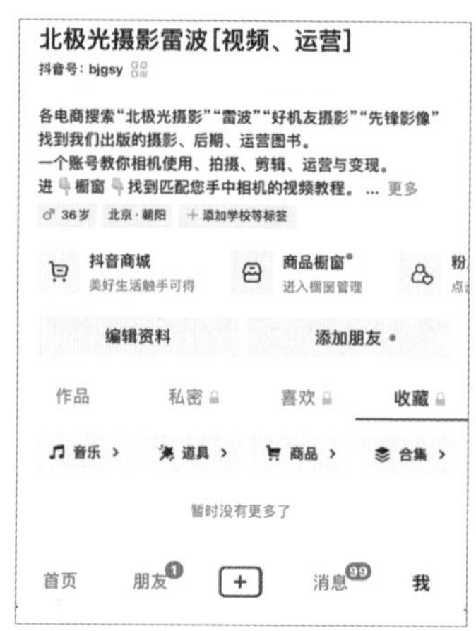

图1-64

图1-65

图1-66

1.8 封面——做到风格统一

1.8.1 充分认识封面的作用

一个典型粉丝的关注路径是，看到视频→点击头像打开主页→查看账号简介→查看视频列表→点击关注按钮。

在这个操作过程中，主页“装修”的质量在很大程度上决定了粉丝是否会关注此账号，因此，每一个创作者都必须格外注意自己视频的封面在主页上的呈现效果。

整洁美观是最低要求，如图 1-67 所示，如果能够给人个性化的独特感受，则更是加分项。

图1-67

1.8.2 封面的类型

抖音视频的封面有动态与静止两种类型。

1.动态封面

如果在手机端发布短视频，点击“编辑封面”按钮后，可以在视频现有画面中进行选择，如图 1-68 所示，生成动态封面。

这种封面会使主页显得非常凌乱，所以不推荐使用。

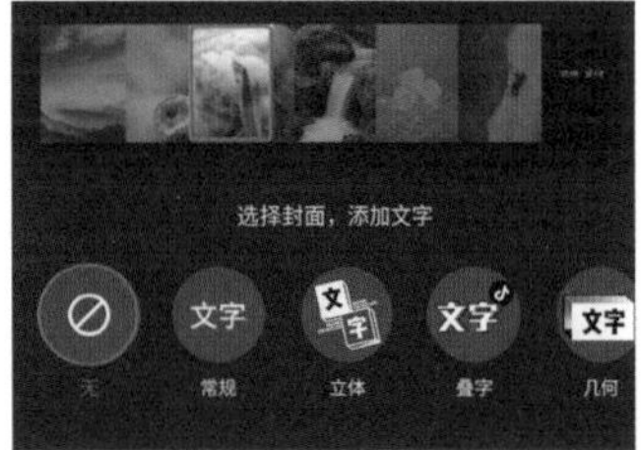

图 1-68

2.静止封面

如果通过计算机端的“抖音创作服务平台”上传视频，则可以通过上传封面的方法制作风格独特或有个人头像的封面，这样的封面有利于塑造个人形象，如图 1-69 所示。

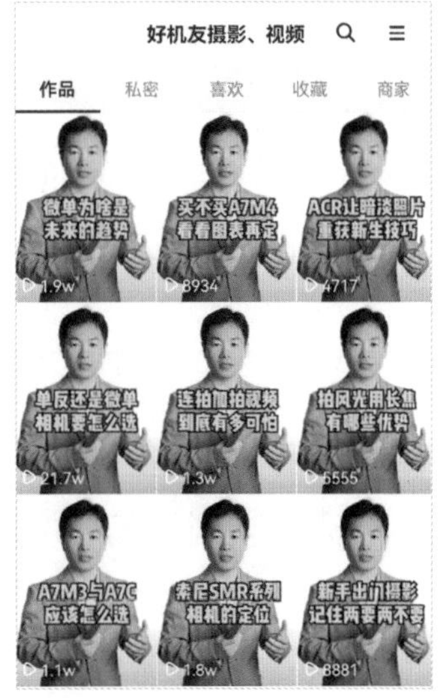

图 1-69

1.8.3 封面的文字标题

在上面的示例中，封面均有整齐的文字标题，但实际上，并不是所有抖音视频都需要在封面上设计标题。

对于一些记录生活搞笑片段内容的账号，或者以直播为主的抖音账号，如罗永浩，主页的视频大多数都是没有文字标题的。

第2章 打下学习剪映的基础

摄影：Borchain

2.1 认识手机版剪映的界面

在将一段视频素材导入剪映后，即可看到其编辑界面。该界面由三部分组成，分别为预览区、时间轴和工具栏。

图 2-1

1.预览区

预览区的作用在于，可以实时查看视频画面。随着时间线处于视频轨道的不同位置，预览区即会显示当前时间线所在那一帧的图像。

可以说，视频剪辑过程中的任何一个操作，都需要在预览区中确认其效果。当对完整视频进行预览后，发现已经没有必要继续修改时，一个视频的后期编辑工作就完成了。预览区在剪映界面中的位置如图 2-1 所示。

在图 2-1 中，预览区左下角显示的 00:02/00:03，其中 00:02 表示当前时间线位于的时间刻度；00:03 则表示视频总时长为 3 秒。

点击预览区下方的按钮，即可从当前时间线所处位置播放视频；点击按钮，即可撤回上一步操作；点击按钮，即可在撤回操作后，再将其恢复；点击按钮，可全屏预览视频。

2.时间轴

在使用剪映进行视频后期编辑时，90% 以上的操作都是在“时间轴”区域中完成的，该区域在剪映中的位置如图 2-1 所示。该区域包含三大元素，分别是“轨道”“时间线”和“时间刻度”。当需要对素材长度进行剪裁，或者添加某种效果时，就需要同时运用这三大元素来精确控制剪裁和添加效果的范围。

3.工具栏

在剪映编辑界面的底部为工具栏，如图 2-1 所示。剪映中的所有功能几乎都需要在工具栏中找到相关工具进行使用。在不选中任何轨道的情况下，剪映所显示的为一级工具栏，点击相应工具按钮会进入二级工具栏。

值得注意的是，当选中某一个轨道后，剪映工具栏会随之发生变化，变成与所选轨道相匹配的工具。例如图 2-2 所示为选中视频轨道后的工具栏，而图 2-3 所示则为选择音频轨道后的工具栏。

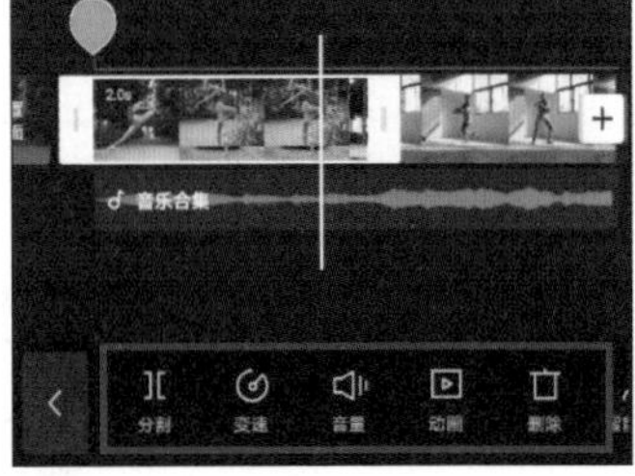

图 2-2

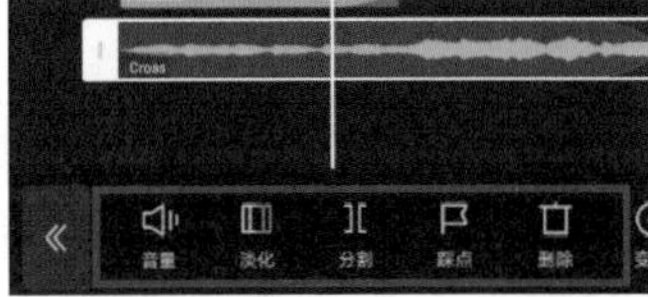

图 2-3

2.2 认识专业版剪映的界面

专业版剪映是将手机版剪映移植到计算机上的软件，所以整体操作的底层逻辑与手机版剪映几乎相同。但得益于计算机的屏幕较大，所以在界面上会有一定区别。因此，只要了解各个功能、按钮的位置，在学会手机版剪映操作的基础上，也就自然知道如何通过专业版剪映进行视频编辑了。

专业版剪映主要包含 6 大区域，分别为工具栏、素材区、预览区、细节调整区、常用功能区和时间轴区域，如图 2-4 所示。在这 6 大区域中，分布着专业版剪映的所有功能和选项。其中占据空间最大的是时间轴区域，而该区域也是视频编辑的“主战场”。编辑的绝大部分工作，都是在对时间轴区域中的轨道进行编辑的，从而实现预期的视频效果。双击剪映图标启动软件，点击“开始创作”按钮，如图 2-5 所示，即可进入专业版剪映编辑界面。

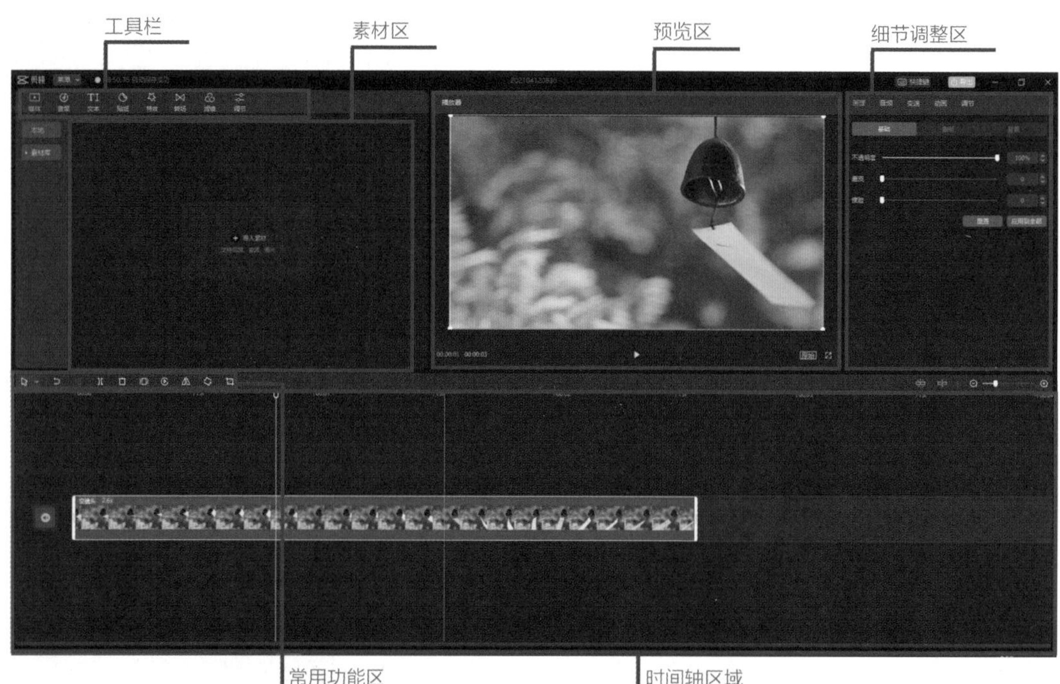

图 2-4

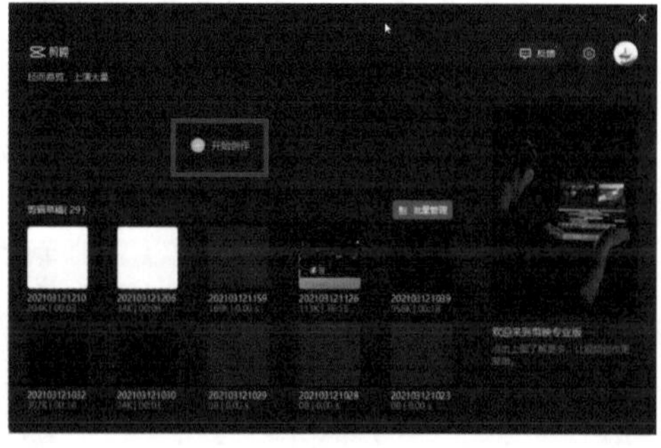

图 2-5

工具栏：工具栏区域包含媒体、音频、文本、贴纸、特效、转场、滤镜、调节共 8 个工具。其中只有“媒体”工具没有在手机版剪映中出现。点击“媒体”按钮后，可以选择从“本地”或“素材库”导入素材至“素材区”。

素材区：无论是从本地导入的素材，还是选择工具栏中的“贴纸”“特效”“转场”等工具，其可用素材和效果均会在“素材区”中显示。

预览区：在后期编辑过程中，可以随时在“预览区”中查看效果。点击预览区右下角的按钮可进行全屏预览；点击右下角的“原始”按钮，可以调整画面比例。

细节调整区：当选中时间轴区域中的某一个轨道后，在“细节调整区”会出现可针对该轨道进行的细节设置。选中视频轨道、文字轨道或贴纸轨道时，“细节调整区”分别如图 2-6~ 图 2-8 所示。

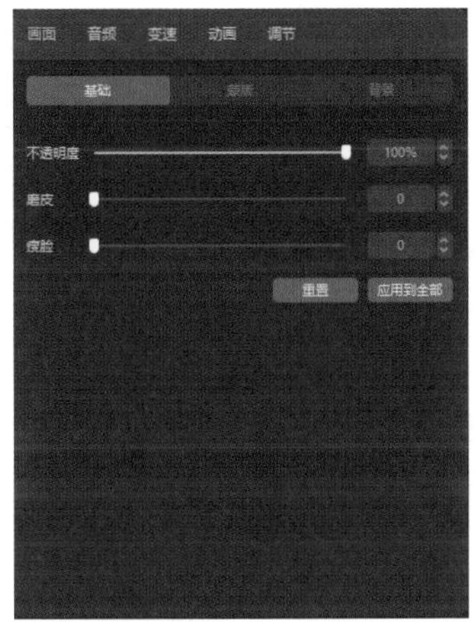

图2-6

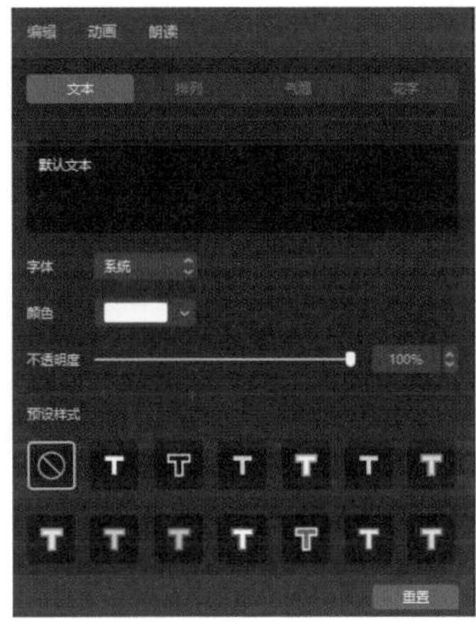

图2-7

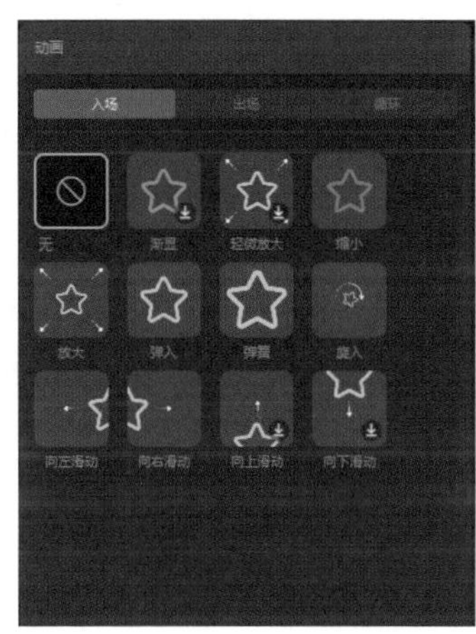

图2-8

常用功能区：在常用功能区中可以快速对视频轨道进行“分割”“删除”“定格”“倒放”“镜像”“旋转”和“裁剪”7 种操作。

另外，如果出现误操作，点击该功能区中按钮，即可将上一步操作撤回；点击按钮，即可将鼠标的作用设置为“选择”或“切割”。当选择为“切割”时，在视频轨道上按下鼠标左键，即可在当前位置“分割”视频。

时间轴区域：时间轴区域包含 3 大元素，分别为“轨道”“时间线”和“时间刻度”。

由于专业版剪映界面较大，所以不同的轨道可以同时显示在时间轴中，如图 2-9 所示。这一点相比手机版剪映是其最明显的优势，可以提高后期编辑的效率。

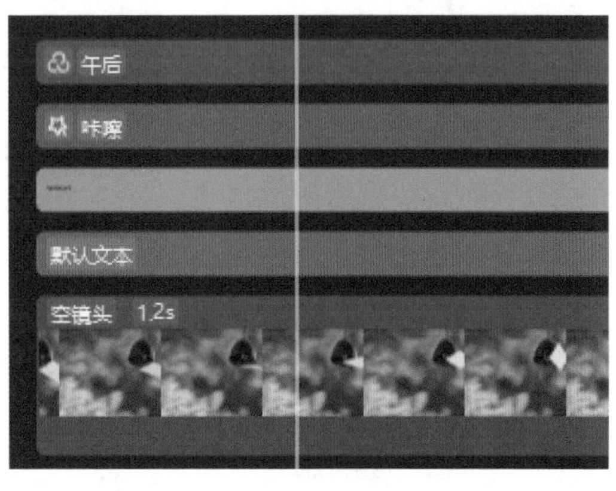

图2-9

提示

在使用手机版剪映时，由于图片和视频会统一在“相册”中显示，所以“相册”就相当于剪映的“素材区”。但对于专业版剪映而言，计算机中并没有一个固定的，存储所有图片和视频的文件夹。所以，专业版剪映才会出现单独的“素材区”。

因此，使用专业版剪映进行后期处理的第一步，就是将准备好的一系列素材全部添加到剪映的“素材区”中。在后期剪辑的过程中，需要哪个素材，就将其从素材区拖至时间轴区域即可。

另外，如果需要将视频轨道“拉长”，从而精确选择动态画面中的某个瞬间，则可以通过拖动时间轴区右侧的滑块进行调节。

2.3 零基础“小白”也能快速出片的方法

为了让零基础的“小白”也能快速剪出不错的视频，剪映提供了 3 种可以“一键成片”的功能。

2.3.1 提交图片或视频素材后“一键成片”

剪映中有一个功能叫作“一键成片”，可以在导入素材后，直接生成剪辑后的视频，具体的操作方法如下。

❶ 打开剪映，点击“一键成片”按钮，如图 2-10 所示。

❷ 按顺序选择素材，点击界面右下角的“下一步（3）”按钮，如图 2-11 所示。

❸ 生成视频后，在界面下方选择不同的效果，然后点击右上角的“导出”按钮即可，如图 2-12 所示。若希望对视频效果进行修改，可再次点击所选效果，并对素材顺序、音量以及文字等进行调整。

图 2-10

图 2-11

图 2-12

2.3.2　通过文字“一键”生成短视频

通过“图文成片”功能，即可通过导入一段文字，让剪映自动生成视频，具体的操作方法如下。

❶ 打开剪映，点击“图文成片”按钮，如图 2-13 所示。

❷ 点击“粘贴链接”按钮，输入发布在今日头条 App 上的链接，即可自动导入文字。或者点击“自定义输入”按钮，直接将文字输入剪映，如图 2-14 所示。

❸ 此处以点击“粘贴链接”按钮为例，将链接复制粘贴后，点击“获取文字内容”按钮，如图 2-15 所示。

图2-13

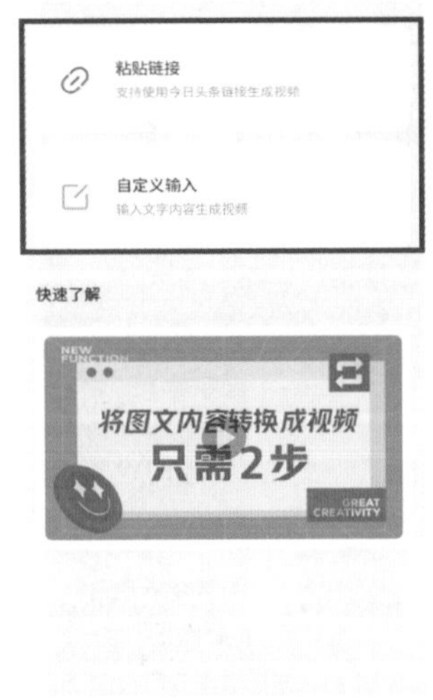

图2-14

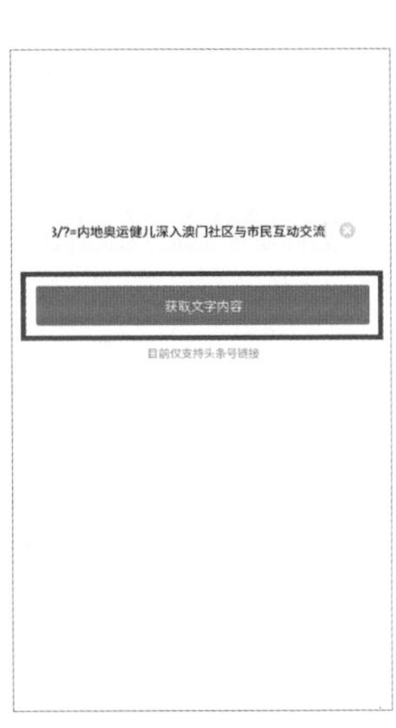

图2-15

❹ 显示文章后，点击右上角“生成视频”按钮，如图 2-16 所示。

❺ 如果对生成的视频满意，点击界面右上角的“导出”按钮即可；如果不满意，可以对画面、音色、文字等进行修改，或者点击右上角的“导入剪辑”按钮，利用剪映的功能进行仔细修改，如图 2-17 所示。

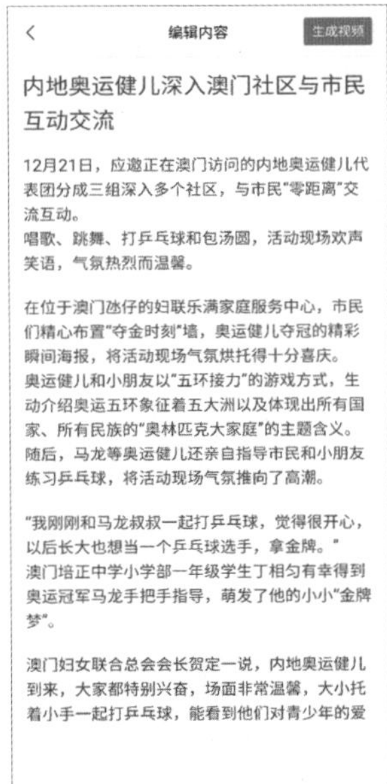

编辑内容　生成视频

内地奥运健儿深入澳门社区与市民互动交流

12月21日，应邀正在澳门访问的内地奥运健儿代表团分成三组深入多个社区，与市民“零距离”交流互动。

唱歌、跳舞、打乒乓球和包汤圆，活动现场欢声笑语，气氛热烈而温馨。

在位于澳门氹仔的妇联乐满家庭服务中心，市民们精心布置“夺金时刻”墙，奥运健儿夺冠的精彩瞬间海报，将活动现场气氛烘托得十分喜庆。

奥运健儿和小朋友以“五环接力”的游戏方式，生动介绍奥运五环象征着五大洲以及体现出所有国家、所有民族的“奥林匹克大家庭”的主题含义。

随后，马龙等奥运健儿还亲自指导市民和小朋友练习乒乓球，将活动现场气氛推向了高潮。

“我刚刚和马龙叔叔一起打乒乓球，觉得很开心，以后长大也想当一个乒乓球选手，拿金牌。”

澳门培正中学小学部一年级学生丁相匀有幸得到奥运冠军马龙手把手指导，萌发了他的小小“金牌梦”。

澳门妇女联合总会会长贺定一说，内地奥运健儿到来，大家都特别兴奋，场面非常温馨，大小托着小手一起打乒乓球，能看到他们对青少年的爱

图2-16

图2-17

2.3.3 通过模板“一键”出片

通过剪映的“剪同款”功能，可以实现一键套用模板并生成视频，具体的操作方法如下。

❶ 打开剪映，点击界面下方的“剪同款”按钮，如图 2-18 所示。

❷ 选中希望使用的模板，此处以“手绘漫画变身”模板为例进行讲述，如图 2-19 所示。

❸ 点击界面右下角的“剪同款”按钮，如图 2-20 所示。

图2-18

图2-19

图2-20

❹ 选择模板后，点击界面右下角的“下一步”按钮，如图 2-21 所示。

❺ 自动生成视频后，可以点击界面右上角的“无水印导出分享”按钮。

如果需要修改，则可以点击界面下方的素材后，再次点击该素材，可以替换素材，或者进行裁剪、调节音量等操作，如图 2-22 所示。

图2-21

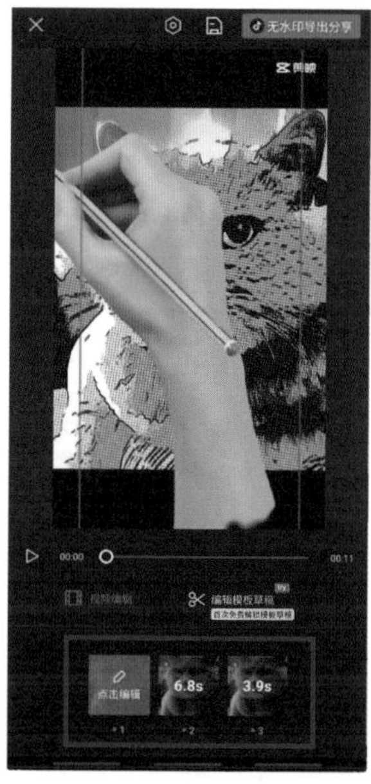

图2-22

2.4　搜索高质量模板

使用“剪同款”功能生成的视频，其质量优劣几乎完全取决于模板的质量，下面就讲述找到高质量模板的方法。

2.4.1　搜索模板

点击界面下方的“剪同款”按钮后，在搜索栏输入想寻找的模板关键词，即可找到心仪的模板，例如，“爱情公寓片头”“闭上眼睛全是你卡点”等。

另外，点击“类型”“片段数”或“时长”按钮，并设置筛选条件，可以更容易地搜索到理想的模板，如图 2-23 所示。

图 2-23

2.4.2　购买模板对效果进行自定义

需要强调的是，剪映中的所有模板均可免费使用，而之所以部分模板要“购买”，其实购买的是该模板的草稿，也就是如果不满足于模板目前的效果，可以付费购买草稿后进行修改。

在使用某个模板时，在编辑界面点击“编辑模板草稿”按钮，即可进入购买页面。另外，首次购买模板是免费的，如图 2-24 所示。

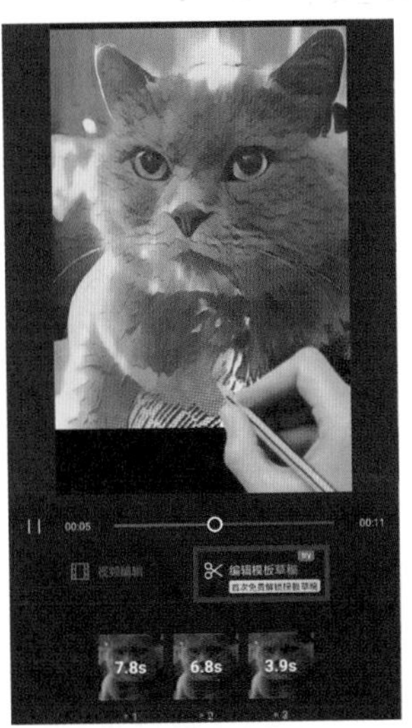

图 2-24

2.4.3　购买的模板可以退货吗

付费模板属于虚拟商品，原则上不支持退货。但如遇严重问题，可发送交易订单号至官方邮箱 jy_pay@bytedance.com，并说明退款原因。经平台审核并通过后，会将款项退回至原支付账户。

2.4.4　购买的付费模板不能用于制作商业视频

购买的模板草稿仅供个人剪辑和制作视频，视频可以发布在个人账号上，但不能用于商业行为。

2.4.5 找到更多模板的方法

除了通过剪映中的“剪同款”功能可以找到模板，在“巨量创意”网站中，同样可以搜索到大量模板，具体的操作方法如下。

图 2-25

❶ 进入“巨量创意”网站，点击“模板视频”按钮，如图 2-25 所示。

❷ 选择一个与自己所拍素材相关的模板，此处以图书推荐模板为例进行讲述，将鼠标悬停在该模板上，点击下方的“点击使用”按钮即可，如图 2-26 所示。

图 2-26

❸ 将该模板中的素材替换为自己拍摄的素材，文字也做适当修改即可，如图 2-27 所示。设置完成后，点击右下角的“完成”按钮，即可生成视频。

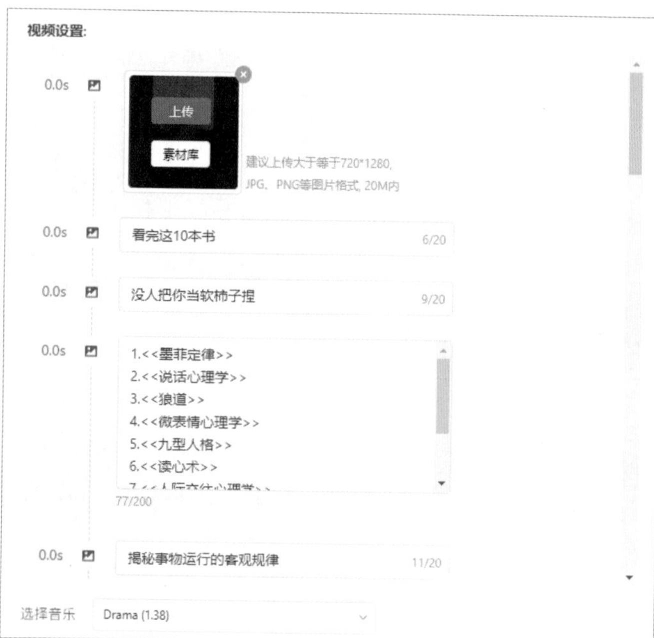

图 2-27

❹ 将鼠标悬停在界面右上角的用户 ID 上，点击“我的资产”按钮，如图 2-28 所示。

❺ 点击左侧导航栏中的“视频库”按钮，即可找到刚刚生成的视频，如图 2-29 所示。

图 2-28

图 2-29

2.5　使用剪映快速仿制视频的方法

在刚开始拍摄短视频时，如果不知道该怎么拍，不妨模仿别人的视频。而且，仿制视频也是以较低成本“起号”的有效方式。但需要注意的是，因为是模仿拍摄，所以很难以形式吸引观众，只有内容足够优秀，才有可能脱颖而出。

2.5.1　使用“创作脚本”功能

通过“创作脚本”功能，可以直接生成一个分镜头脚本，或者简单理解为拍摄计划。该计划会详细到每一个镜头应该拍什么，只需要按照其要求拍摄即可，省下思考视频结构的时间，具体的操作方法如下。

❶ 打开剪映，点击“创作脚本”按钮，如图 2-30 所示。

❷ 选择一个与想拍摄的主题相关的模板，此处以圣诞节主题为例进行讲述，如图 2-31 所示。

❸ 点击界面下方的“去使用这个脚本”按钮，如图 2-32 所示。

❹ 生成脚本后，点击每一个分镜头右侧区域即可添加台词，输入后点击“保存”按钮即可，如图 2-33 所示。

❺ 点击分镜头下方的 + 按钮，即可选择是直接“拍摄”，还是“从相册上传”。本书的建议是，将每个分镜头的台词准备好后，就按照脚本的安排将每段视频拍摄好，然后在准备出片时，再分别点击各个分镜头的 + 按钮进行上传。

图2-30

图2-31

❻ 上传完成后，点击界面右上角的“导入剪辑”按钮，如图 2-34 所示。进入剪映界面，将每个素材多余的部分裁掉，并配上音乐，就可以出片了。

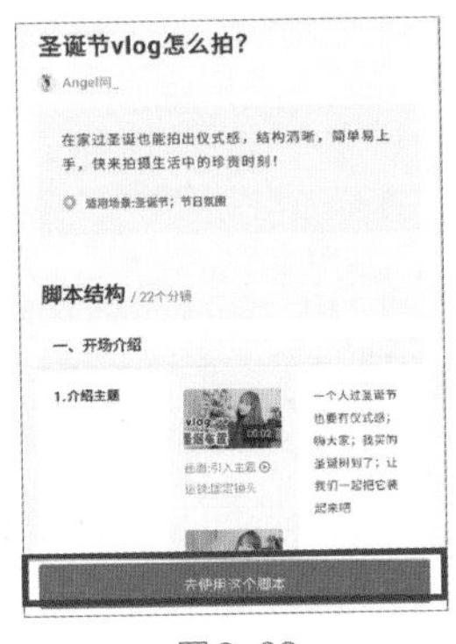

图2-32

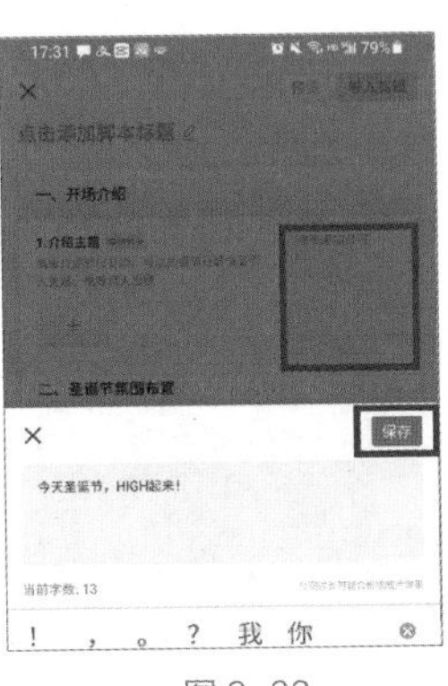

图2-33

图2-34

2.5.2 使用“模板跟拍”功能

使用“脚本创作”功能其实省去的是制作“分镜头脚本”的时间。拍摄完成后，依然需要进行后期剪辑才能出片。而“模板跟拍”功能则可以在拍摄的同时就附加模板效果，省去了后期编辑的工作，其出片效率比“脚本创作”功能更高。但“模板跟拍”功能只适合拍摄一些短小的视频，这一点是其不足之处。“模板跟拍”功能的使用方法如下。

❶ 进入剪映，点击“拍摄”按钮，如图 2-35 所示。

❷ 点击界面右上角的按钮，如图 2-36 所示。

❸ 选择一个与自己要拍摄的场景相近的模板，然后点击界面下方的“拍同款”按钮，如图 2-37 所示。

图 2-35

图 2-36

图 2-37

❹ 等待模板效果加载完毕，在手机的录制界面就会直接呈现该效果，点击界面下方的按钮开始拍摄即可，如图 2-38 所示。

❺ 录制完成后，点击界面下方的“确认并继续拍摄”按钮即可，如图 2-39 所示。

图 2-38

图 2-39

2.6　跟官方学剪映

“师傅领进门，修行靠个人。”通过阅读本书虽然可以掌握剪映的基础和进阶技巧，但是该 App 仍在不断更新，所以会有越来越多的新功能加入。为了第一时间掌握这些功能，大家可以通过以下方式，跟官方学剪映的使用方法。

2.6.1　关注剪映官方抖音号

打开抖音，搜索“剪映”，即可找到如图2-40所示的剪映官方创立的抖音号。在该账号中，可以学习到很多正在抖音风靡的创意效果的制作方法。

另外，还可以点击“保存本地”按钮，将视频下载，如图 2-41 所示，然后将其传到计算机上，就可以一边学一边做，大幅提高了学习的效率。

图 2-40

图 2-41

2.6.2　在剪映App中学“剪映”

打开剪映 App，点击界面下方的🎓按钮进入“学习中心”，然后点击左上方的“全部课程”按钮，如图 2-42 所示。

在进入的界面中，可以看到剪映官方已经分好类的各种剪映教学视频，大家可以按照需求进行学习，如图 2-43 所示。

对于一些优秀的课程，还可以点击“收藏”按钮，并在图 2-42 的右上角的“学习中心”中找到“我的收藏”，进行反复学习。

图 2-42

图 2-43

第3章 掌握手机版、专业版剪映基础功能

3.1 认识时间轴中的三大元素

“时间轴”区域包括“时间刻度”“轨道”“时间线”这三个元素，下面将具体介绍这三个元素在视频后期编辑时的作用。

3.1.1 时间轴中的“时间刻度”

在“时间轴”区域的顶部，有一排时间刻度。通过该刻度，可以准确判断当前时间轴所在时间点。但其更重要的作用在于，随着视频轨道被“拉长”或者“缩短”，时间刻度的跨度也会跟着变化。

当视频轨道被拉长时，时间刻度的跨度最小可以达到2.5帧/节点，更有利于精确定位时间线的位置，如图3-1所示。而当视频轨道被缩短时，则有利于快速在较大时间范围内进行移动。

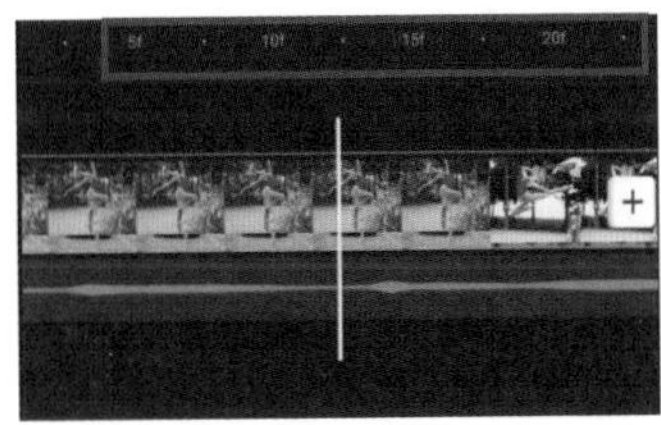

图3-1

3.1.2 时间轴中的“轨道”

占据时间轴区域较大比例的是各种轨道。如图3-2所示中有人物的是主视频轨道，主视频轨道下方分别是音效轨道和音乐（背景音乐）轨道。

在时间轴中还有各种各样的轨道，如“特效轨道”“文字轨道”“滤镜轨道”等。通过调整各种“轨道”的首尾位置，即可确定其时长以及效果的作用范围。

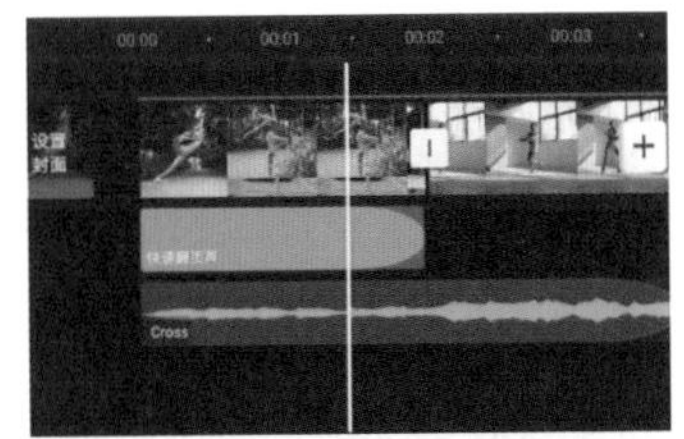

图3-2

调整同一轨道上不同素材的顺序

利用视频后期编辑中的“轨道”，可以快速调整多段视频的排列顺序，具体的操作方法如下。

❶ 缩短时间轴，让每一段视频都能显示在编辑界面中，如图3-3所示。

❷ 长按需要调整位置的视频片段，并将其拖至目标位置，如图3-4所示。

❸ 手指离开屏幕后，即完成视频素材顺序的调整，如图3-5所示。

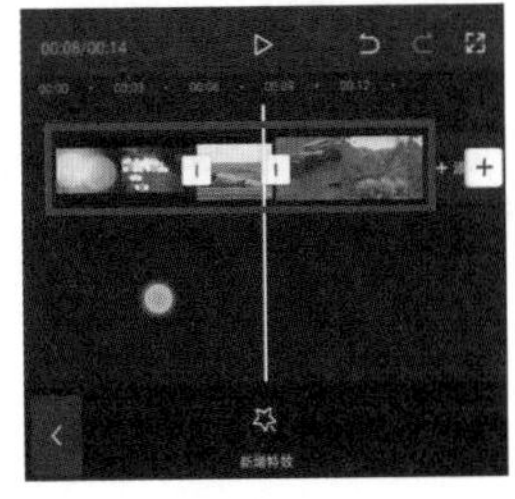

图3-3

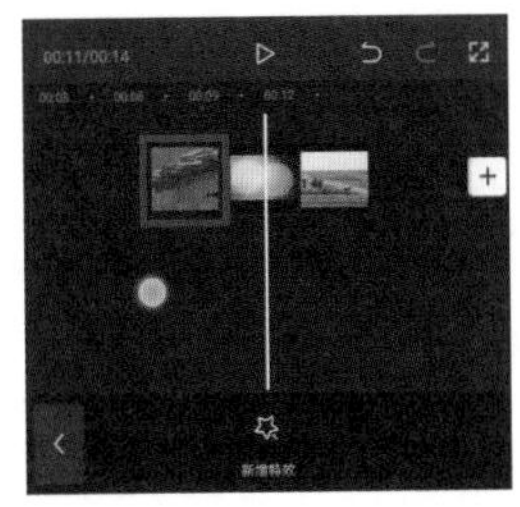

图3-4

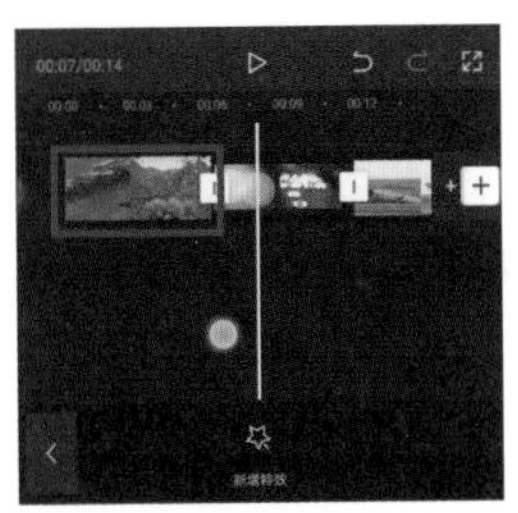

图3-5

除了调整视频素材的顺序，对于其余轨道可以利用相似的方法调整顺序或者改变其所在的轨道。

例如图 3-6 所示中有两个音频轨道，如果不想让配乐在时间轴上重叠，可以长按其中一个音频素材，将其与另一个音频素材放在同一个轨道上，如图 3-7 所示。

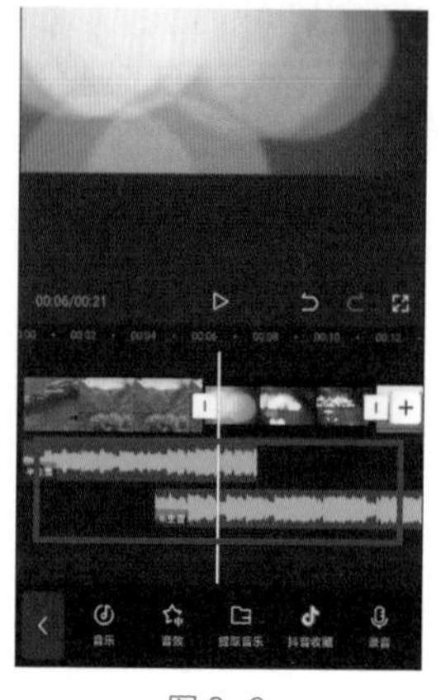

图 3-6

图 3-7

快速调节素材时长的方法

在后期编辑时，经常会出现需要调整视频长度的情况，下面讲述快速调节素材时长的方法。

❶ 选中需要调节长度的素材片段，如图 3-8 所示。

❷ 拖动边框拉长或者缩短视频时，其片段时长会时刻在左上角显示，如图 3-9 所示。

❸ 拖动左侧或右侧的白色边框，即可增加或缩短视频长度，如图 3-10 所示。需要注意的是，如果视频片段已经完全出现在轨道中，则无法继续增加其长度。另外，提前确定时间线的位置，当缩短视频长度至时间线附近时，会有吸附的效果。

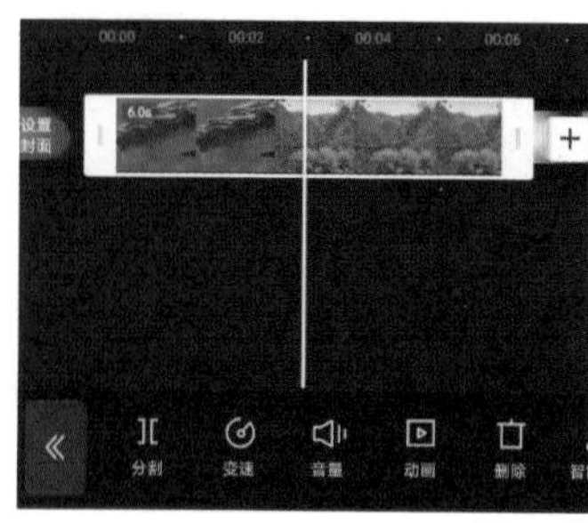

图 3-8

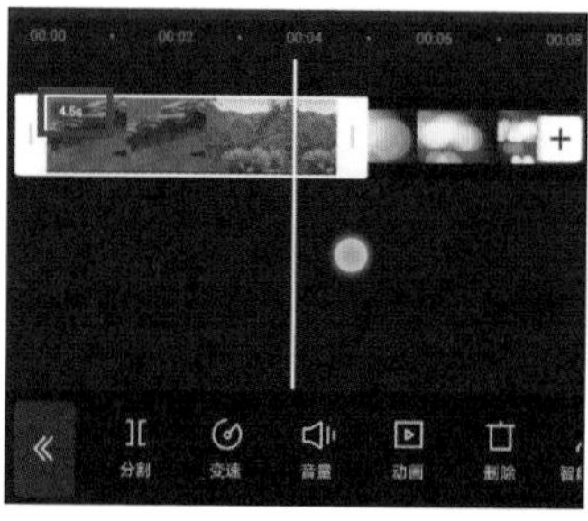

图 3-9

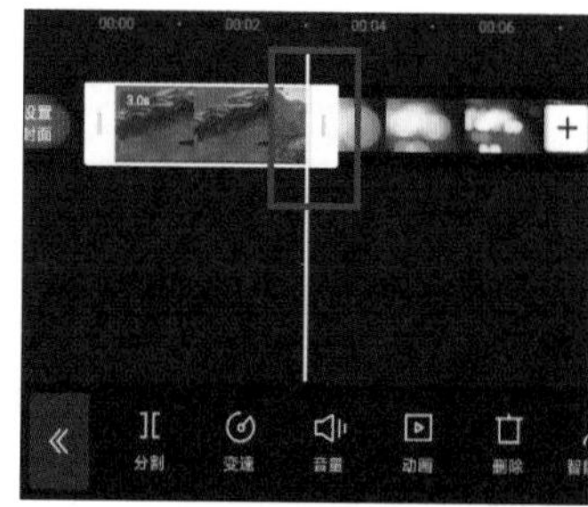

图 3-10

通过“轨道”调整效果覆盖范围

无论是添加文字，还是添加音乐、滤镜、贴纸等效果，对于视频后期编辑都需要确定其覆盖的范围，也就是确定效果从哪个画面开始到哪个画面结束，具体的操作方法如下。

❶ 移动时间线确定应用该效果的起始画面，然后长按效果轨道并拖曳（此处以特效轨道为例），将效果轨道的左侧与时间线对齐。当效果轨道移至时间线附近时，就会被自动吸附过去，如图 3-11 所示。

❷ 点击效果轨道，使其边缘出现白框。移动时间线，确定效果覆盖的结束画面，如图 3-12 所示。

❸ 拖动白框右侧的|部分，将其与时间线对齐。同样，当效果条拖至时间线附近后，就会被自动吸附，所以不用担心能否对齐的问题，如图 3-13 所示。

图 3-11

图 3-12

图 3-13

通过轨道实现多种效果同时应用到视频

得益于“轨道”这一编辑机制，在同一时间段内，可以具有多个轨道，如音乐轨道、文本轨道、贴图轨道、滤镜轨道等。

所以，当播放这段视频时，就可以同时加载覆盖这段视频的一切效果，最终呈现丰富多彩的视频效果，如图 3-14 所示。

图 3-14

3.1.3 “时间线”的使用方法

时间轴区域中那条竖直的白线就是“时间线”，随着时间线在视频轨道上移动，预览区域就会显示当前时间线所在那一帧的画面。在进行视频剪辑，以及确定特效、贴纸、文字等元素的作用范围时，往往都需要移动时间线到指定位置，然后再移动相关轨道至时间线，以实现精确定位。在视频后期剪辑中，熟练运用时间线可以让素材之间的衔接更流畅，让效果的作用范围更精确。

用时间线精确定位画面

当从一个镜头中截取视频片段时，只需要在移动时间线的同时预览画面，通过画面内容来确定截取视频的开头和结尾是否准确即可。

以图 3-15 和图 3-16 所示为例，利用时间线可以精确定位到视频中右侧人物将头发甩起的过程，从而确定所截取视频的开头（0 秒）和结尾（2 秒 21 帧）。

图 3-15

图 3-16

通过时间线定位视频画面几乎是所有后期剪辑中的必经操作。因为对于任何一种后期效果，都需要确定其覆盖范围。而覆盖范围其实就是利用时间线来确定起始时刻和结束时刻的。

时间线快速大范围移动的方法

在处理长视频时，由于时间跨度比较大，所以从视频开头移至视频结尾需要较长的时间。

此时可以将视频轨道“缩短”（两个手指并拢，同缩小图片的操作），从而让时间线移动较短距离，就可以实现视频时间刻度的大范围跳转。

例如图 3-17 所示中，由于每一格的时间跨度为 5 秒，所以一个 53 秒的视频，将时间线从开头移至结尾就可以在极短时间内完成。

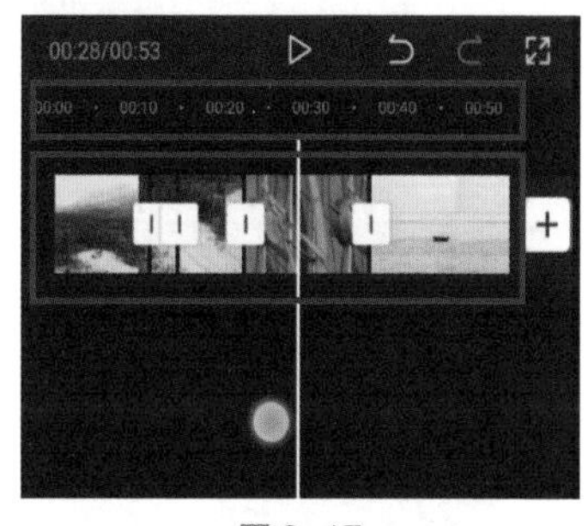

图 3-17

另外，在缩短时间轴后，每一段视频在界面中显示的长度也会变短，从而可以更方便地调整视频素材的排列顺序。

让时间线定位更精准的方法

拉长时间轴后（两个手指分开，同放大图片的操作），其时间刻度将以“帧”为单位显示。

动态的视频其实就是连续播放多个画面所呈现的效果。那么组成一段视频的每一个画面，就是“帧”。

在使用手机录制视频时，其帧速率一般为 30fps，也就是每秒连续播放 30 个画面。

所以，当将轨道拉至最长，每秒都被分为多个画面来显示，从而极大地提高了画面选择的精度。

例如图 3-18 所示中展示的 15f（17 秒第 15 帧）的画面和图 3-19 所示中展示的 17.5f（17 秒第 17.5 帧）的画面就存在细微的区别。而在拉长轨道后，则可以通过时间线在这细微的区别中进行选择。

图 3-18

图 3-19

3.2 使用“分割”功能让视频剪辑更灵活

3.2.1 “分割”功能的作用

再厉害的摄像师也无法保证所录制的每一帧都能在最终视频中出现，当需要将视频中的某部分删除时，就需要使用“分割”工具。

其次，如果想调整一整段视频的播放顺序，同样需要“分割”功能，将其分割成多个片段，从而对播放顺序进行重新组合，这种视频的剪接方法被称为“蒙太奇”。

3.2.2　利用“分割”功能截取精彩片段

在导入一段素材后，往往需要截取其中需要的部分。当然，通过选中视频片段，然后拖动白框同样可以实现截取片段的目的。但在实际操作过程中，因为该方法的精度不是很高，所以，如果需要精确截取片段，推荐使用“分割”功能进行操作，具体的操作方法如下。

❶ 将时间轴拉长，从而可以精确定位精彩片段的起始位置。确定起始位置后，点击界面下方的“剪辑”按钮，如图 3-20 所示。

❷ 点击界面下方的“分割”按钮，如图 3-21 所示。

❸ 此时会发现在所选位置出现黑色实线以及图标，即证明在此处分割了视频，如图 3-22 所示。将时间线拖至精彩片段的结尾处，采用同样的方法对视频进行分割。

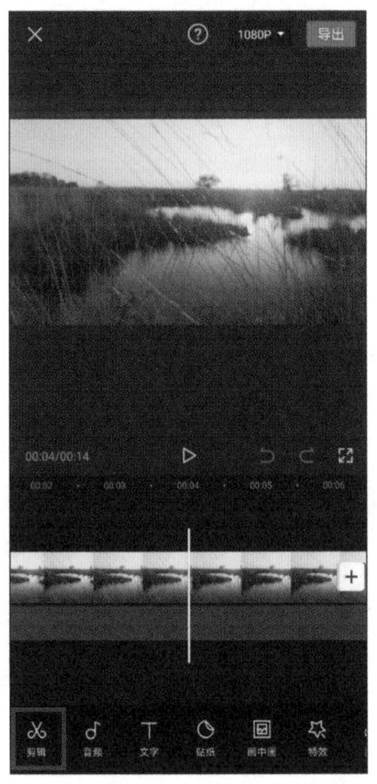

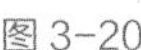
图 3-20

图 3-21

图 3-22

❹ 将时间轴缩短，即可发现在两次分割后，原本只有一段的视频变为三段，如图 3-23 所示。

❺ 分别选中前后两段视频，点击界面下方的“删除”按钮，如图 3-24 所示。

❻ 当前后两段视频被删除后，就只剩下需要保留的那段精彩画面了，点击界面右上角的“导出”按钮保存视频，如图 3-25 所示。

图 3-23

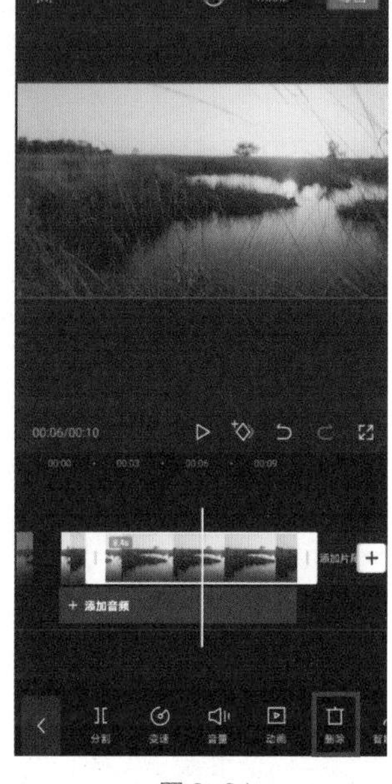

图 3-24

图 3-25

提示

一段原本5秒的视频，通过分割功能截取其中的2秒。此时选中该段2秒的视频，并拖动其“白框”，依然能够将其恢复为5秒的视频。因此，不要认为分割并删除无用的部分后，删除的部分会彻底“消失”。之所以提示此点，是因为在操作中如果不小心拖动了被分割视频的白框，那么被删除的部分就会重新出现。一旦没有及时发现，很有可能会影响接下来的一系列操作。

3.2.3 “分割”功能在专业版剪映中的位置

在专业版剪映中，工具即为“分割”工具，其位于“常用”功能区。

选中某一轨道，将时间线移至待分割的位置，点击工具按钮即可将其分割为两段，如图 3-26 所示。

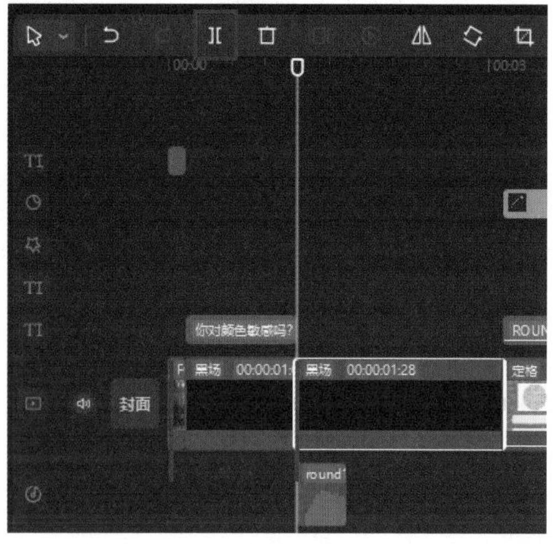

图 3-26

3.3 使用“编辑”功能调整画面构图

3.3.1 “编辑”功能的作用

如果前期拍摄的画面有些歪斜，或者构图存在问题，那么通过“编辑”中的旋转、镜像、裁剪等功能，则可以在一定程度上进行弥补。但需要注意的是除“镜像”功能外，另外两种功能都或多或少会降低画面质量。

3.3.2 利用“编辑”功能调整画面

利用“编辑”功能调整画面的具体操作方法如下。

❶ 选中一个视频片段，即可在界面下方找到“编辑”按钮，如图 3-27 所示。

❷ 点击“编辑”按钮，会看到有 3 种操作可供选择，分别为“旋转”“镜像”和“裁剪”，如图 3-28 所示。

❸ 点击“裁剪”按钮后，进入如图 3-29 所示的裁剪界面。通过调整画面大小，并移动被裁剪的画面，即可确定裁剪的位置。需要注意的是，一旦选定裁剪范围后，整段视频画面均会被裁剪。

❹ 点击该界面下方的比例按钮，即可固定裁剪框的比例，如图 3-30 所示。

❺ 拖曳界面下方的“标尺”滑块，即可对画面进行旋转，如图 3-31 所示。对于一些拍摄歪斜的素材，可以通过该功能进行校正。

❻ 若在图 3-28 中点击“镜像”按钮，视频画面则会与原画面形成镜像对称，如图 3-32 所示。

❼ 若在图 3-28 中点击“旋转”按钮，则会根据点击的次数分别旋转 90°、180°、270°，也就是只能调整画面的方向，如图 3-33 所示。该功能与前文所说的，可以精细调节画面的旋转角度是两个功能。

图 3-27

图 3-28

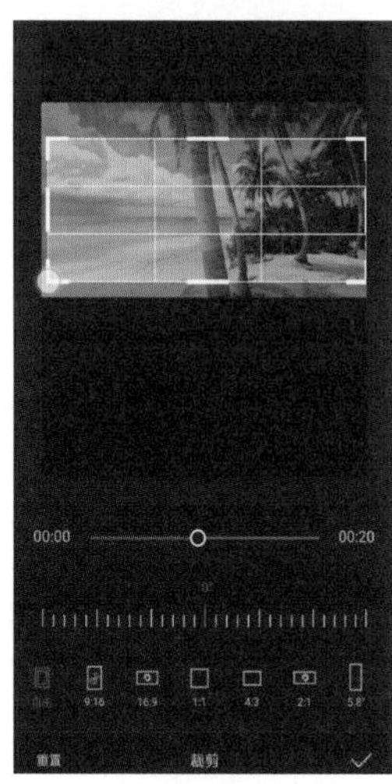

图 3-29

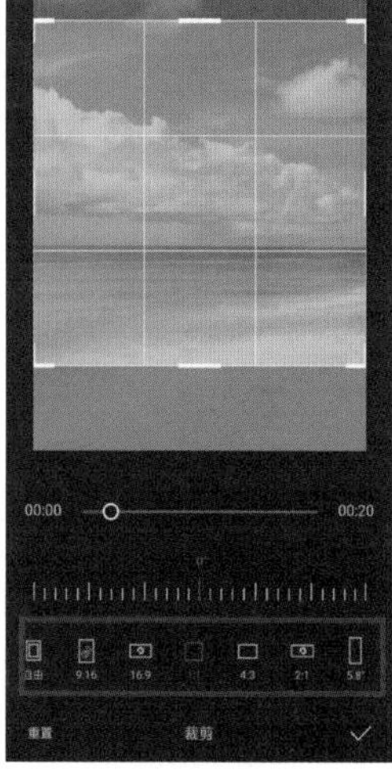

图 3-30

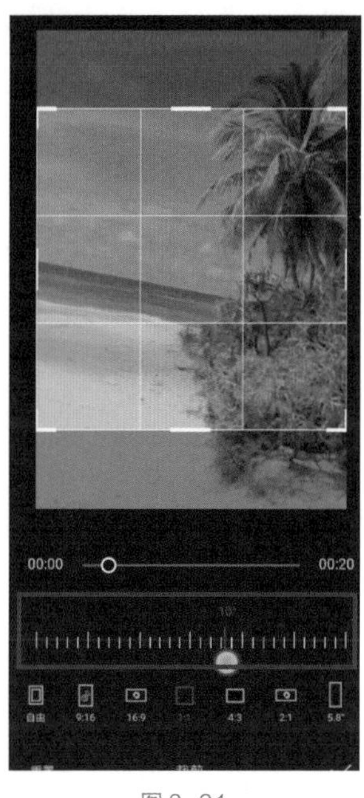

图 3-31

图 3-32

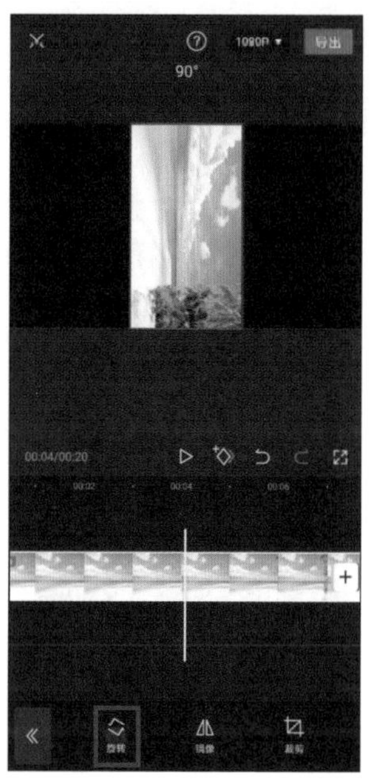

图 3-33

3.3.3 “编辑”功能在专业版剪映中的位置

“编辑”功能在专业版剪映中同样被放在了“常用”功能区。其中，工具可以实现手机版剪映“编辑”中的“镜像”功能；工具可以实现“旋转”功能；工具可以实现“裁剪”功能，如图 3-34 所示。

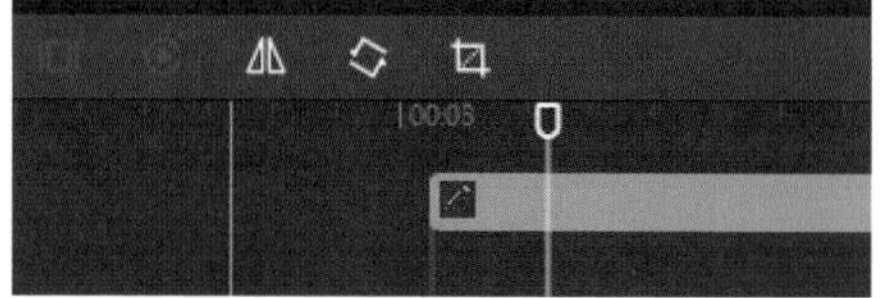

图 3-34

3.4 使用“定格”功能凝固精彩瞬间

3.4.1 “定格”功能的作用

“定格”功能可以将一段动态视频中的某个画面“凝固”下来，从而起到突出某个瞬间的作用。另外，如果一段视频中多次出现定格画面，并且其时间点与音乐节拍匹配，就可以让视频具有律动感。

3.4.2 利用“定格”功能凝固精彩的舞蹈瞬间

利用“定格”功能凝固精彩的舞蹈瞬间的具体操作方法如下。

❶ 移动时间线，选择希望进行定格的画面，如图 3-35 所示。

❷ 保持时间线的位置不变，选中该视频片段，此时即可在工具栏中找到“定格”按钮，如图 3-36 所示。

❸ 点击“定格”按钮后，在时间线的右侧会出现一段时长为 3 秒的静态画面，如图 3-37 所示。

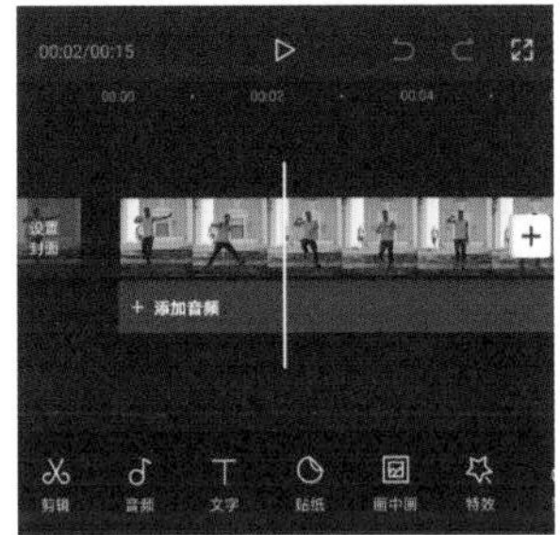

图 3-35

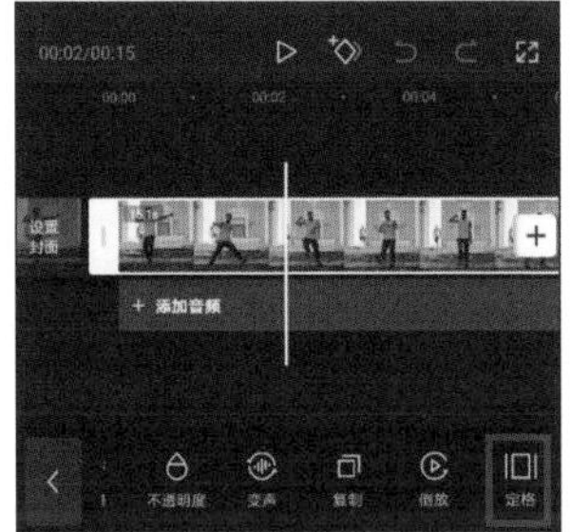

图 3-36

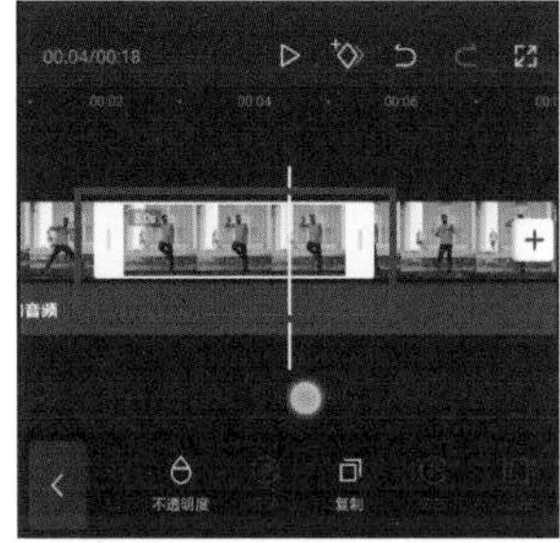

图 3-37

❹ 静态画面可以随意拉长或者缩短。为了避免静态画面时间过长导致视频乏味，所以此处将其缩短为 0.8 秒，如图 3-38 所示。

❺ 按照相同的方法，可以为一段视频中任意一个画面做定格处理，并调整其持续时长。

❻ 为了让定格后的静态画面更具观赏性，在这里为其增加“RGB 描边”特效。将特效的时长与“定格画面”对齐，从而凸显视频节奏的变化，如图 3-39 所示。

图 3-38

图 3-39

3.4.3 “定格”功能在专业版剪映中的位置

选中任意一段视频素材，并将时间线移至该视频轨道的范围内。此时在“常用”功能区的▣工具即可实现“定格”功能，如图 3-40 所示。

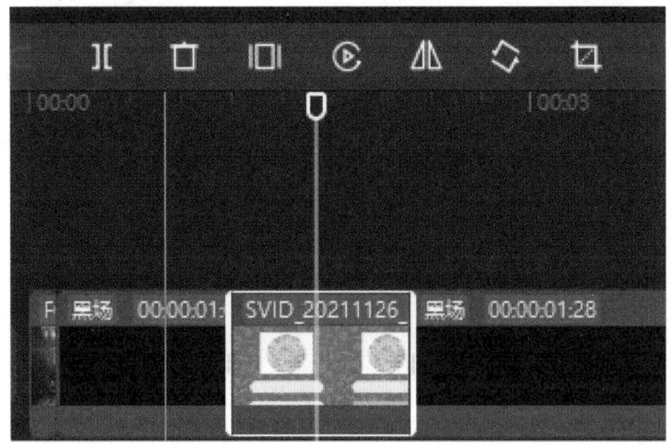

图 3-40

3.5 使用“替换”功能提高后期编辑效率

3.5.1 “替换”功能的作用

在视频后期编辑已经基本完成时发现了更好的素材，如果想将其加入视频，按照常规方法，需要重新对该段视频进行剪辑并制作各种效果。但通过剪映的“替换”功能，即可一键将已经剪辑好的素材替换为新素材，无论是片段时长，还是添加的各种效果，都可以直接应用到替换的新素材上，从而大幅提高视频后期编辑的效率。

3.5.2 利用“替换”功能更换素材

利用“替换”功能更换素材的具体操作方法如下。

❶ 选中要进行替换的素材，并点击界面下方的“替换”按钮，如图 3-41 所示。

❷ 从相册中选择已经准备好的素材，如图 3-42 所示。

❸ 所选的新素材会直接替换原有素材，并确保特效、贴纸、时长等不发生变化，如图 3-43 所示。需要注意的是，所选新素材的时长要长于原素材。

图 3-41

图 3-42

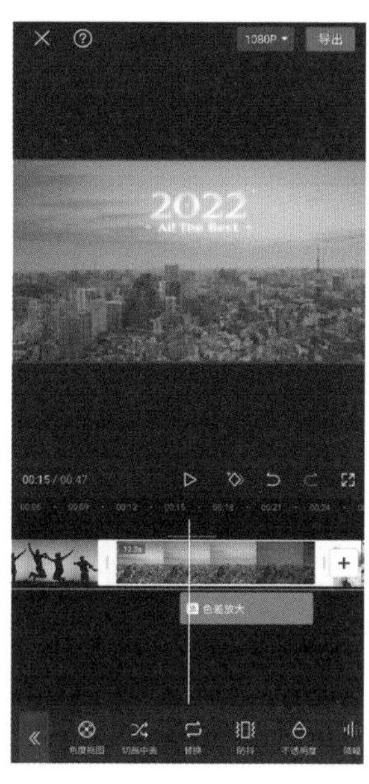

图 3-43

提示

除了可以快速替换素材，选中特效轨道，在界面下方可以找到“替换特效”按钮，可以快速尝试不同的特效。同时，特效的持续时间和覆盖范围均不会发生改变。

3.5.3 “替换”功能在专业版剪映中的位置

将鼠标移至任意一段视频轨道上，右击，即可在弹出的快捷菜单中选择“替换片段”选项，如图 3-44 所示。

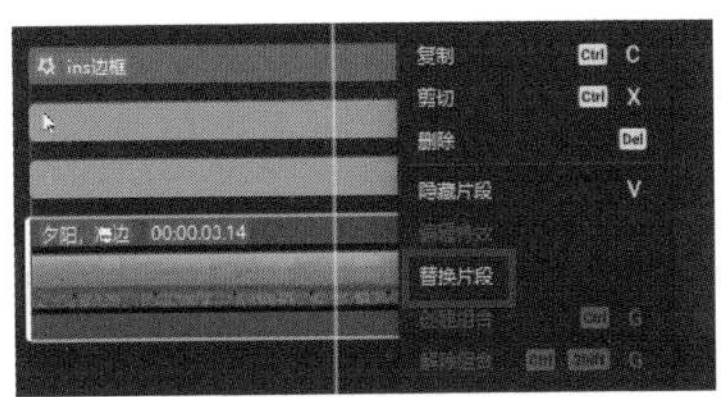

图 3-44

3.6 使用“贴纸”功能美化视频

3.6.1 “贴纸”功能的作用

通过“贴纸”功能可以快速为视频添加贴纸效果，并对贴纸进行个性化调整。而根据贴纸的类型不同，其具体作用也有区别。例如，一些箭头类贴纸就会起到引导观众视线到关键区域的作用；一些装饰类贴纸，可以起到美化画面的作用；而像一些文字类贴纸，还负责视频关键内容的输出。所以，“贴纸”功能在视频后期编辑过程中的使用频率会非常高。

3.6.2 通过“贴纸”功能表现新年主题

通过“贴纸”功能表现新年主题的操作方法如下。

❶ 进入剪映，点击界面下方的“贴纸”按钮，如图 3-45 所示。

❷ 继续点击界面下方的“添加贴纸”按钮，如图 3-46 所示。

❸ 选择合适的贴纸，或者在搜索栏搜索贴纸名称，此处选择的为表现新年主题的 Happy New Year 贴纸，如图 3-47 所示。

图 3-45

图 3-46

图 3-47

❹ 选中贴纸轨道，做“缩小”手势，即可调整贴纸的大小。此时可以在贴纸选框看到 4 个图标，点击⊗图标可以删除该贴纸；点击⊘图标可以为贴纸选择动画；点击⧉图标可以复制该贴纸；按住⟲图标并拖动，可以旋转或缩放贴纸，如图 3-48 所示。

❺ 调整贴纸至合适位置后，通过调整贴纸轨道的位置和长度可以控制其显示的时间段，点击界面下方的“分割”按钮，可以像分割视频轨道那样分割贴纸轨道，是另一种调整轨道长度和显示时间段的方法。通过点击“镜像”按钮，则可以让贴纸对称显示，但此处并不需要该操作。而其余按钮，包括复制、动画、删除，通过第 4 步中介绍的各个图标即可实现，如图 3-49 所示。

❻ 点击如图 3-49 所示的“跟踪”按钮，然后确定要跟踪的物体。此处选择跟踪左侧的人物剪影，点击界面下方的“开始跟踪”按钮，即可实现让贴纸跟随该人物跳起的高度而不断调整位置的动态效果，如图 3-50 所示。

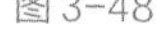
图 3-48

图 3-49

图 3-50

3.6.3 “贴纸”功能在专业版剪映中的位置

点击“工具栏”中的“贴纸”按钮，即可在左侧各个分类中选择需要的贴纸。另外，还可以在“搜索栏”中输入与贴纸有关的关键词，从而快速找到需要的贴纸，如图 3-51 所示。

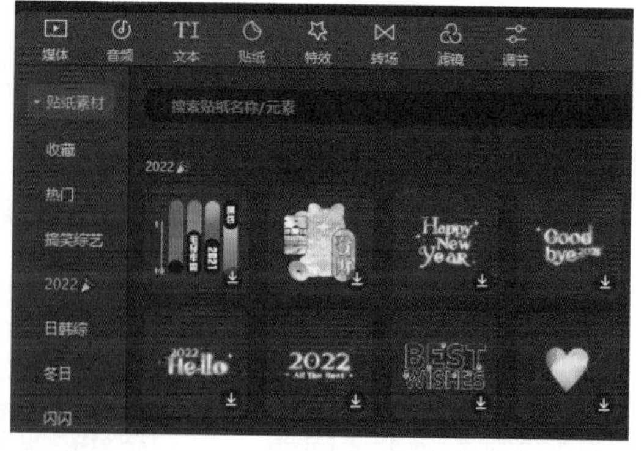

图 3-51

第4章

玩转手机版、专业版剪映进阶技巧

4.1 使用“变速”功能让视频张弛有度

4.1.1 “变速”功能的作用

当录制一些运动中的景物时，如果运动速度过快，那么通过肉眼是无法清楚观察到每一个细节的。此时可以使用“变速”功能来降低画面中景物的运动速度，形成慢动作效果，从而令每一个瞬间都清晰呈现。

而对于一些变化太过缓慢，或者比较单调、乏味的画面，则可以通过“变速”功能适当提高播放速度，形成快动作效果，从而缩短这些画面的播放时间，让视频更生动。

另外，通过“曲线变速”功能，可以让画面的快与慢形成一定的节奏感，从而大幅优化观看体验。

4.1.2 利用“变速”功能实现快动作与慢动作混搭的效果

❶ 将视频导入剪映后，点击界面下方的“剪辑”按钮，如图 4-1 所示。

❷ 点击界面下方的“变速”按钮，如图 4-2 所示。

❸ 剪映提供了两种变速方式，一种为“常规变速”，也就是所选的视频统一调速；而“曲线变速”则可以有针对性地对一段视频中的不同部分进行加速或者减速处理，而且加速、减速的幅度可以自行调节，如图 4-3 所示。

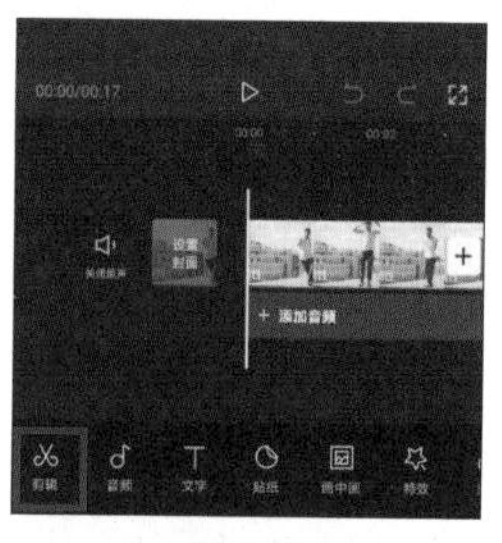
图 4-1

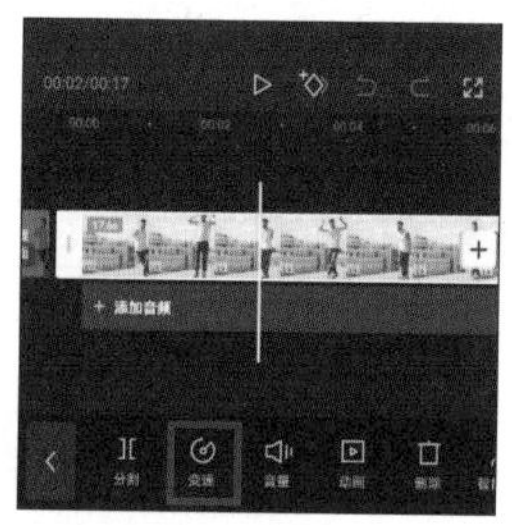
图 4-2

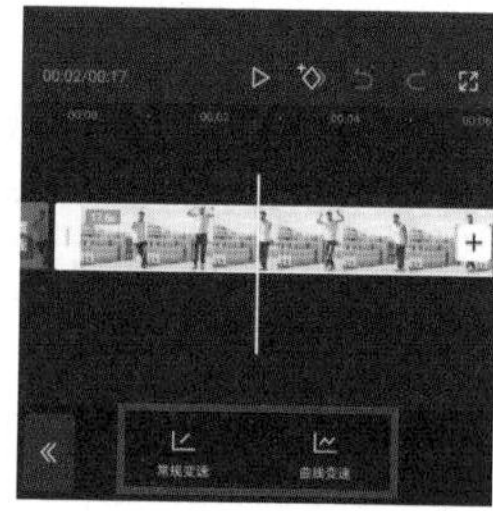

图 4-3

❹ 当选择了“常规变速”，可以通过滑块控制加速或者减速的幅度。1.0× 为原始速度，所以 0.5× 即为 2 倍慢动作，0.2× 即为 5 倍慢动作，以此类推，即可确定慢动作的倍数，如图 4-4 所示。

❺ 而 2.0× 即为 2 倍快动作，剪映最高可以实现 100× 的快动作，如图 4-5 所示。

❻ 当选择了“曲线变速”，则可以直接使用预设，为视频中的不同部分添加慢动作或者快动作效果。但在大多数情况下，都需要使用“自定”方式，根据视频进行手动设置，如图 4-6 所示。

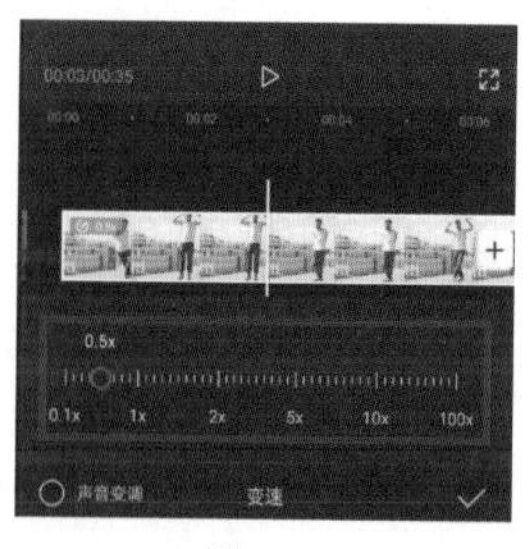

图 4-4

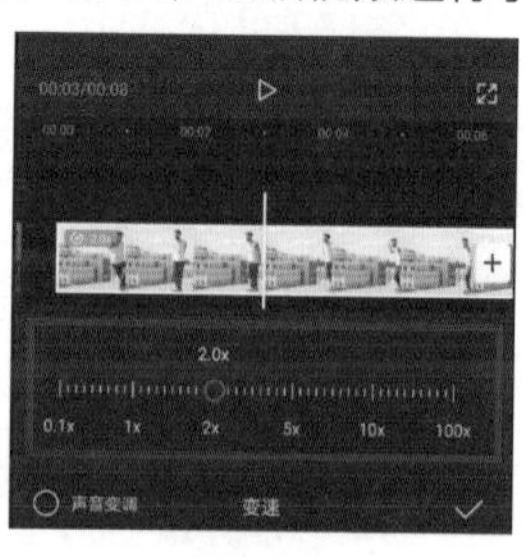

图 4-5

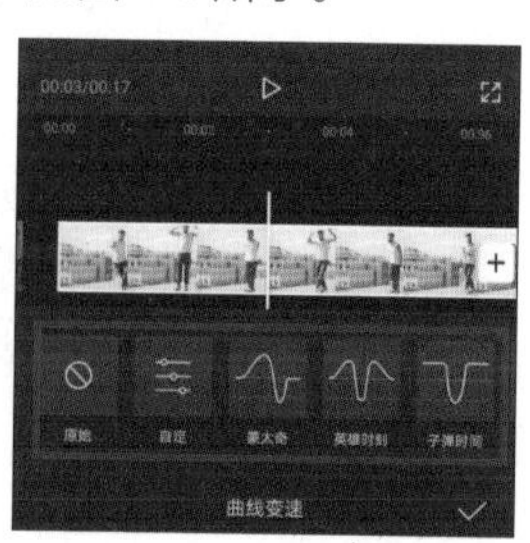

图 4-6

❼ 点击“自定”按钮后，该按钮变为红色，再次点击即可进入编辑界面，如图4-7所示。

❽ 由于需要根据视频自行确定锚点位置，所以并不需要预设锚点。选中锚点后，点击“删除点”按钮，将其删除，如图4-8所示。

❾ 删除后的界面如图4-9所示。

图4-7

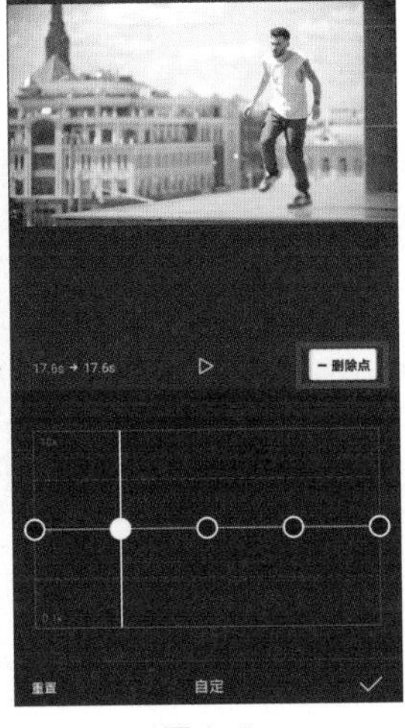

图4-8

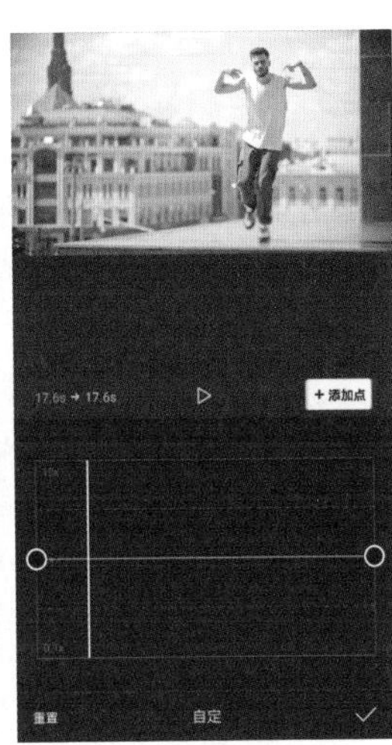

图4-9

提示

曲线上的锚点除了可以上下拖动，还可以左右拖动，所以不删除锚点，通过拖动已有锚点至目标位置也是可以的。但在制作相对比较复杂的曲线变速时，锚点数量较多，原有的预设锚点在没有使用的情况下，可能会扰乱调节思路，导致忘记个别锚点的作用。所以，建议在制作曲线变速前删除原有预设的锚点。

❿ 移动时间线，将其定格在希望形成慢动作画面开始的位置，点击“添加点”按钮，并向下拖动锚点，如图4-10所示。

⓫ 将时间线定位到希望慢动作画面结束的位置，点击“添加点”按钮，同样向下拖动锚点，从而形成一段持续性的慢动作画面，如图4-11所示。

⓬ 按照这个思路，在需要实现快动作效果的区域也添加两个锚点，并向上拖动，从而形成一段持续性的快动作画面，如图4-12所示。

⓭ 如果不需要形成持续性的快、慢动作画面，而是让画面在快动作与慢动作之间不断变化，则可以让锚点在高位以及低位交替出现，如图4-13所示。

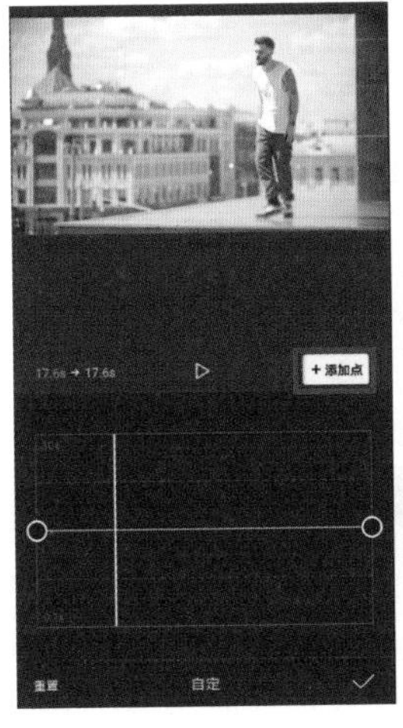

图4-10

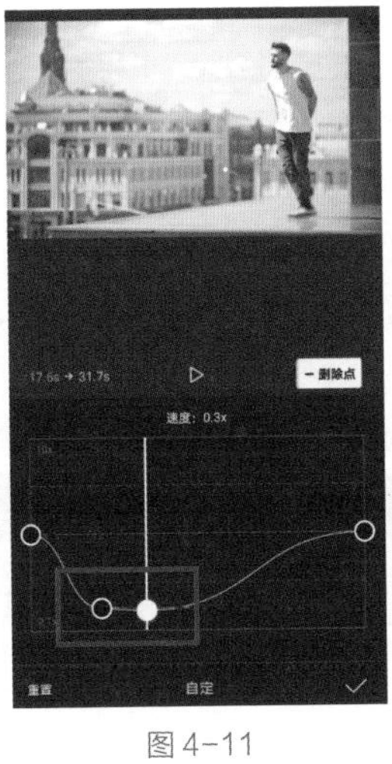

图4-11

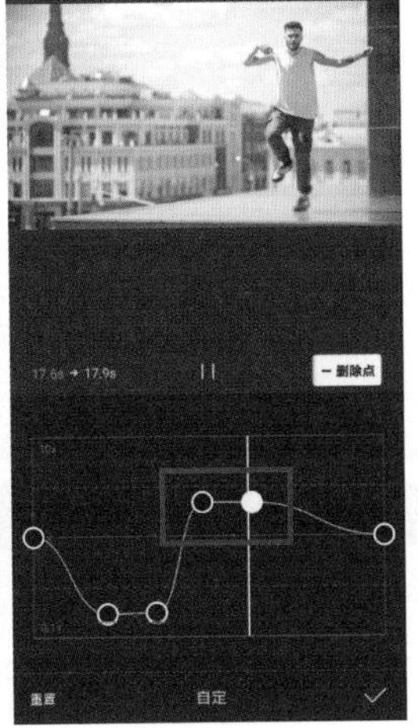

图4-12

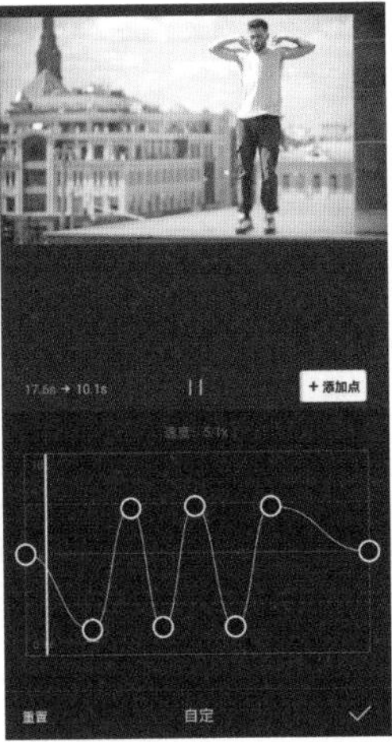

图4-13

4.1.3 “变速”功能在专业版剪映中的位置

在专业版剪映中选择任意视频素材后，可以在右上角的细节调整区中找到“变速”按钮。点击其下的“常规变速”和“曲线变速”按钮，即可调整视频的播放速度，如图 4-14 和图 4-15 所示。

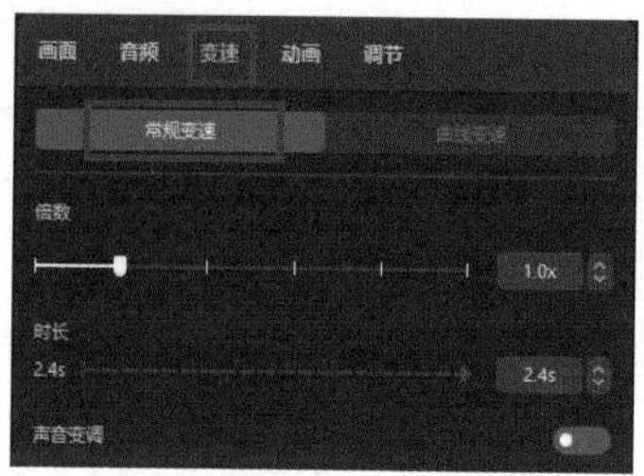

图 4-14

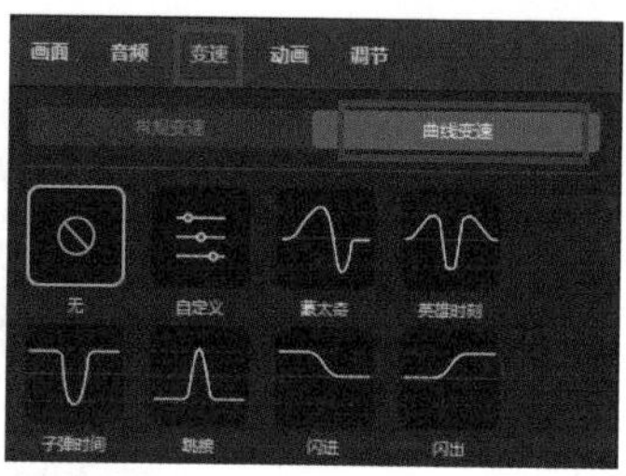

图 4-15

4.2 使用“特效”功能让视频更酷炫

4.2.1 “特效”功能的作用

通过“特效”功能可以快速为视频添加各种特殊效果，从而起到丰富画面内容、突出重点画面或者营造画面氛围等的作用，如图 4-16 所示。而且，多个特效可以进行叠加使用，通过组合剪映提供的大量特效，往往能得到意想不到的效果。

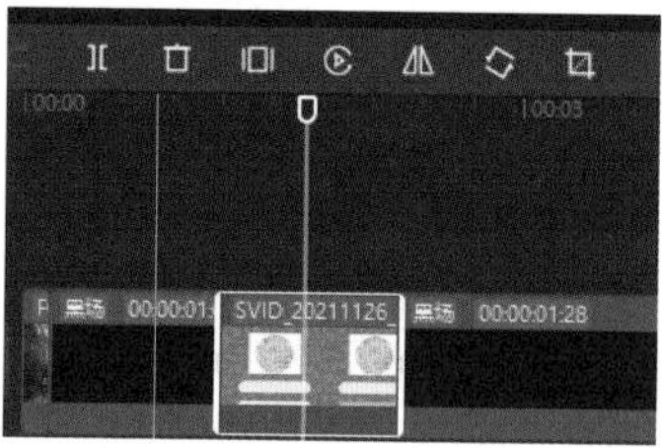

图 4-16

4.2.2 利用“特效”功能让画面内容更丰富

❶ 点击界面下方的“特效”按钮，如图 4-17 所示。

❷ 剪映将“特效”分成不同类别，点击一种类别，即可从中选择希望使用的特效。在选中一种“特效”后，预览界面则会自动播放添加此特效的效果。此处选择“基础”分类下的“开幕”特效，如图 4-18 所示。

❸ 在编辑界面下方，出现“开幕”特效的轨道。按住该轨道并拖动，即可调节其位置；选中该轨道，拖动左侧或右侧的白框，即可调节特效的作用范围，如图 4-19 所示。

❹ 如果需要继续增加其他特效，在不选中任何特效的情况下，点击界面下方的“新增特效”按钮即可，如图 4-20 所示。

提示

在添加特效后，如果切换到其他轨道进行编辑，特效轨道将隐藏。如需要再次对特效进行编辑，点击界面下方的“特效”按钮即可。

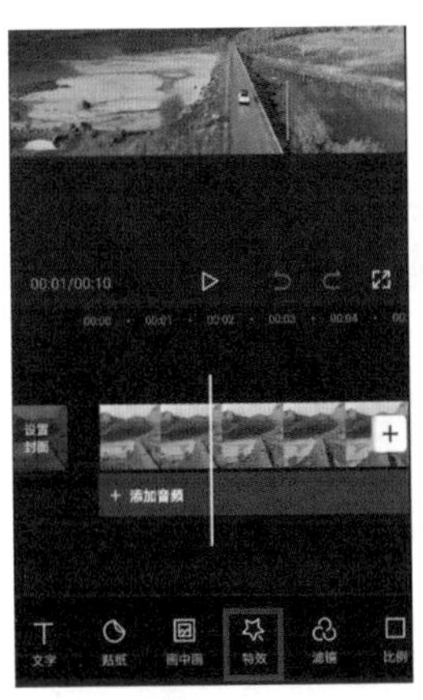
图 4-17

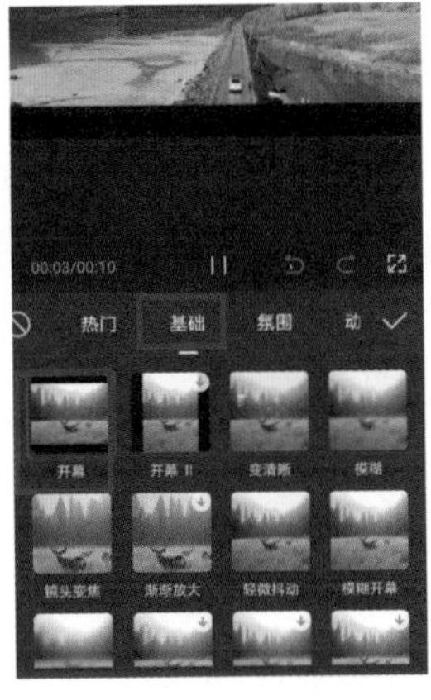
图 4-18

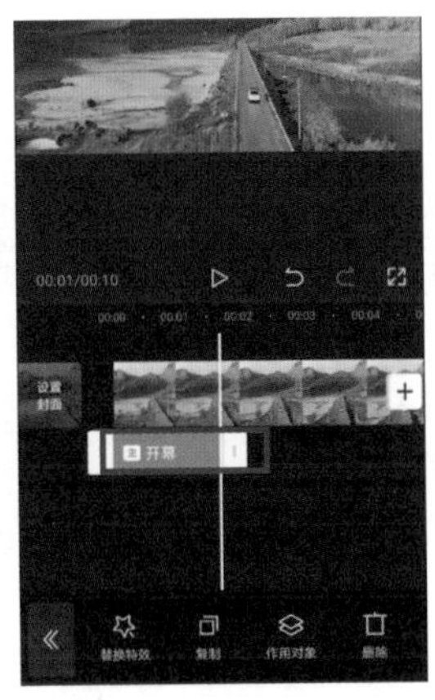
图 4-19

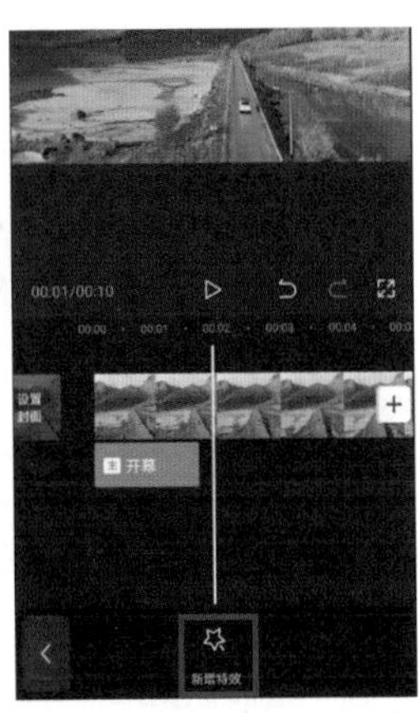
图 4-20

4.2.3　“特效”功能在专业版剪映中的位置

点击专业版剪映“工具栏”中的“特效”按钮。在左侧选择需要的特效类别，然后选中需要的特效进行添加即可，如图 4-21 所示。

图 4-21

4.3　使用“画中画”与“蒙版”功能合成视频

4.3.1　“画中画”与“蒙版”功能的作用

通过“画中画”功能可以让一段视频画面中出现多个不同的画面，这是该功能最直接的使用方式。但“画中画”功能更重要的作用在于，可以形成多条视频轨道。利用这些视频轨道，再结合“蒙版”功能，就可以控制画面局部的显示内容，将多个视频画面合成在一起。所以，“画中画”与“蒙版”功能往往是同时使用的。

4.3.2 “画中画”功能的使用方法

❶ 添加一个视频素材，如图 4-22 所示。

❷ 将画面比例设置为 9:16，然后点击界面下方的“画中画”按钮（此时不要选中任何视频片段），继续点击“新增画中画”按钮，如图 4-23 所示。

❸ 选中要添加的素材后，即可调整“画中画”在视频中的位置和大小，并且在界面下方会出现“画中画”轨道，如图 4-24 所示。

❹ 当不再选中“画中画”轨道后，即可再次点击界面下方的“新增画中画”按钮添加画面。结合编辑工具，还可以对该画面进行排版，如图 4-25 所示。

图 4-22

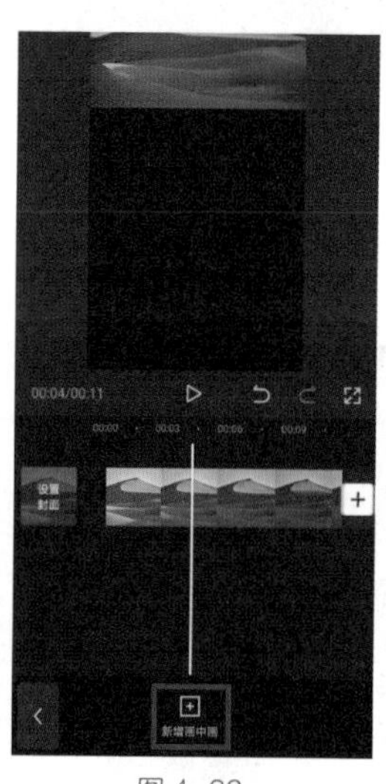

图 4-23

图 4-24

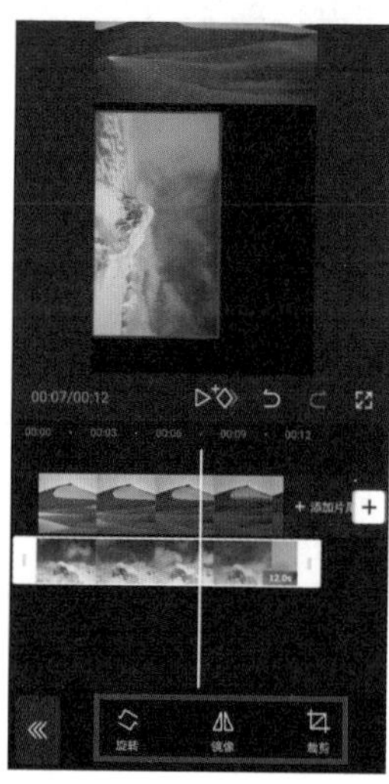

图 4-25

4.3.3 利用“画中画”与“蒙版”功能控制画面显示

当画中画轨道中的每一个画面均不重叠的时候，所有画面都能完整显示。如果一旦出现重叠，有些画面就会被遮挡。而利用“蒙版”功能，则可以控制哪些区域被遮挡，哪些区域不被遮挡，具体的操作方法如下。

❶ 如果时间线穿过多个画中画轨道，画面就有可能产生遮挡，部分视频素材的画面将无法显示，如图 4-26 所示。

❷ 在剪映中有“层级”的概念，其中主视频轨道为 0 级，每多一条画中画轨道就会多一个层级。在本例中，有两条画中画轨道，所以会有“1 级”和“2 级”，如图 4-27 所示。它们之间的覆盖关系是，层级数值大的轨道

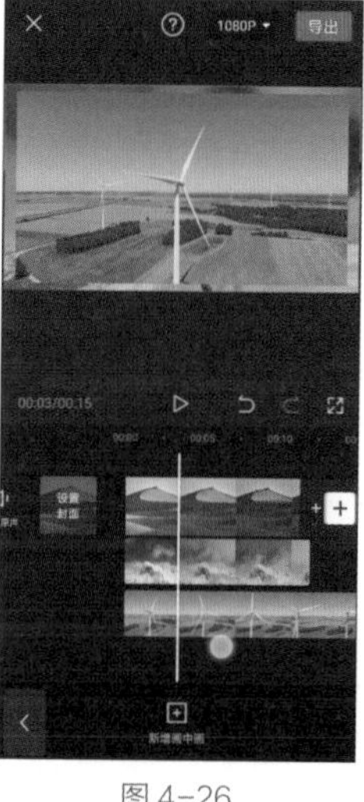

图 4-26

图 4-27

覆盖层级数值小的轨道。也就是“1 级”覆盖“0 级”，“2 级”覆盖“1 级”，以此类推。选中一条画中画视频轨道，点击界面下方的层级按钮，即可设置该轨道的层级。

❸ 剪映默认处于下方的视频轨道会覆盖处于上方的视频轨道，但由于画中画轨道可以设置层级，所以如果选中位于中间的画中画轨道，并将其层级从“1 级”改为“2 级”（针对本例），那么中间轨道的画面则会覆盖主视频轨道与底部的视频轨道中的画面，如图 4-28 所示。

❹ 为了让大家更容易理解蒙版的作用，所以先将“层级”恢复为默认状态，并只保留一个画中画轨道。选中该画中画轨道，并点击界面下方的“蒙版”按钮，如图 4-29 所示。

❺ 选中一种“蒙版”样式，所选视频轨道画面将会出现部分显现的情况，而其余部分则会显示原本被覆盖的画面，如图 4-30 所示。通过这种方式，就可以有选择性地调整画面中显示的内容。

图 4-28

图 4-29

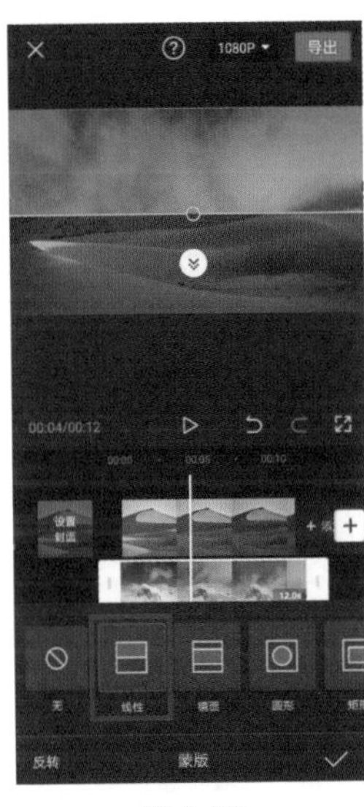

图 4-30

❻ 若希望将主轨道中的一段视频素材切换到画中画轨道中，可以在选中该段素材后，点击界面下方的“切画中画”按钮。但有时该按钮是灰色的，无法使用，如图 4-31 所示。

❼ 此时不要选中任何素材片段，点击“画中画”按钮，在显示如图 4-32 所示的界面时，再选中希望“切画中画”的素材，即可点击“切画中画”按钮了。

图 4-31

图 4-32

4.3.4 专业版剪映中找不到的“画中画”功能

用专业版剪映添加“画中画”效果

在手机版剪映中，如果想在时间轴中添加多个视频轨道，需要利用“画中画”功能导入素材。但在专业版剪映中，却找不到“画中画”按钮。难道意味着专业版剪映不能进行多视频轨道的处理吗?

在前文中已经提到，由于专业版剪映的处理界面更大，所以各轨道均可完整显示在时间轴中。因此，无须使用所谓的“画中画”功能，直接将一段视频素材，拖至主视频轨道的上方，即可实现多轨道处理，即手机版剪映的“画中画”功能，如图 4-33 所示。

而主轨道上方的任意视频轨道均可随时拖回主轨道，所以在专业版剪映中，也不存在“切画中画轨道”和“切主轨道”这两个选项。

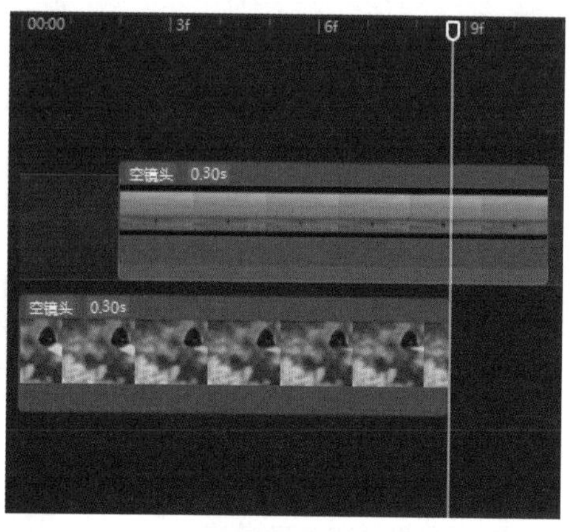

图 4-33

通过“层级”确定视频轨道的覆盖关系

将视频素材移至主轨道上方时，该视频素材的画面就会覆盖主轨道的画面。这是因为在剪映中，主轨道的层级默认为 0，而主轨道上方的第一层视频轨道的层级默认为 1。层级大的视频轨道会覆盖层级小的视频轨道，并且主轨道的层级是不能更改的，但其他轨道的层级可以更改。

例如，在层级为 1 的视频轨道上方再添加一个视频轨道，该轨道的层级默认为 2，如图 4-34 所示。

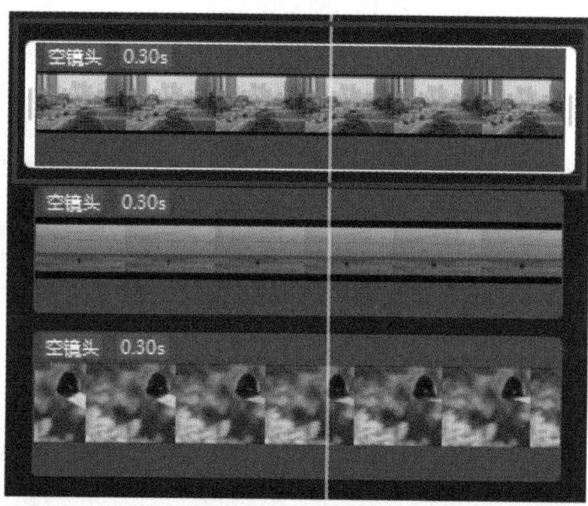

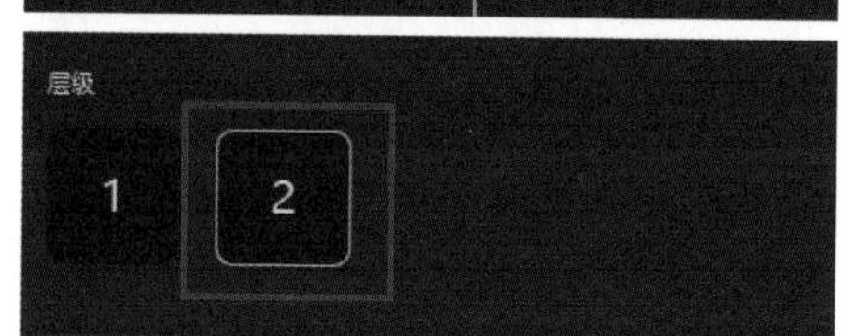

图 4-34

4.3.5 找到专业版剪映的“蒙版”功能

在时间轴中添加多条视频轨道后，由于画面之间出现了覆盖情况，就可以使用“蒙版”功能来控制画面局部区域的显示，具体的操作方法如下。

❶ 选中一条视频轨道后，点击界面左上角的“画面”按钮，找到“蒙版”功能，如图 4-35 所示。

❷ 选择希望使用的蒙版，此处以“线性”蒙版为例，点击之后在预览界面中会出现添加蒙版后的效果，如图 4-36 所示。

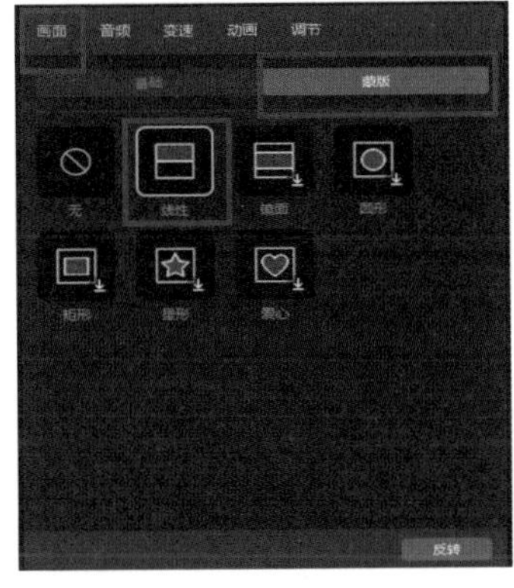

图 4-35

图 4-36

❸ 点击如图 4-36 所示的图标，即可调整蒙版的角度。

❹ 点击图标，即可调整两个画面分界线处的“羽化”效果，形成一定的过渡效果，如图 4-37 所示。

❺ 将鼠标移至“分界线”附近，并按住鼠标左键拖动，即可调节蒙版的位置，如图 4-38 所示。

图 4-37

图 4-38

4.4 使用关键帧让静态画面动起来

4.4.1 关键帧的作用

如果在一条轨道上创建了两个关键帧，并且在后一个关键帧处改变了显示效果，例如，放大或缩小画面、移动贴纸位置或蒙版位置、修改滤镜参数等，那么在播放两个关键帧之间的视频时，会出现第一个关键帧所在位置的效果逐渐变为第二个关键帧所在位置的效果。

因此，通过这个功能，就可以让一些原本不会移动的、非动态的元素在画面中动起来，或者让一些后期增加的效果随时间而变化。

4.4.2 利用关键帧功能让贴纸移动

利用关键帧功能让贴纸移动的具体操作方法如下。

❶ 为画面添加一个“播放类图标”贴纸，再添加一个“鼠标箭头”贴纸，如图 4-39 所示。

❷ 通过关键帧功能，让原本不会移动的“鼠标箭头”贴纸动起来，形成从画面一角移至“播放”图标的效果。将“鼠标箭头”贴纸移至画面的右下角，再将时间线移至该贴纸轨道的最左端，点击界面中◇图标，添加一个关键帧，如图 4-40 所示。

❸ 将时间线移至“鼠标箭头”贴纸轨道偏右的位置，然后移动贴纸位置至“播放”图标处，此时剪映会自动在时间线所在位置再创建一个关键帧，如图 4-41 所示。

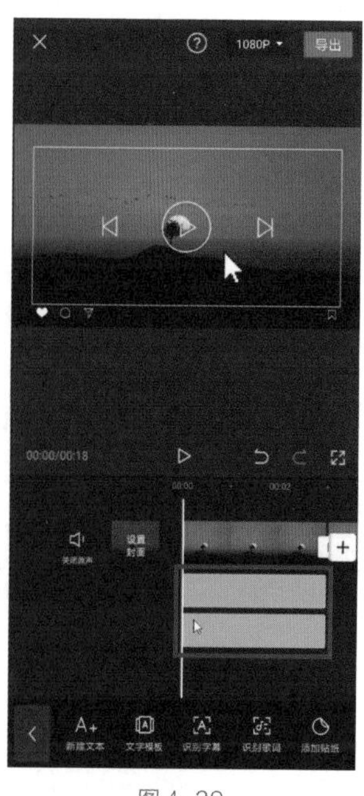

图 4-39

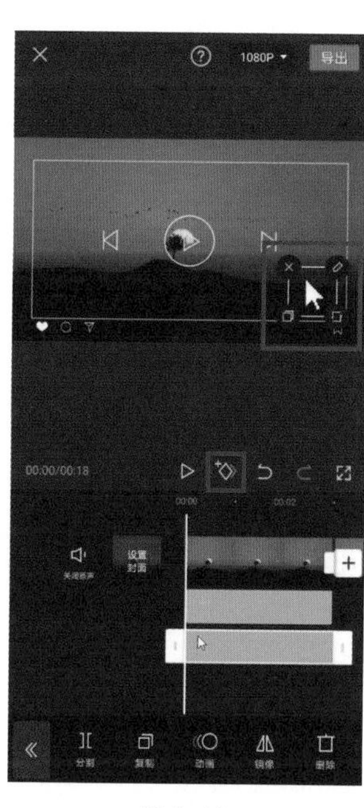

图 4-40

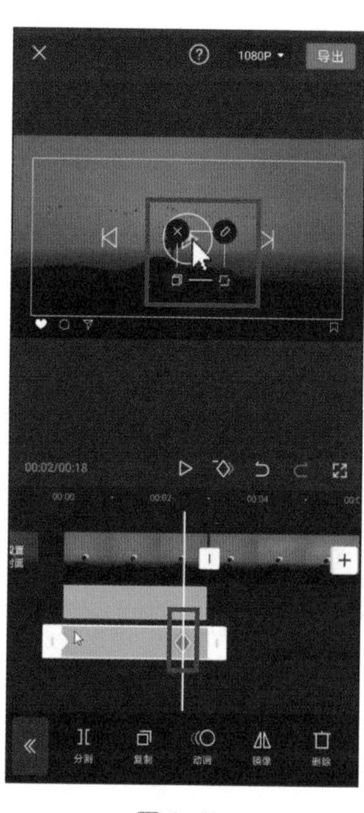

图 4-41

至此，就实现了“箭头贴纸”逐渐从角落移至“播放”图标的效果。

提示

除了本例中的移动贴纸效果，关键帧还有非常多的应用方式。例如，关键帧结合滤镜，就可以实现渐变色的效果；关键帧结合蒙版，就可以实现蒙版逐渐移动的效果；关键帧结合视频画面的缩放，就可以实现拉镜、推镜的效果；关键帧甚至还能够与音频轨道结合，实现任意阶段的音量渐变效果等。总之，关键帧是剪映中非常实用的工具，充分挖掘其功能后，可以实现很多创意效果。

4.4.3 “关键帧”功能在专业版剪映中的使用方法

由于专业版剪映“关键帧”功能的使用方法与手机版稍有不同，所以此处不但会介绍该功能的位置，还会演示具体的操作方法。

更精确的关键帧

专业版剪映的关键帧与手机版剪映的关键帧功能最大的区别在于，专业版剪映的关键帧可以针对视频中的各种不同元素进行单独设置，而手机版剪映的关键帧只能做到对所有元素的变化进行处理。

例如，在手机版剪映中，如果在一个时间点为视频创建关键帧，那么在这个时间点之后，若对视频既进行了色彩的调整，又进行了画面大小的调整，那么无论是色彩还是画面大小都会发生变化。

但在专业版剪映中，就可以做到单独为色彩的调整创建关键帧，所以即使在关键帧之后调整了画面的大小，也不会产生画面大小的变化，而只会出现色彩的变化。

这两种版本的关键帧其实无法说谁比谁更好，只能说是各有千秋。因为如果我们本来就要实现色彩和大小的同时变化，那么手机版剪映关键帧的操作就会更简单。如果只是想实现色彩变化，那么在使用专业版剪映时就不用担心在关键帧之后进行的各种除色彩外的其他操作会影响画面效果了。

利用专业版剪映的关键帧制作贴纸移动的效果

通过制作和手机版剪映关键帧相同的效果，体会专业版剪映关键帧的不同之处，具体的操作方法如下。

❶ 通过添加贴纸来营造画面，并将时间线移至轨道的最左侧，如图 4-42 所示。

❷ 将“箭头”贴纸移至画面的右下角，如图 4-43 所示。

❸ 选中“箭头”贴纸轨道，点击“位置”选项右侧的图标，当其变为图标后，即创建了关键帧。这里会发现，除了“位置”选项，其余的每个选项右侧也有图标，这就需要根据想制作的效果，来选择创建哪个参数的关键帧。因为这里只想让箭头贴纸移动位置，所以创建“位置”的关键帧即可，如图 4-44 所示。

图 4-42

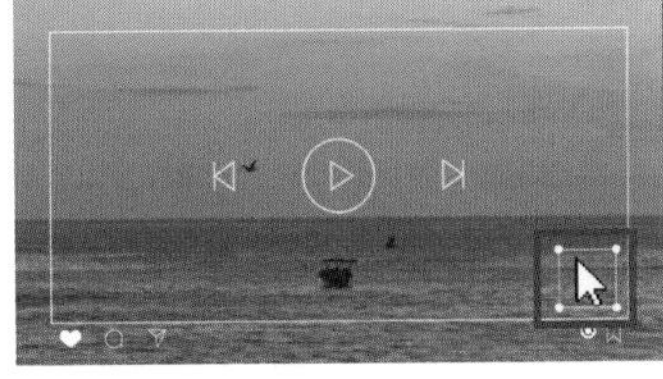

图 4-43

图 4-44

❹ 将时间线移至“箭头”贴纸轨道的末端，如图 4-45 所示。

❺ 保持时间线位置不变，将“箭头”贴纸移至播放图标上，如图 4-46 所示。

❻ 此时会发现，“位置”选项被自动创建了关键帧，如图 4-47 所示。因为剪映发现箭头的位置发生了变化，而我们又在之前针对“位置”创建了关键帧，所以就实现了让箭头移动位置的效果。

❼ 而如果将时间线移至两个关键帧之间，如图 4-48 所示，并将“箭头”贴纸增大，如图 4-49 所示。

这样操作若是出现在手机版剪映上，那么时间线的位置会自动创建关键帧，并且会出现“箭头”贴纸逐渐变大的效果。

图 4-45

图 4-46

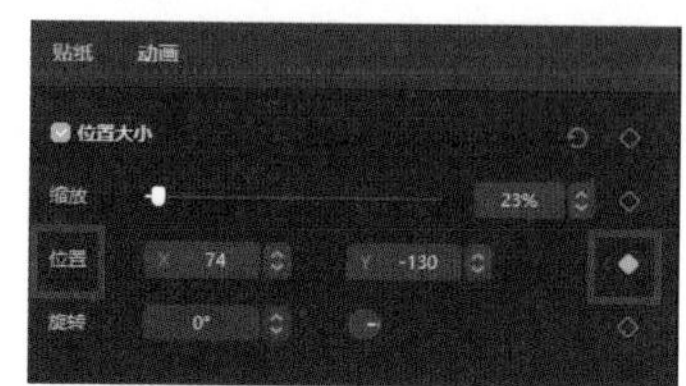

图 4-47

但是在专业版剪映中并没有出现这种情况，而是整个贴纸轨道的“箭头”贴纸都变大了。这就是因为关键帧只是针对“位置”创建的，而没有针对“缩放”创建关键帧。

提示

若要在专业版剪映上同时实现箭头位置和大小的变化，则除了点击“位置”选项右侧的◇图标，还要点击“缩放”选项右侧的◇图标。也就是同时创建“位置”的关键帧和“大小”的关键帧，如图4-50所示。

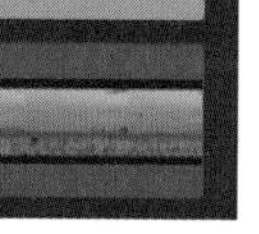

图 4-48

图 4-49

图 4-50

4.5 使用“智能抠像”与“色度抠图”功能一键抠图

4.5.1 “智能抠像”与“色度抠图”功能的作用

通过“智能抠像”功能可以快速将人物从画面中抠出来，从而实现替换人物背景等的操作。而“色度抠图”功能则可以将在“绿幕”或者“蓝幕”下拍摄的景物快速抠取出来，方便进行视频图像的合成。

4.5.2 “智能抠像”功能的使用方法

❶“智能抠像”功能的使用方法非常简单，只需要选中画面中有人物的视频，然后点击界面下方的“智能抠像”按钮即可。但为了能够看到抠图的效果，所以先“定格”一个有人物的画面，如图 4-51 所示。

❷ 将定格后的画面切换到“画中画”轨道，如图 4-52 所示。

❸ 选中“画中画”轨道，点击界面下方的“智能抠像”按钮，此时即可看到被抠出的人物，如图 4-53 所示。

提示

“智能抠像”功能并非总能像案例中展示的，近乎完美地抠出画面中的人物。如果希望提高“智能抠像”功能的准确度，建议选择人物与背景的明暗或者色彩具有明显差异的画面，从而令人物的轮廓清晰、完整，没有过多的瑕疵。

图 4-51

图 4-52

图 4-53

4.5.3 “色度抠图”功能的使用方法

❶ 导入一个图片素材，调节比例为 9:16，并让该图片充满整个画面，如图 4-54 所示。

❷ 将绿幕素材添加至“画中画”轨道，同样使其充满整个画面，并点击界面下方的“色度抠图”按钮，如图 4-55 所示。

❸ 将“取色器”中间的“小白框”放置在绿色区域，如图 4-56 所示。

❹ 点击“强度”按钮，并向右拖动滑块，即可将绿色区域“抠掉”，如图 4-57 所示。

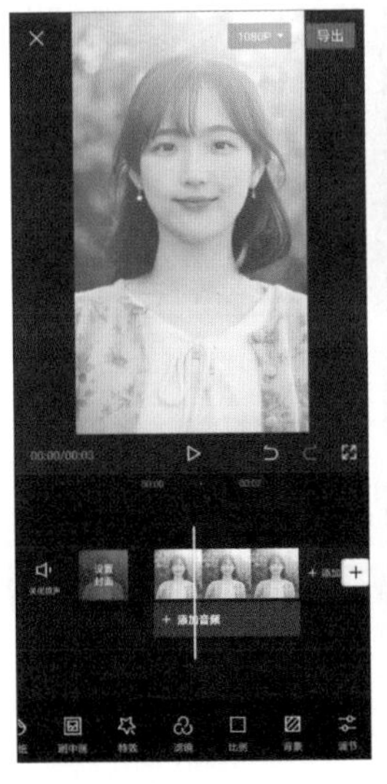
图 4-54

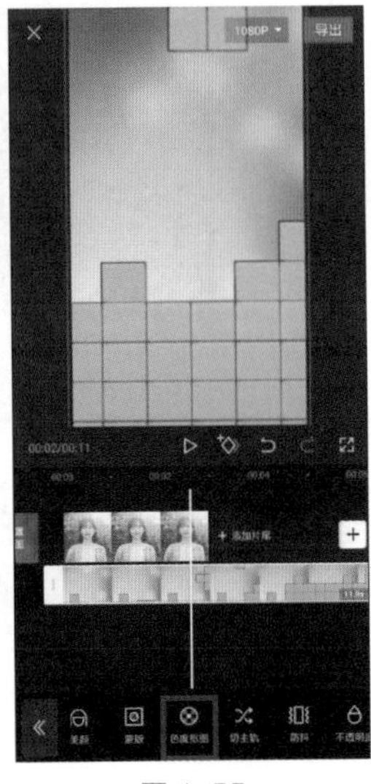
图 4-55

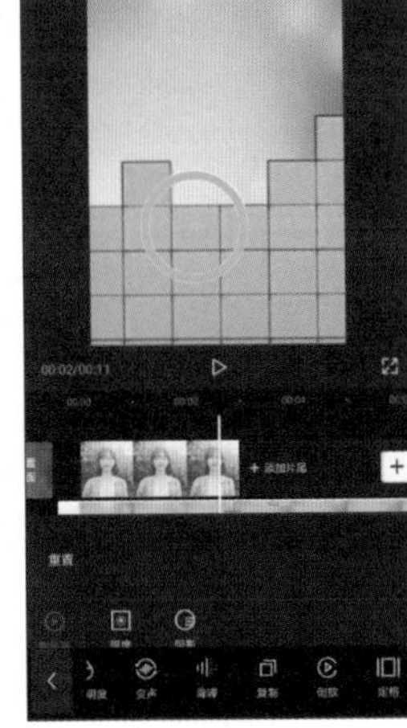
图 4-56

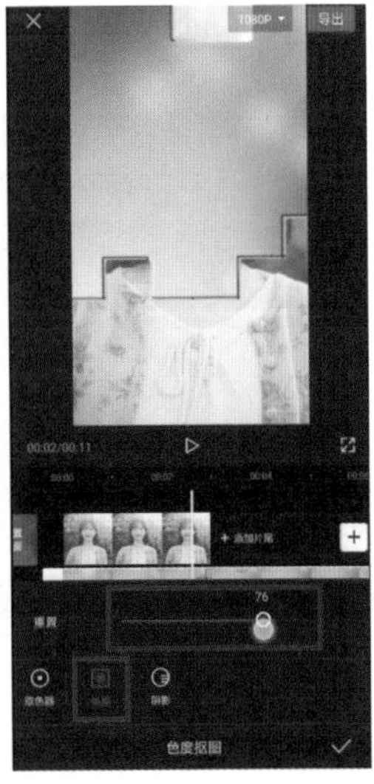
图 4-57

❺ 某些绿幕素材，即使将“强度”滑块拖至最右侧，可能依旧无法将绿色完全抠掉。此时，可以先小幅度提高数值，如图 4-58 所示。

❻ 将绿幕素材放大，再次点击“色度抠图”按钮，仔细调整“取色器”的位置到残留的绿色区域，直到可以最大限度地抠掉绿色，如图 4-59 所示。

❼ 再次点击“强度”按钮，并向右拖动滑块，即可更好地抠除绿色区域，如图 4-60 所示。

❽ 点击“阴影”按钮，适当提高该数值，可以使抠图的边缘更平滑，如图 4-61 所示。抠图完成后，别忘了调整绿幕素材的位置。

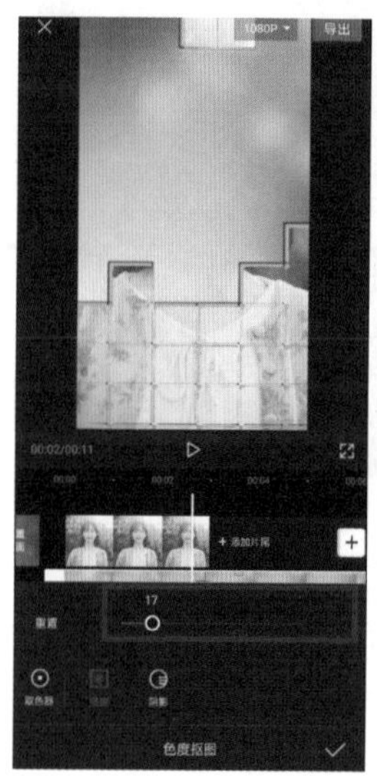

图 4-58

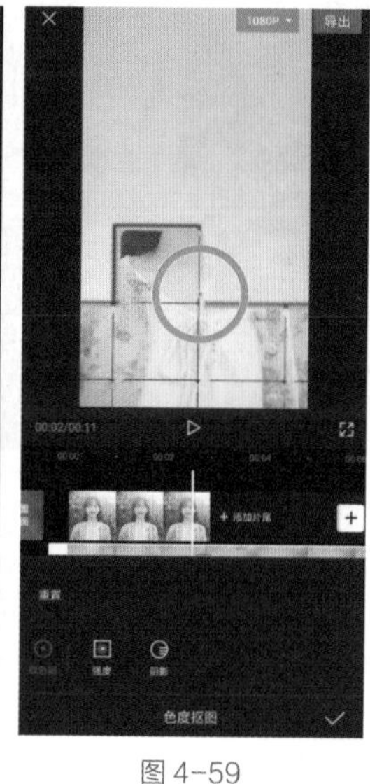

图 4-59

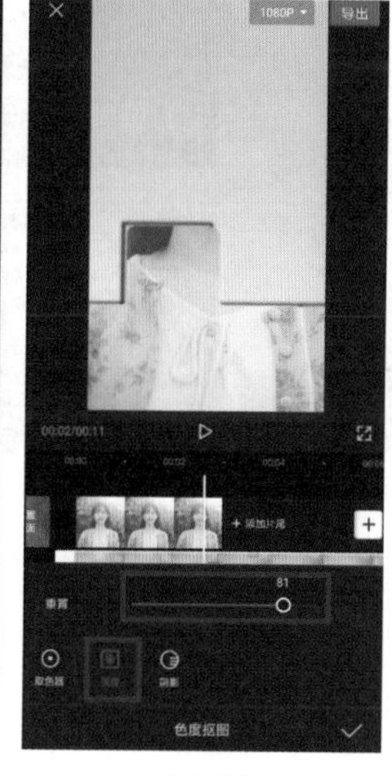

图 4-60

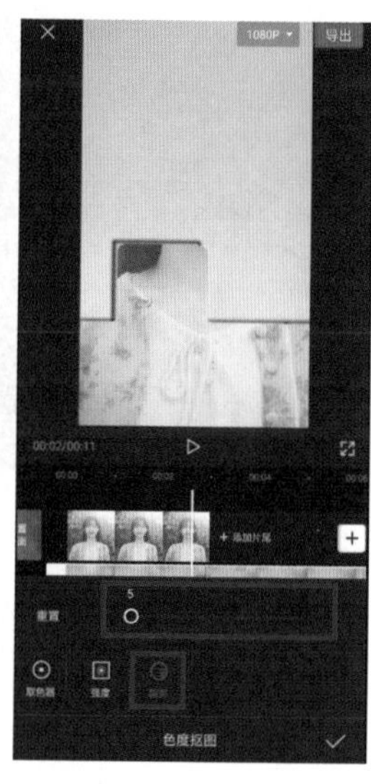

图 4-61

4.5.4 “色度抠图”和“智能抠像”功能在专业版剪映中的位置

选中一段视频轨道后，在“细节设置区”（界面左上角）中点击“画面”按钮，再点击“抠像”按钮，即可找到“色度抠图”和“智能抠像”功能，如图 4-62 所示。

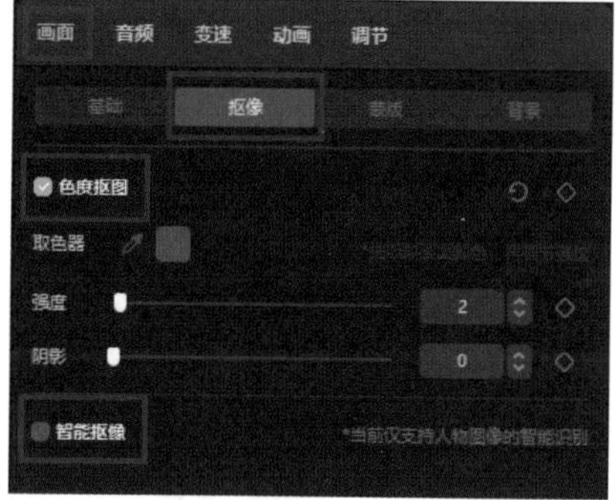

图 4-62

4.6 导出更清晰的视频

明明自己的拍摄器材性能很好，但发布的视频却总是没有别人拍摄的清晰。想解决这个问题，要学会正确地拍摄视频以及导出的方法。

4.6.1 录制更清晰的视频

从视频录制到后期导出，再到上传至抖音平台，每个过程都会造成画质损失。因此，提升画质最有效的方法莫过于在录制时就设置为较高的拍摄参数，从而保证在多次画质损失后，依然有较高的清晰度。

以安卓手机为例，在“视频模式”中选择 FHD（AUTO）选项，如图 4-63 所示，然后将其设置为最高画质 UHD（60），如图 4-64 所示。

图 4-63

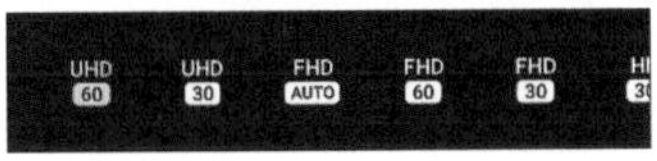

图 4-64

需要注意的是，录制更高画质的视频会增加文件所占的存储空间，同时也会提高对后期处理设备性能的要求。一般情况下，录制 FHD（30）的视频已经足够使用，除非特别看重画质，才会采用最高规格的参数进行录制。

4.6.2 导出更清晰的视频

在导出视频之前，点击界面上方的 1080P 按钮（默认为 1080P），如图 4-65 所示，在弹出的下拉列表中将分辨率选项提升至 2K/4K，帧速率设置为 60，可以最大限度地减少对画质损失，如图 4-66 所示。同时，导出更清晰的视频也需要更多的存储空间。而且默认的 1080P 和 30 帧的导出设置已经足够使用，除非特别看重画质，才会将参数均提升至最高级别进行导出。

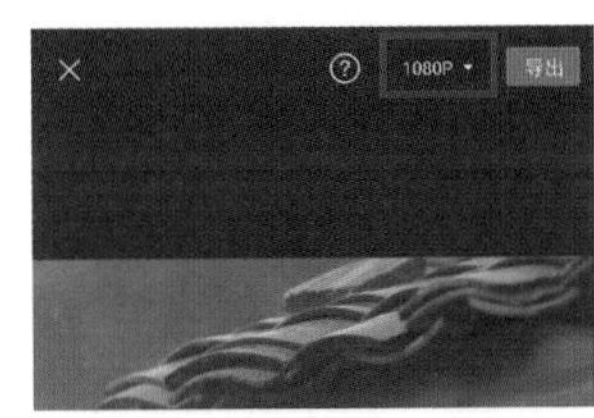

图 4-65

图 4-66

4.6.3 通过后期处理让视频更清晰

通过剪映锐化视频，可以让画面给人以更清晰的视觉感受，具体的操作方法如下。

❶ 点击界面下方的“调节”按钮，如图 4-67 所示。

❷ 单击“锐化”按钮，并适当提高该参数值，如图 4-68 所示。注意，锐化数值过高，可能会导致画面增加噪点，反而降低了画质。

❸ 调整轨道，使其覆盖需要锐化的视频片段，如图 4-69 所示。

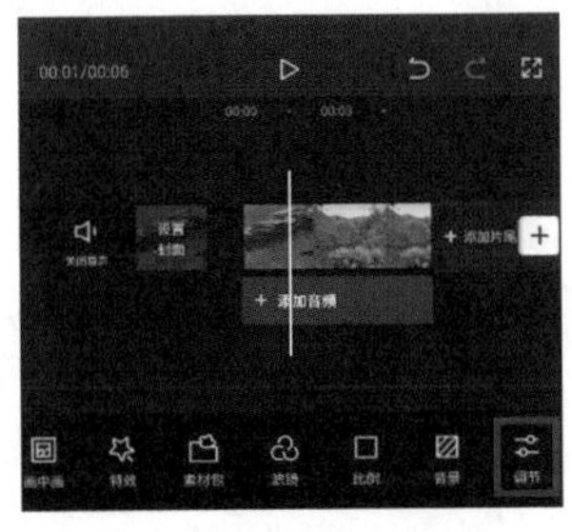

图 4-67

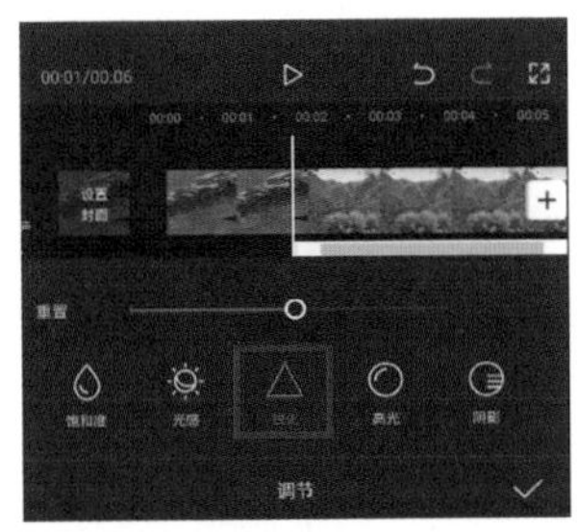

图 4-68

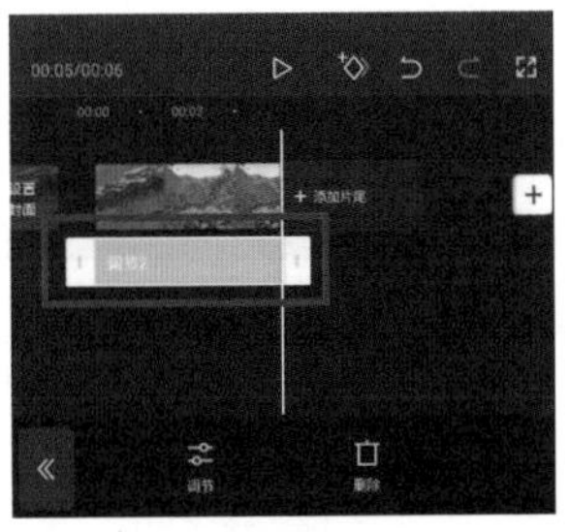

图 4-69

4.6.4 发布更清晰视频的小技巧

无论用手机还是用计算机发布视频至抖音平台，画质损失都是不可避免的，而且不存在用计算机端上传比用手机端上传的视频更清晰的情况。但在使用手机上传视频时，点击界面右侧的下箭头图标，如图 4-70 所示，再点击“画质增强”按钮，可以让视频显得更清晰，如图 4-71 所示。

图 4-70

图 4-71

4.6.5 尽量减少视频在不同设备之间的传输次数

每一次在不同设备之间传输视频，都会导致画质的轻微损失，更不要说一些软件会对视频进行压缩后再传输。因此，如果视频是在计算机端编辑的，那就直接使用计算机端发布；如果是在手机端编辑的就在手机端发布。

提示

如果导出的视频上传到抖音平台时出现失败的情况，请检查手机上是否同时安装了抖音极速版。目前剪映不支持将创作视频分享至火山和抖音极速版。

4.7 制作三合一封面

当 3 个视频彼此联系，以上、中、下 3 段视频的形式表达一个完整内容时，三合一封面可以让观众一眼即知视频之间的关联性。这种方式经常会用在如图 4-72 所示的影视类账号中，其具体的制作方法如下。

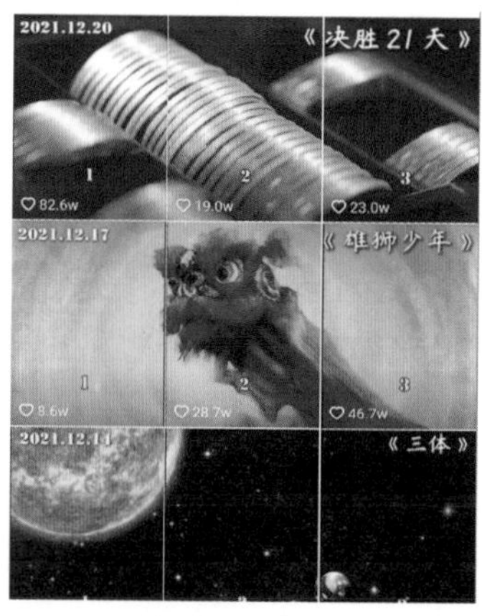

图 4-72

❶ 打开 Photoshop，执行“文件”→“新建”命令，如图 4-73 所示。

❷ 在弹出的对话框中设置画面尺寸单位为“像素”，并将宽度设置为 2160，高度设置为 1280，背景内容设置为“透明”，其他参数保存默认，如图 4-74 所示。

❸ 导入一张电影中的截图，将其覆盖刚刚新建的空白图像，如图 4-75 所示。

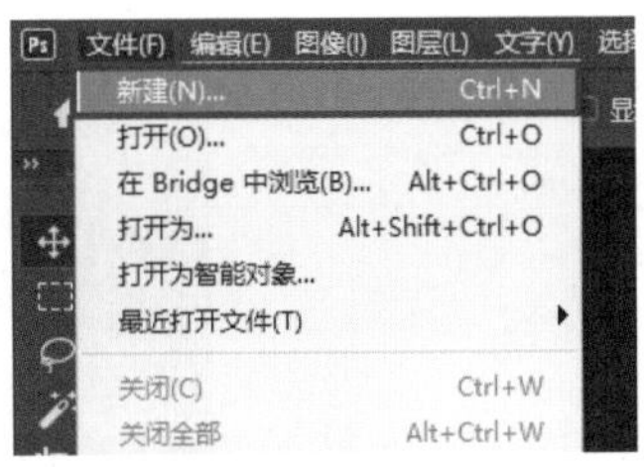

图 4-73

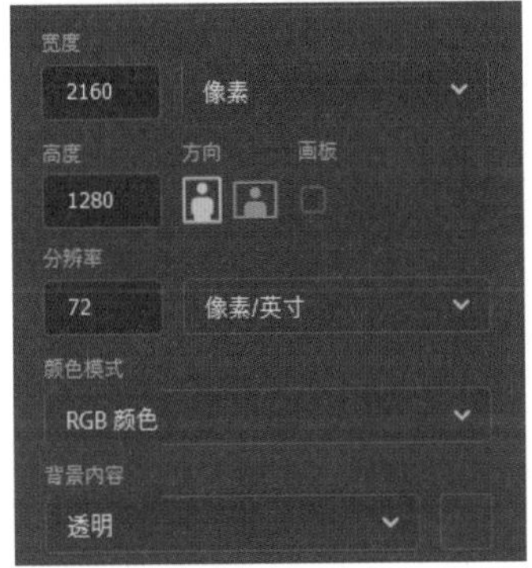

图 4-74

图 4-75

❹ 在工具箱中选择“切片工具”，如图 4-76 所示。

❺ 将鼠标移至图片上，右击，并在弹出的快捷菜单中选择“划分切片”选项，如图 4-77 所示。

❻ 在弹出的对话框中选中“垂直划分为”复选框，设置为 3 个横向切片，均匀分隔，并点击“确定”按钮，如图 4-78 所示。

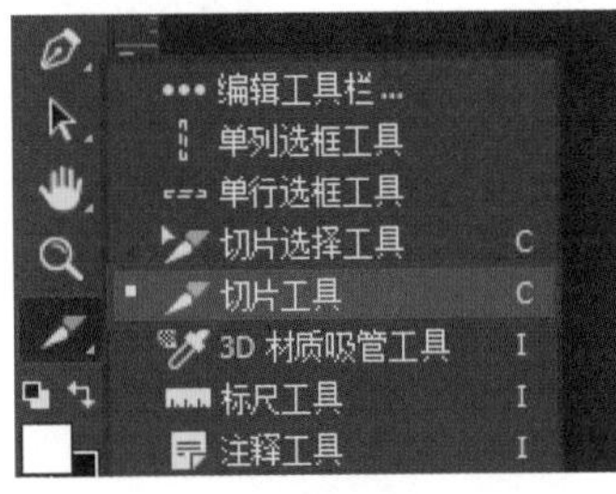

图 4-76

图 4-77

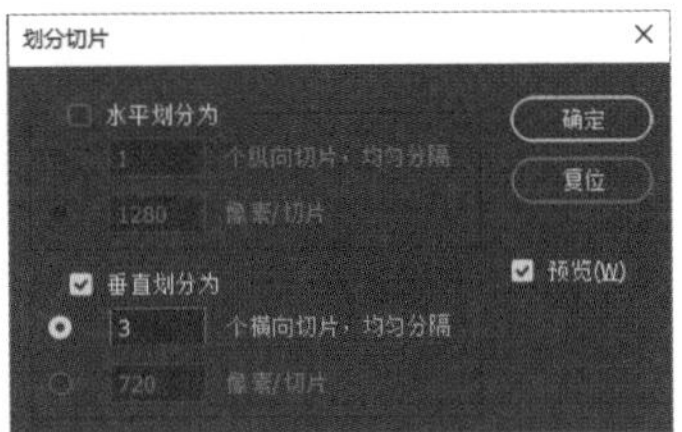

图 4-78

❼ 添加的图片此时会被平均分为 3 份，并以蓝色线条隔开，如图 4-79 所示。

❽ 执行“文件”→“导出”→“存储为 Web 所用格式（旧版）”命令，如图 4-80 所示。

❾ 将图片格式设置为 JPEG，其他选项保持默认，点击“存储”按钮，如图 4-81 所示。

图 4-79

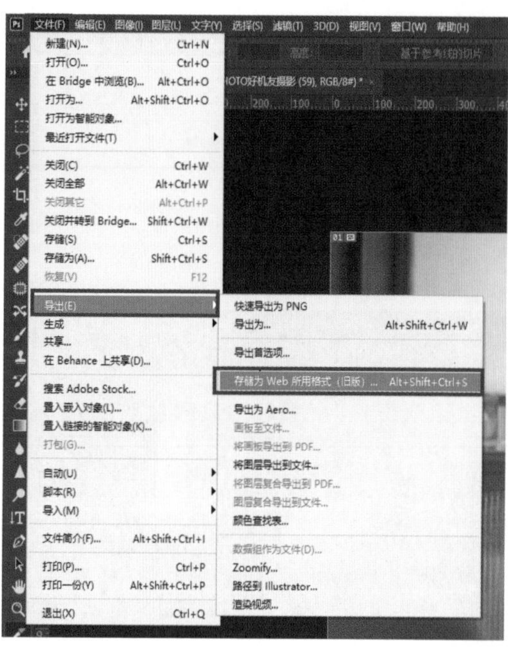

图 4-80

图 4-81

⑩ 保存的图片如图 4-82 所示，已经由一张截图分割成 3 张，将这 3 张图片发送至手机。

⑪ 打开剪映，点击轨道左侧的“设置封面”按钮，如图 4-83 所示。

⑫ 点击“相册导入”按钮，如图 4-84 所示。

图 4-82

图 4-83

图 4-84

⑬ 选择其中一张刚分割好的封面图片。因为图片按比例分割，所以此处刚好所有图片内容均在显示区域内，点击“确认”按钮即可，如图 4-85 所示。

⑭ 此时还可以为其添加文字，例如，该视频是 3 部分中的第一部分，可以添加数字 1，设置完毕后点击“保存”按钮即可，如图 4-86 所示。

⑮ 接下来采用相同的方法，为另外两段视频也添加对应的封面，然后以倒叙的方式进行发布，就能制作出三合一封面的效果了。需要注意的是，视频的比例需要为 9:16，这样才可以让制作好的封面显示完整。

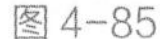

图 4-85

图 4-86

4.8　通过专业版剪映制作精美封面

在专业版剪映中同样可以制作“封面”，具体的操作方法如下。

❶ 点击视频轨道左侧的“封面”按钮，如图 4-87 所示。

❷ 选择画面中的一帧作为封面，点击“去编辑”按钮，如图 4-88 所示。

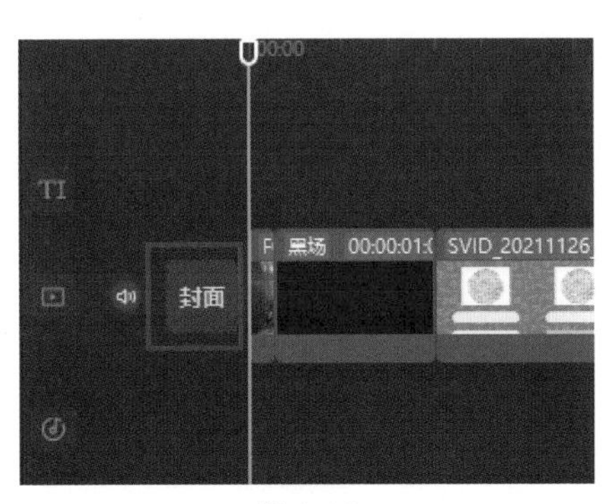

图 4-87

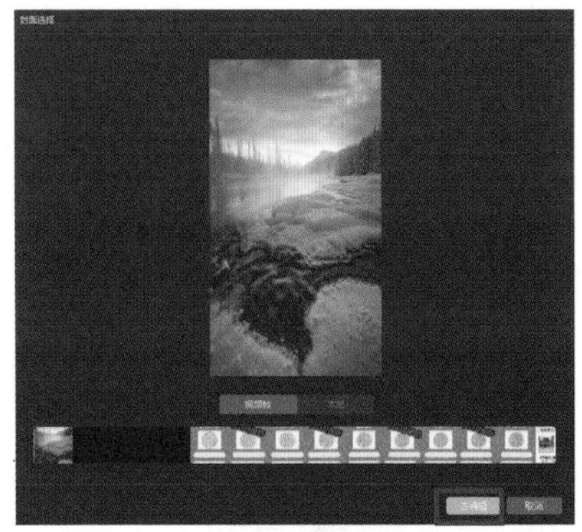

图 4-88

❸ 点击界面上方的“模板”按钮后，从左侧选择模板分类，或者直接选择喜欢的封面模板。因为目前模板数量并不多，所以全部浏览完也花费不了太多的时间。

❹ 选择一款模板后，点击封面上的文字，可以在文本栏中进行修改，改成与视频内容匹配的标题。

❺ 当然，如果没有喜欢的模板，也可以点击“文本”按钮，自己设计“花字”样式并排版，如图 4-89 所示。

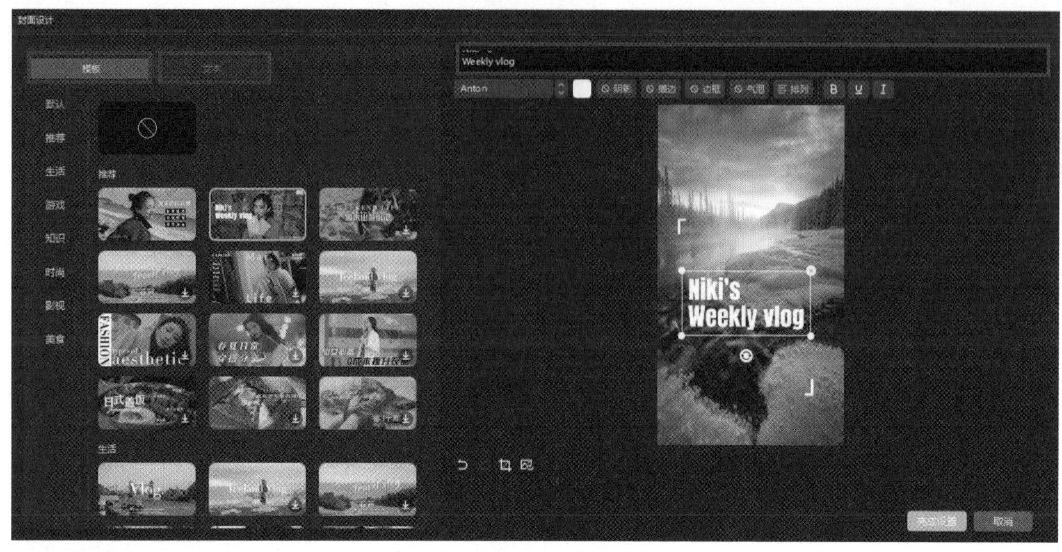

图 4-89

4.9 实现脱稿录视频的两种方法

为了让视频中录制的语言流畅、连贯，大多数情况下需要提前写好文案。但如果将文案完全背下，会大幅增加视频制作的时间成本。好在通过以下两种方法，可以让“脱稿”录视频变得更容易。

4.9.1 使用剪映提词器功能

使用剪映提词器功能可以让创作者在录制视频的同时，还能看到文案，具体的操作方法如下。

❶ 打开剪映，点击“提词器”按钮，如图 4-90 所示。

❷ 点击“新建台词”按钮，如图 4-91 所示。

❸ 将准备好的文案复制到如图 4-92 所示的界面中，然后点击“去拍摄”按钮。

图 4-90

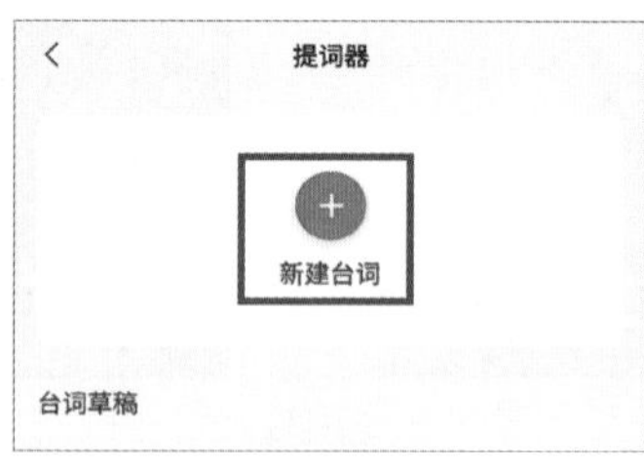

图 4-91

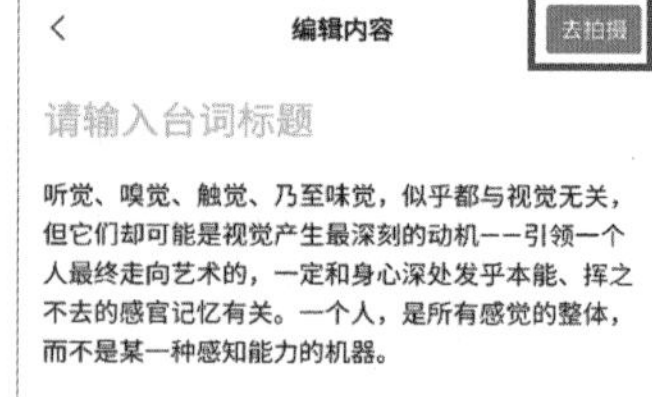

图 4-92

❹ 此时手机中既有录制的画面，又有文案。点击文案右下角的◎图标，可以设置文案滚动的速度、大小以及颜色。同时，若开启“智能语速”功能，剪映还会通过监测语音，来实时调整文案的滚动速度，如图 4-93 所示。

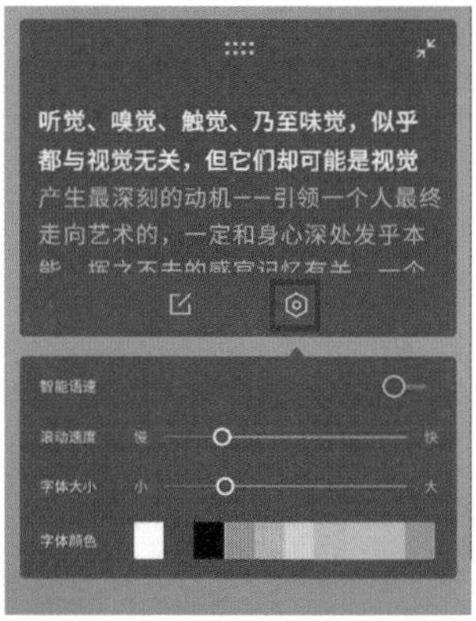

图 4-93

4.9.2 如何实现更专业的提词功能

剪映自带的提词器只能在使用剪映录制视频时使用，如果想用手机自带的“相机”功能进行视频录制时也使用提词器，并且尝试更多样的提词方式，就需要使用轻抖 App，具体的操作方法如下。

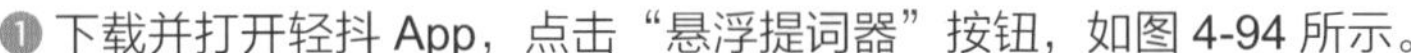

❶ 下载并打开轻抖 App，点击“悬浮提词器”按钮，如图 4-94 所示。

❷ 微信授权后，将文案复制到文本框，并点击“悬浮提词”按钮，如图 4-95 所示。

❸ 对悬浮窗进行设置后，点击“保存并开启悬浮窗”按钮，如图 4-96 所示。

图 4-94

图 4-95

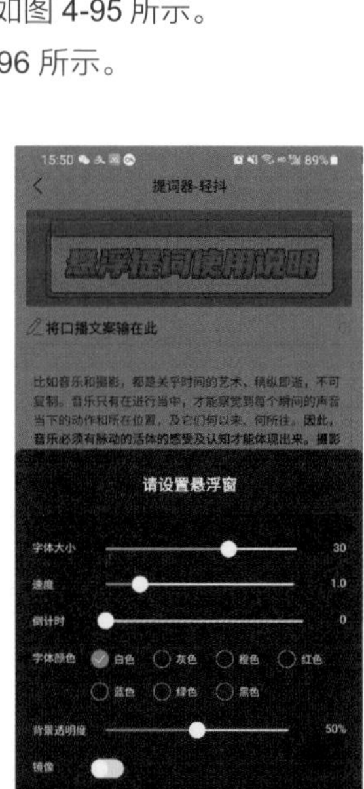

图 4-96

❹ 此时悬浮窗就会显示在手机屏幕上，并按照设定好的速度进行滚动。将手机自带的“相机”功能打开后，开始录制视频即可，如图 4-97 所示。

❺ 若想将手机单纯作为“提词器”使用，回到图 4-95 所示的界面，点击“字幕提词”按钮，即可呈现图 4-98 所示的提词效果。

❻ 若点击图 4-95 所示中的“语音提词”按钮，则可以戴上耳机，通过语音方式进行提词，如图 4-99 所示。

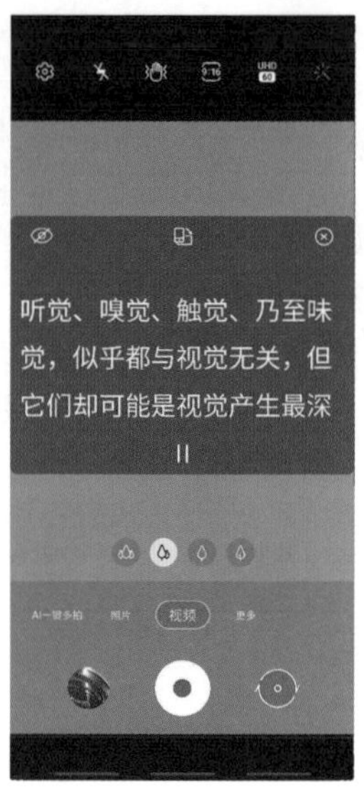

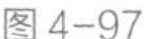

图 4-97

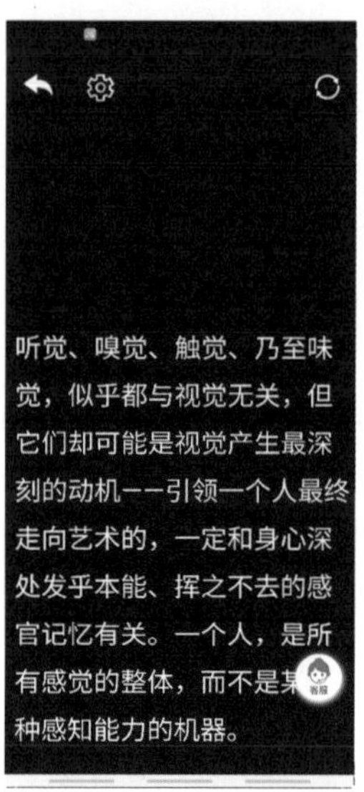

图 4-98

图 4-99

4.10 管理剪映中的文件

剪映中的“文件”，其实指的是“草稿”。通过对草稿进行管理，可以让视频后期编辑更高效。但由于剪映的“草稿”无法通过直接复制的方式实现在不同设备上的同步处理，所以需要利用“剪映云”这一功能。

4.10.1 认识草稿

当点击“开始创作”按钮进入后期编辑界面时，剪映就会自动创建一个草稿。后期编辑中涉及的所有操作，都会在退出剪映前自动保存为草稿，如图 4-100 所示。当再次打开草稿后，可以继续对视频进行后期编辑。而这里的草稿，也可以称为“工程文件”。

图 4-100

4.10.2 认识“剪映云”

将剪映草稿存储在“剪映云”，在任何设备上登录同一剪映账号都可以从剪映云下载该草稿，从而让不同设备可以对同一草稿进行协同编辑。

4.10.3　使用手机版剪映“剪映云”的方法

使用“剪映云”的操作方法如下。

❶ 打开剪映，点击“剪映云”按钮，如图 4-101 所示。

❷ 点击“立即上传”按钮，如图 4-102 所示。

❸ 选择需要上传“剪映云”的草稿，并点击界面下方的“立即上传”按钮，如图 4-103 所示。

图 4-101

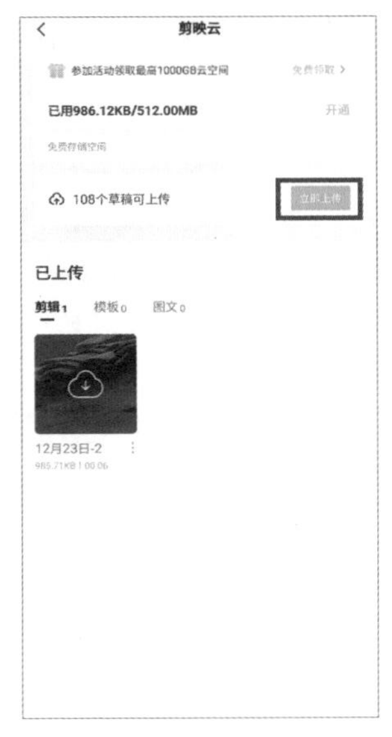

图 4-102

图 4-103

❹ 上传成功后，使用其他手机，登录同一个剪映账号，点击图 4-101 中的“剪映云”按钮，即可看到“剪映云”中的草稿，点击需要编辑的草稿，即可下载到当前设备并进行编辑，如图 4-104 所示。从“剪映云”下载的草稿，其左上角会有图标，如图 4-105 所示。

❺ 使用手机版剪映上传“剪映云”的草稿，还可以同步到该账号的专业版剪映上。点击专业版剪映的“云备份草稿”按钮，即可看到刚刚在手机端上传的草稿，如图 4-106 所示。

图 4-104

图 4-105

4.10.4 如何使用专业版剪映的“剪映云”

专业版剪映“剪映云”的使用方法如下。

❶ 打开专业版剪映，点击欲上传到“剪映云”草稿右下角的图标，在弹出的菜单中选择“备份至云端”选项，如图4-107所示。

❷ 备份完成后，在其他计算机上，登录同一剪映账号，即可在图4-106所示的“云备份草稿”中看到刚刚上传的草稿。

❸ 同时，打开手机版剪映，登录同一剪映账号，也能在“剪映云”中看到该草稿，实现专业版素材和手机版剪映素材的互通，如图4-108所示。

图4-106

图4-107

图4-108

4.10.5 购买“剪映云”存储空间

如果“剪映云”的存储空间已经存满，又没有能够删除的草稿，就只能通过付费的方式来获得更大的“剪映云”存储空间了，具体的购买方法如下。

❶ 打开剪映，点击“云备份”按钮，如图4-109所示。

❷ 点击“开通”按钮，如图4-110所示。

❸ 根据所需空间的大小，在基础版、进阶版、专业版中选择其一，点击界面下方的“立即以××元开通”按钮即可，如图4-111所示。

图4-109

图4-110

图4-111

4.11　实战案例1：酷炫三屏卡点效果

专业版剪映的功能与手机版剪映大同小异，学会手机版剪映的操作，专业版自然就掌握了。前文已经对专业版剪映中重要的功能的位置进行了介绍，接下来通过制作“酷炫三屏卡点”效果，来熟练掌握专业版剪映的操作方法。

4.11.1　步骤一：确定画面比例和音乐节拍点

既然涉及音乐卡点，那么首先要确定的就是背景音乐和节拍点，具体的操作方法如下。

❶ 打开专业版剪映，依次点击“视频”→“素材库”按钮，选择黑场并添加，如图 4-112 所示。

❷ 点击预览窗口右下角的“原始”按钮，将画面比例设置为 9:16，如图 4-113 所示。

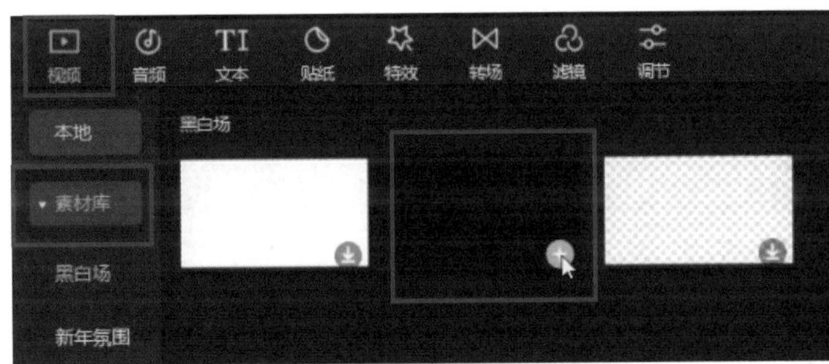

图 4-112

图 4-113

❸ 依次点击“音频”→“本地”按钮，导入准备好的视频素材。此时，剪映会自动将该视频的背景音乐提取出来，将该音频添加至音频轨道，如图 4-114 所示。

❹ 接下来为音频手动添加节拍点。在专业版剪映中，点击时间轴左上角的图标，即可为时间线所在位置添加节拍点，如图 4-115 所示。

图 4-114

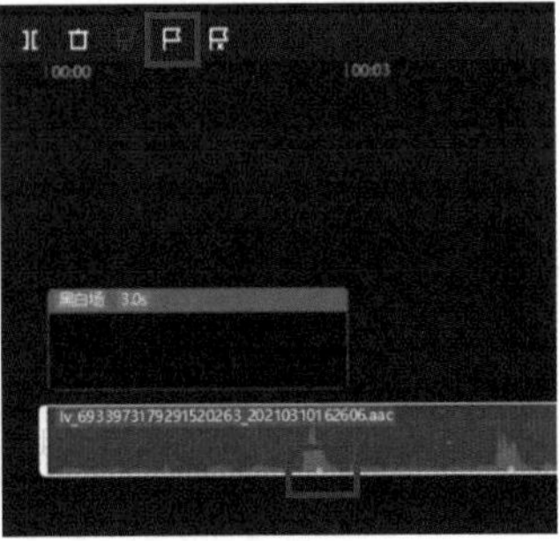

图 4-115

❺ 对于本例的背景音乐而言，在所有出现“枪声”的地方添加节拍点即可，添加节拍点后的视频轨道如图 4-116 所示。

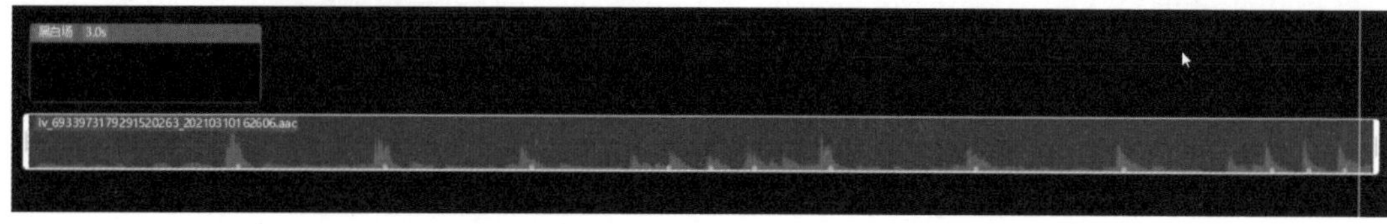

图 4-116

4.11.2 步骤二：添加文字并确定视频素材在画面中的位置

接下来制作视频开头文字的部分，并让视频素材以三屏的形式在画面中出现，具体的操作方法如下。

❶ 将“黑场”素材的末端与第一个节拍点对齐，从而确定文字部分的时长，如图 4-117 所示。

❷ 依次点击“文本”→“新建文本”按钮，将鼠标悬停在“默认文本”上方，并点击右下角“+”图标，即可新建文本轨道，如图 4-118 所示。

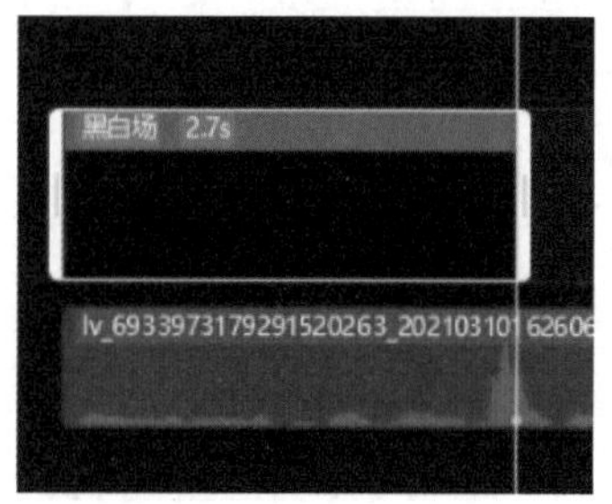

图 4-117

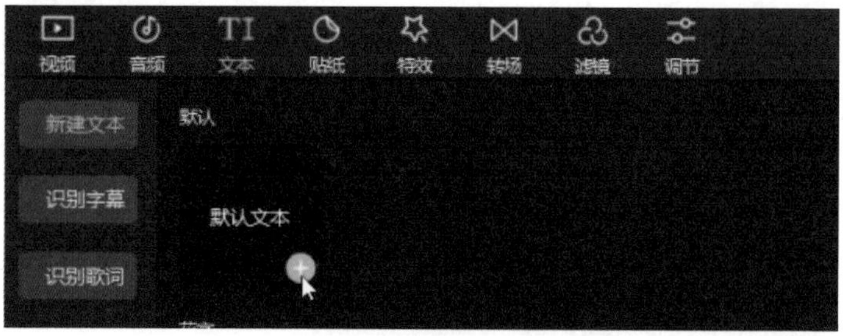

图 4-118

❸ 选中新建的文本轨道，在界面右上方编辑文字内容。此处根据背景音乐的歌词，输入 Ya 文字，如图 4-119 所示。

❹ 保持该文本轨道被选中的状态，点击“动画”按钮，为其添加“入场动画”中的“收拢”效果，如图 4-120 所示。

❺ 再新建两个文本，分别输入 What can I say 和 It's OK 文本，并采用相同的方法进行处理。

图 4-119

图 4-120

提示

为了增加处理效率，可以直接复制已经处理好的Ya文本轨道，然后只需要修改文字即可，这样就不用重新设置字体和动画了。

⑥ 根据背景音乐中歌词的出现时刻，确定 3 段文字在轨道上的具体位置，实现歌词唱到哪句，就在画面中出现哪句的效果，如图 4-121 所示。

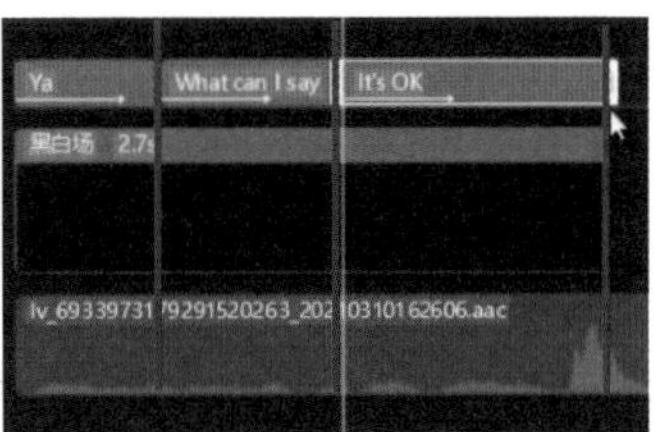

图 4-121

⑦ 导入视频素材，并添加至视频轨道，使其紧接黑场素材。将时间线移至第二个节拍处，点击时间轴左上角的][图标进行分割，如图 4-122 所示。

⑧ 将时间线移至第 3 个节拍处，并进行分割，如图 4-123 所示。这样，就将视频素材分割成了 3 段。

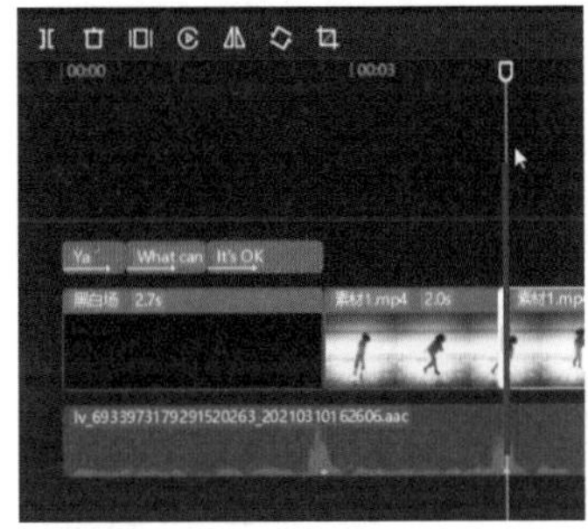

图 4-122

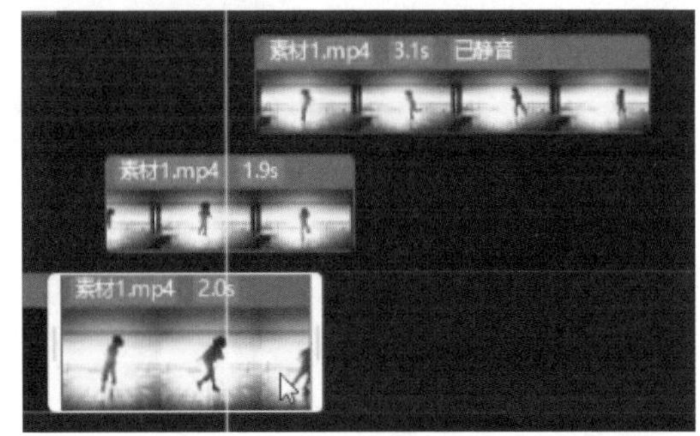

图 4-123

⑨ 按照时间顺序，将分割出的后两段视频分别放在主视频轨道上方的第一层和第二层视频轨道，相当于手机端剪映的“画中画”功能，如图 4-124 所示。这时先不用确定其起始位置，只要将其拖至各自的视频轨道即可。

图 4-124

⑩ 选中主轨道视频，因为该视频片段是第一个出现的，所以将其移至画面的顶部，如图 4-125 所示。

⑪ 采用相同的方法，分别选中第 2 层以及第 3 层视频轨道的素材，并将其分别置于画面中央和底部，如图 4-126 所示。

图 4-125

图 4-126

4.11.3 步骤三：制作随节拍出现画面的效果

通过精确控制每一层视频轨道上素材的起始位置，再配合“定格”功能，即可实现“随节拍”的画面，并且凝固某一瞬间的效果，具体的操作方法如下。

❶ 将时间线移至主轨道素材的末端，点击时间轴左上角的图标，如图 4-127 所示。此时在该素材后方会出现一段时长为 3 秒的定格画面。

❷ 选中该定格画面，并将其末端与第 4 个节拍点对齐，如图 4-128 所示。

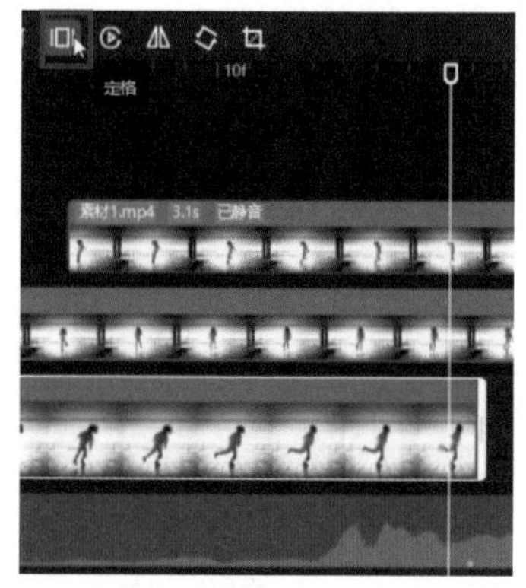

图 4-127

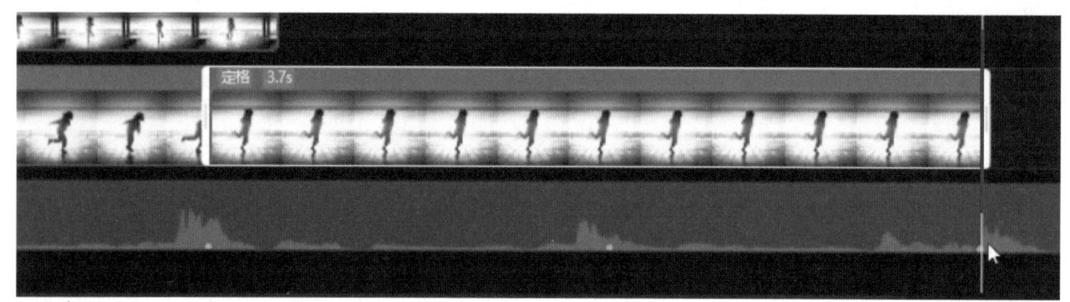

图 4-128

❸ 选中第 2 条视频轨道的素材，并将其起点与第 2 个节拍点对齐，如图 4-129 所示。

❹ 依旧是将时间线移至该段素材的末端，点击图标定格，并将定格画面的末端与第 4 个节拍点对齐，如图 4-130 所示。

❺ 最后将第 3 条视频轨道中的素材的开头与第 3 个节拍点对齐，末端与第 4 个节拍点对齐即可，如图 4-131 所示。

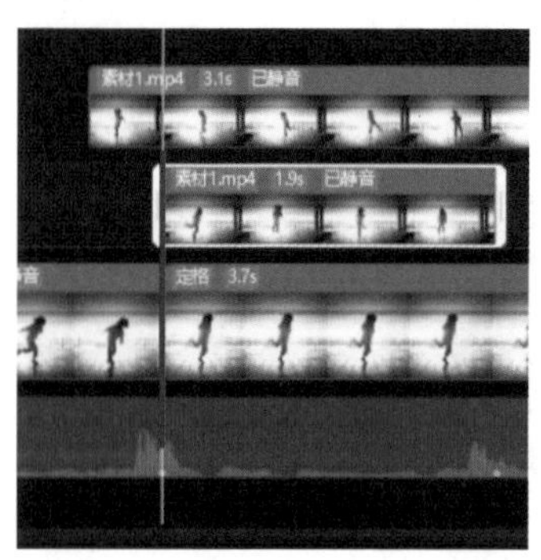

图 4-129

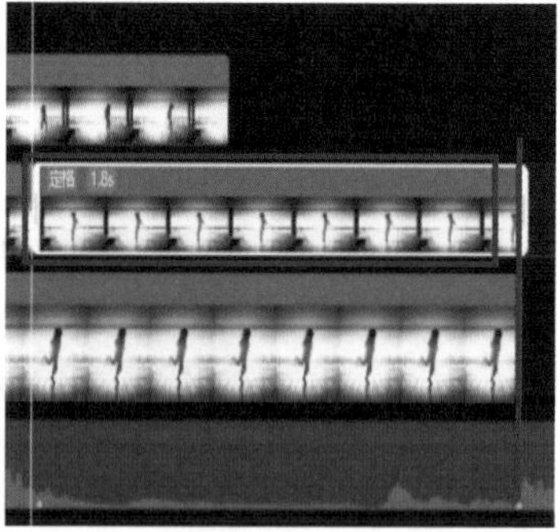

图 4-130

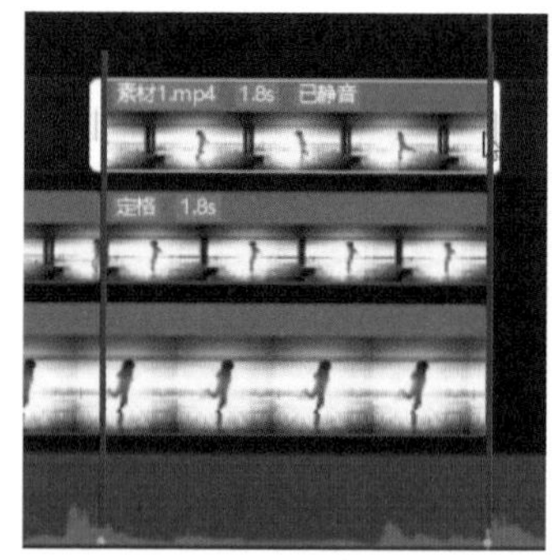

图 4-131

这样就形成了三屏随节点出现在画面中，并且每一屏出现时上一屏的画面定格的效果。

❻ 下面制作 3 张静态图片按照节拍点三屏显示的效果。其实，如果学会了动态视频三屏显示效果的制作方法，静态图片三屏显示的制作就不成问题了。操作的区别在于不用分割，也不用定格。所以这里不再赘述操作的方法，处理完成后的轨道如图 4-132 所示。

❼ 接下来，还有一段女孩跳舞的视频，需要按照上述方法，也制作为三屏显示效果。大家正好可以自己练一练，看是否掌握了该效果的后期制作技巧。女孩跳舞部分处理完成后的轨道如图 4-133 所示，可以看出与男孩跳舞的轨道如出一辙，所以此处不再赘述。

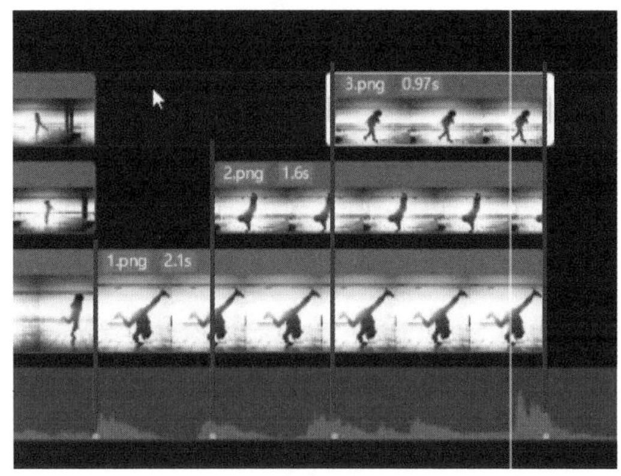

图 4-132

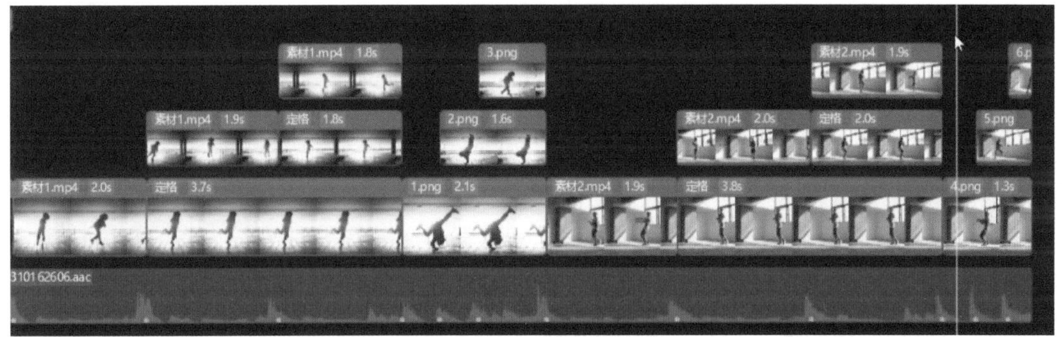

图 4-133

❽ 最后，为了不让每个视频片段出现时过于单调，所以为其添加动画效果即可。在本例中，为其添加的多为“入场动画”分类下的抖动类或者甩入类特效。因为此类特效的爆发力比较强，可以与背景音乐中的“枪声”节拍点匹配，如图 4-134 所示。按照上述方法，依次为主视频轨道和多个画中画轨道中的每一个片段都添加特效后，即完成该案例的制作。

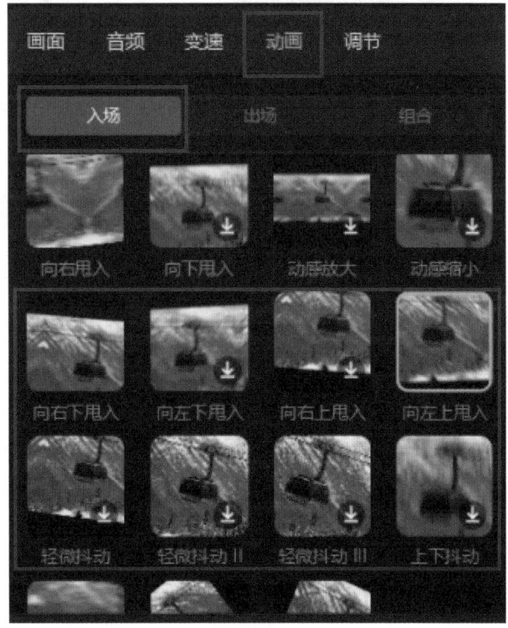

图 4-134

4.12 实战案例2：利用贴纸打造精彩视频

本例效果的制作方法比较简单，同时又包括添加背景音乐、贴纸、特效等的操作步骤，非常适合初学者练习。

4.12.1 步骤一：确定背景音乐并标注节拍点

既然视频的内容是根据歌词的变化而变化，所以首先要确定使用的背景音乐，具体的操作方法如下。

❶ 导入一张图片素材后，依次点击“音频”→“音乐”按钮，并搜索“星球坠落”，在找到的背景音乐处点击“使用”按钮，将其添加至音频轨道，如图 4-135 所示。

❷ 试听背景音乐，确定需要使用的部分，将不需要的部分进行分割并删除。然后选中音频轨道，点击界面下方的“踩点”按钮，在每句歌词的第一个字出现时，手动添加节拍点，如图 4-136 所示。该节拍点为后续添加贴纸和特效时，确定其出现时间点的依据。

❸ 选中图片素材，按住右侧白框并向右拖动，使其时长略长于音频轨道，如图 4-137 所示。这样处理的原因是，保证视频播放到最后不会出现黑屏的情况。

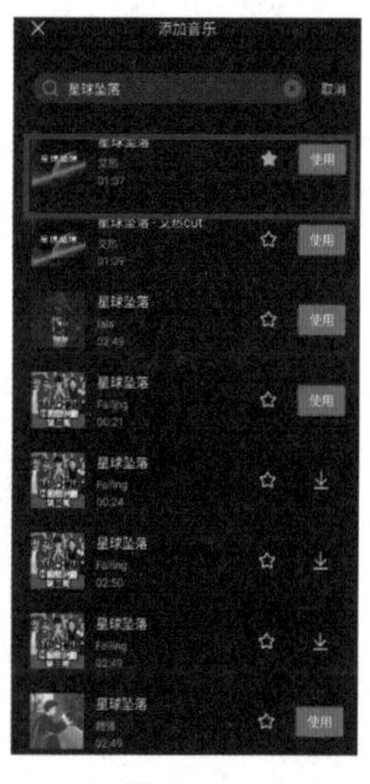

图 4-135

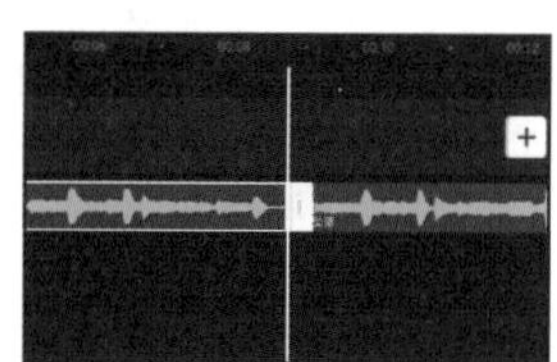

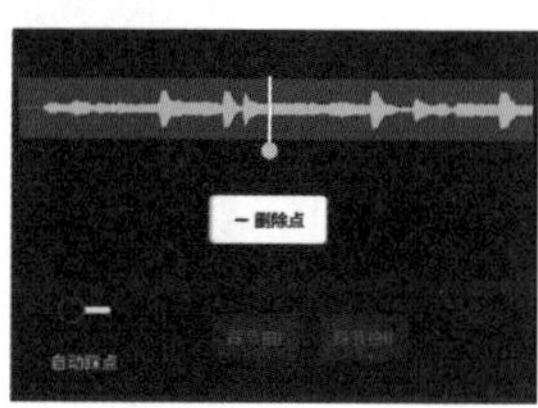

图 4-136

图 4-137

提示

在手动添加节拍点时，如果有个别添加得不准确，可以将时间线移至该节拍点处。此时节拍点会变大，并且原本“添加点”按钮会自动变为“删除点”按钮，点击该按钮即可删除该节拍点，然后重新添加，如图4-138所示。

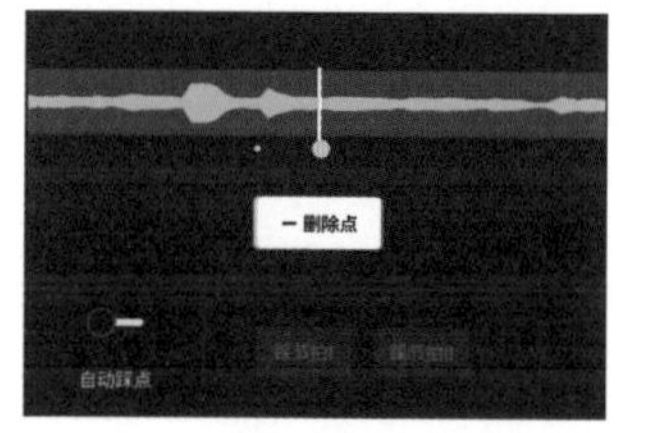

图 4-138

4.12.2　步骤二：添加与歌词匹配的贴纸

为了实现歌词中唱到什么景物，就在画面中出现什么景物的贴纸这一效果，需要找到相应的贴纸，并且其出现和结束的时间点要与已经标注好的节拍点匹配，然后添加动画进行装饰，具体的操作方法如下。

❶ 点击界面下方的“比例”按钮，调节为9:16。点击“背景”按钮，设置“画布模糊”效果，如图4-139所示。

❷ 点击界面下方的“贴纸”按钮，根据歌词“摘下星星给你”，搜索“星星”贴纸，并选择如图4-140所示红框内的星星贴纸（也可以根据个人喜好选择）。

❸ 调整星星贴纸的大小和位置，并将其开头与视频开头对齐；将其结尾与标注的第1个节拍点对齐，如图4-141所示。

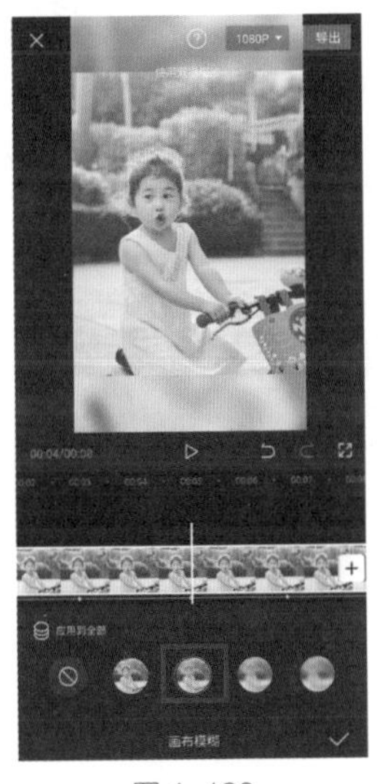

图 4-139

图 4-140

图 4-141

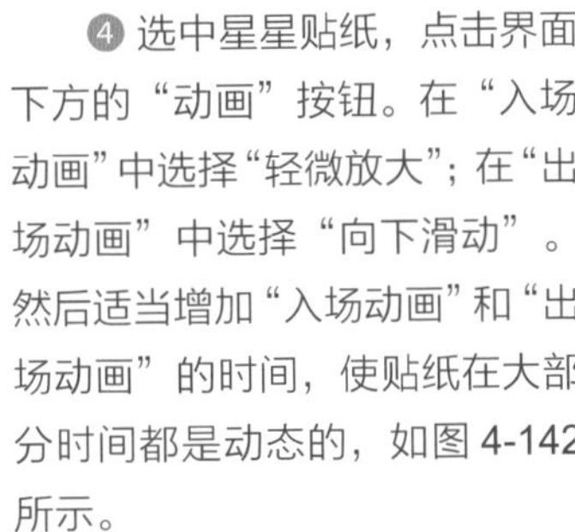

❹ 选中星星贴纸，点击界面下方的“动画”按钮。在“入场动画”中选择“轻微放大”；在“出场动画”中选择“向下滑动”。然后适当增加“入场动画”和“出场动画”的时间，使贴纸在大部分时间都是动态的，如图4-142所示。

❺ 根据下一句歌词“摘下月亮给你”添加“月亮”贴纸。选择分类下，如图4-143所示红框内的月亮贴纸（也可根据个人喜好选择），并调节其大小和位置。

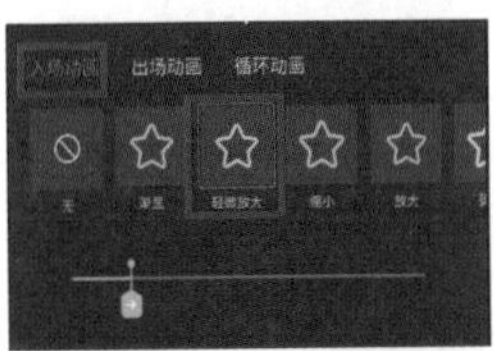

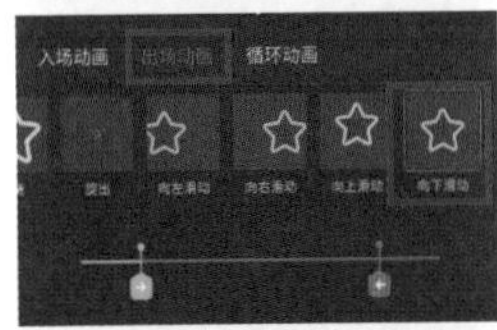

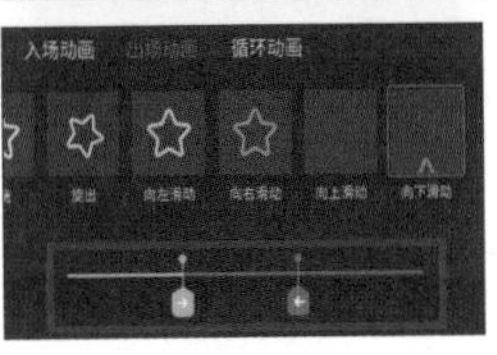

图 4-142

图 4-143

❻ 选中月亮贴纸轨道，使其紧挨星星贴纸轨道，并将末端与第2个节拍点对齐，如图4-144所示。

❼ 选中月亮贴纸轨道，点击界面下方的“动画”按钮，将“入场动画”设置为“向左滑动”，其他设置与“星星”贴纸的动画相同，如图4-145所示。

❽ 采用添加星星贴纸与月亮贴纸的方法，继续添加太阳贴纸，并确定其在贴纸轨道中所处的位置。由于操作方法与星星贴纸和月亮贴纸的操作几乎完全相同，所以此处不再赘述，添加太阳贴纸之后的界面如图4-146所示。

❾ 歌词的最后一句话是“你想要我都给你”，所以将之前的星星贴纸、月亮贴纸和太阳贴纸各复制一份，以并列3条轨道的方式，与最后一句歌词的节拍点对齐，并分别添加入场动画，确定贴纸的显示位置和大小即可，如图4-147所示。

图4-144

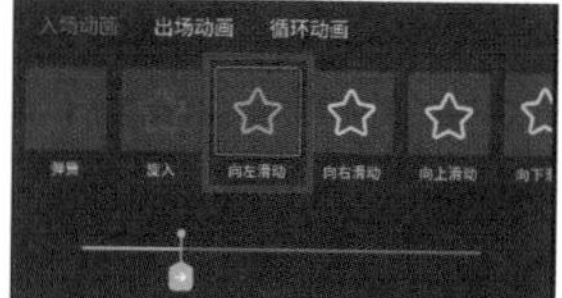

图4-145

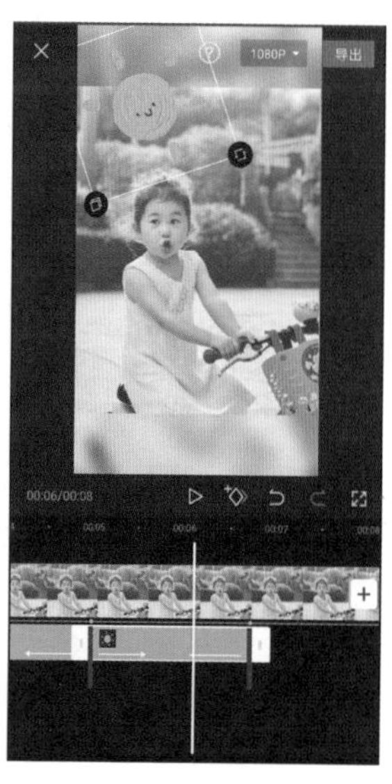

图4-146

图4-147

4.12.3 步骤三：根据画面风格添加合适的特效

为了让画面中的“星星”“月亮”“太阳”贴纸更突出，选择合适的特效进行润色，具体的操作方法如下。

❶ 点击界面下方的“特效”按钮，再点击“新增特效”按钮，添加Bling分类中的“撒星星”特效，如图4-148所示。随后将该特效的开头与视频开头对齐，结尾与第1个节拍点对齐，从而突出画面中的星星。

❷ 点击“新增特效”按钮，添加Bling分类中的“细闪”特效，如图4-149所示。添加该特效以

突出月亮的白色光芒，将该特效开头与“撒星星”特效的末端相连，该特效末端与第 2 个节拍点对齐。

❸ 点击“新增特效”按钮，添加“光影”中的“彩虹光晕”特效，如图 4-150 所示，该特效可以表现灿烂的阳光。其开头与“闪闪”特效末端相连，其末端与第 3 个节拍点对齐。

❹ 点击“新增特效”按钮，添加“爱心”中的“怦然心动”特效，如图 4-151 所示，该特效可以表达对素材照片人物的爱。其开头与上一个特效末端相连，末端与视频末端对齐。

图 4-148

图 4-149

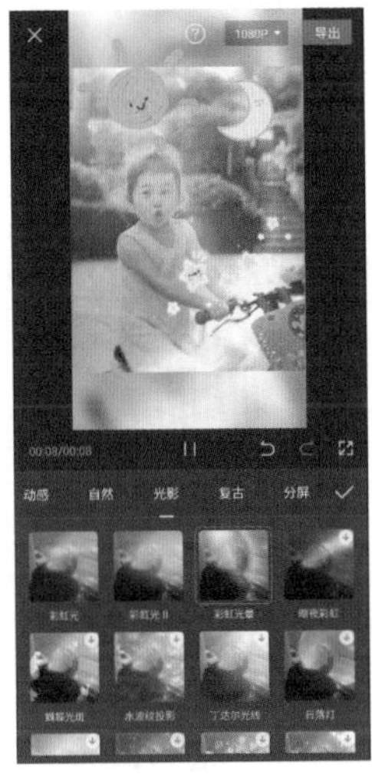

图 4-150

图 4-151

❺ 由于画面的内容是根据歌词进行设计的，所以作者在这里还为其添加了动态歌词。将字体设置为“玩童体”，如图 4-152 所示；“入场动画”设置为“收拢”，动画时长为 3.0s，如图 4-153 所示；文字轨道的位置与对应歌词出现的节点一致即可，如图 4-154 所示。

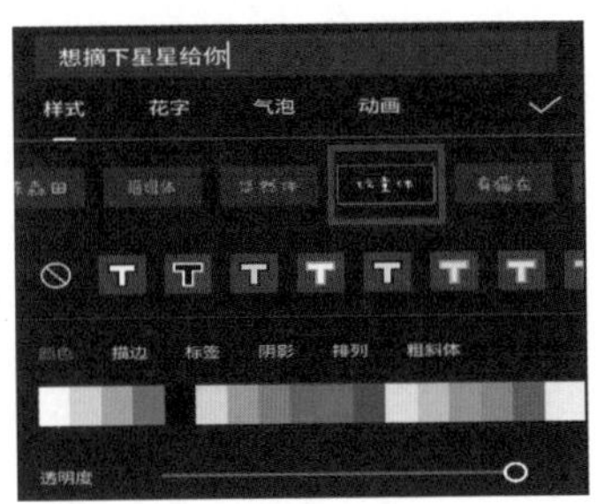

图 4-152

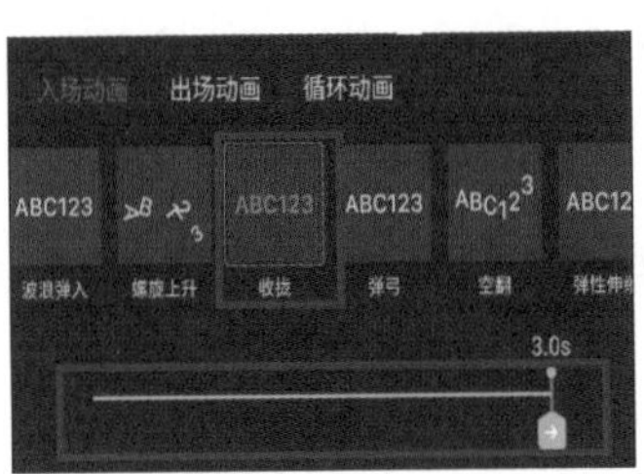

图 4-153

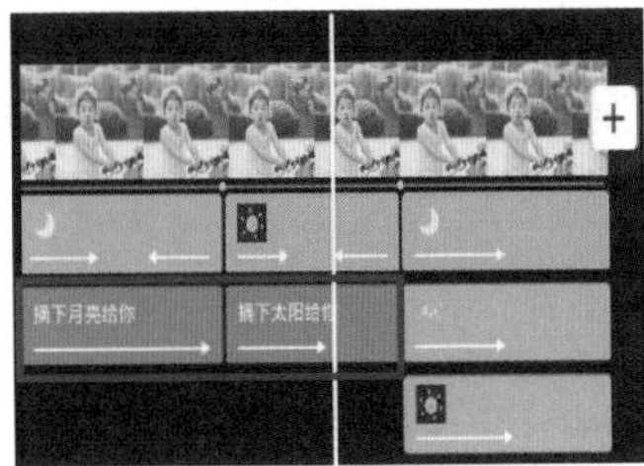

图 4-154

第5章

掌握音乐，营造视频氛围

5.1　背景音乐匹配视频的4个技巧

电影《指环王》的配乐大气磅礴，宫崎骏电影的配乐空灵而悠长，可以说配乐是许多优秀电影成功的秘诀之一。虽然电影由于制作成本较高，可以定制配乐，但这也并不意味着短视频由于成本低，就可以忽略背景音乐。

恰恰相反，由于短视频需要较强的爆发力，所以，如果能够在背景音乐方面有所突破，必然会让自己的短视频鹤立鸡群，获得更好的互动数据。

图 5-1

5.1.1　情绪匹配

如果视频主题是气氛轻松愉快的朋友聚会，背景的音乐显然不应该是比较悲伤或者太过激昂的，而应该是轻松愉快的钢琴曲或者流行音乐，如图 5-1 所示。

在情绪的匹配方面，大部分创作者其实都不会出现明显的失误。

这里的误区在于，有一些音乐具有多重情绪，至于会激发听众哪一种情绪，取决于听众当时的心情。所以对于这类音乐，如果没有明确的把握，应该避免使用，应该多使用那种情绪倾向非常明确的背景音乐。

图 5-2

5.1.2　节奏匹配

所有的音乐都有非常明显的节奏和旋律，在为视频匹配音乐的时候，最好通过选择或者后期剪辑的技术，使音乐的节奏与视频画面的运镜或镜头切换节奏相匹配。

这方面最典型的案例就是在抖音上火爆的卡点短视频。所有能够火爆的卡点短视频，都能够使视频画面完美匹配音乐节奏，随着音乐变化切换视频画面，如图 5-2 所示为可以直接使用的卡点模板视频。

正是由于考虑到视频与背景音乐节奏匹配的重要性，所以剪映提供了自动卡点的功能，如图 5-3 所示。

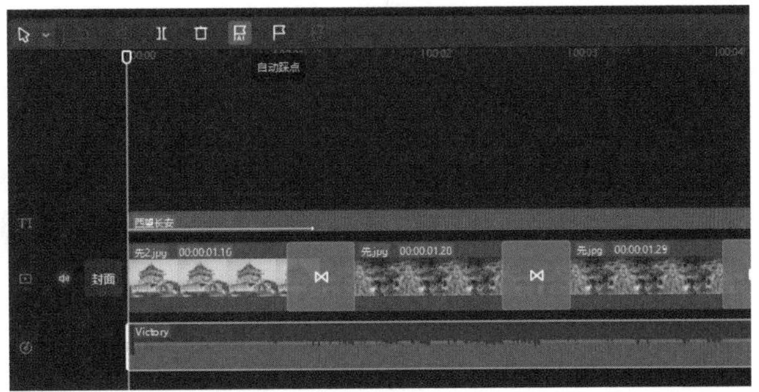

图 5-3

5.1.3 高潮匹配

几乎每一首音乐都有旋律上的高潮部分，在选择背景音乐时，如果音乐时长远超视频时长，例如音乐时长为4分钟，但视频时长为40秒，那么，如果从头播放音乐则音乐还没有到最好听的高潮部分，视频就结束了，如图5-4所示。

这样显然就起不到用背景音乐为视频增光添彩的作用了，所以在这种情况下要对音乐进行截取，以使音乐最精华的高潮部分与视频的转折部分相匹配。

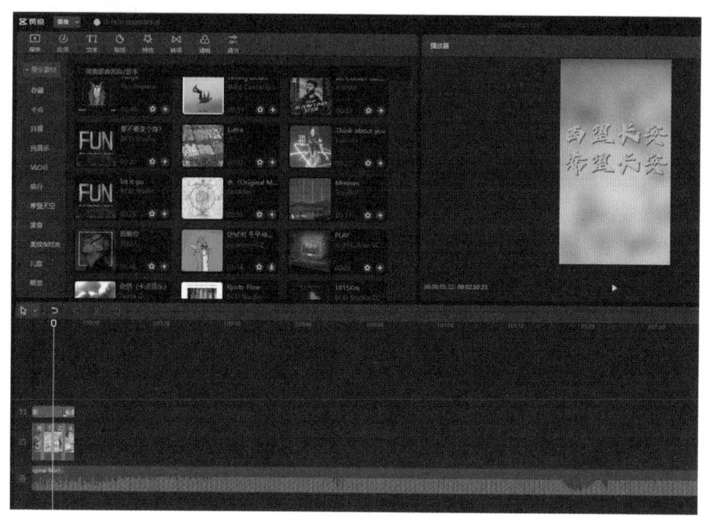

图5-4

5.1.4 风格匹配

简单来说就是背景音乐的风格匹配视频的时代感，例如一个无论是场景还是出镜人物都非常时尚的短视频，显然不应该用古风的背景音乐。

古风类视频与古风类背景音乐显然更加协调，如图5-5和图5-6所示。

图5-5

图5-6

5.2 为视频添加音乐的方法

5.2.1 导入音乐库中的音乐

使用剪映为视频添加音乐的方法非常简单，只需以下步骤即可。

❶ 在不选中任何视频轨道的情况下，点击界面下方的“音频”按钮，如图 5-7 所示。

❷ 点击界面下方的“音乐”按钮，如图 5-8 所示。

❸ 在界面上方，从各种分类中选择希望使用的音乐，或者在搜索栏输入某音乐的名称。也可以在界面下方，从“推荐音乐”“抖音收藏”和“我的收藏”中选择音乐。

❹ 点击音乐右侧的“使用”按钮即可将其添加至音频轨道，点击☆图标，即可将其添加到“我的收藏”分类中，如图 5-9 所示。

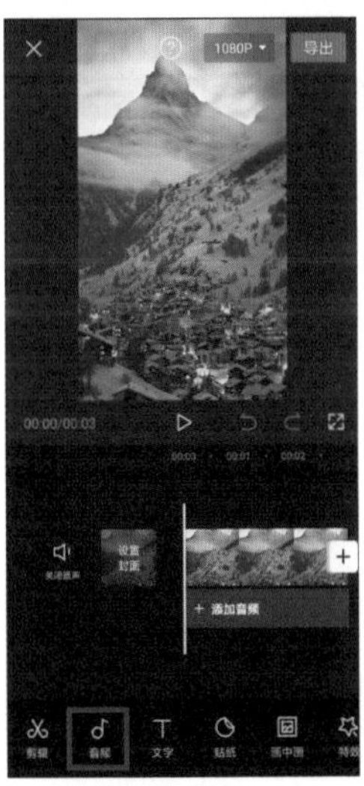

图 5-7

图 5-8

图 5-9

提示

在添加背景音乐时，也可以点击视频轨道下方的“添加音频”按钮，与点击“音频”按钮的作用是相同的，如图5-10所示。

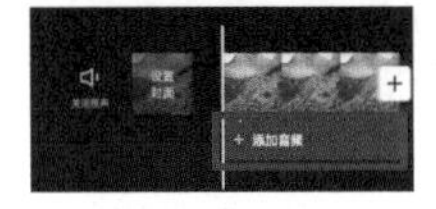

图 5-10

5.2.2 提取其他视频中的音乐

如果在一些视频中听到了自己喜欢的背景音乐，但又不知道歌名，就可以通过“提取音乐”功能将其添加到自己的视频中，具体的操作方法如下。

❶ 首先要准备具有该背景音乐的视频，依次点击界面下方的“音频”→“提取音乐”按钮，如图 5-11 所示。

❷ 选中已经准备好的具有好听背景音乐的视频，并点击“仅导入视频的声音”按钮，如图 5-12 所示。

❸ 提取的音乐会在时间轴的音频轨道上出现，如图 5-13 所示。

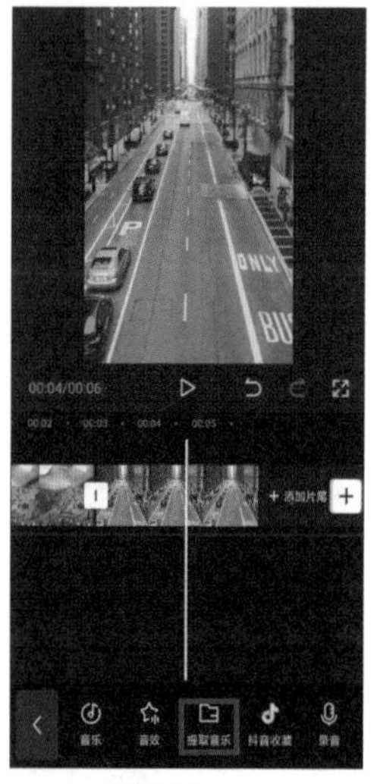

图 5-11

图 5-12

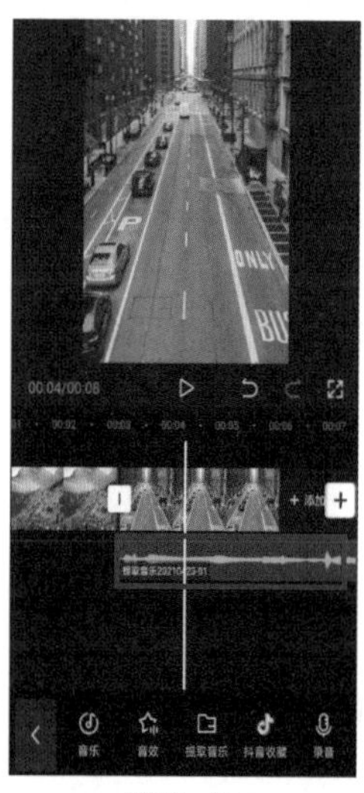

图 5-13

5.2.3 导入抖音收藏的音乐

当使用同一账号登录抖音和剪映时，在抖音收藏的音乐可以同步到剪映，而且可以快捷地添加到视频中。因此，在平常刷抖音时，不妨多收藏几首音乐，丰富视频后期讲解素材，具体的操作方法如下。

❶ 打开抖音，点击界面右上角的🔍图标，如图 5-14 所示。

❷ 点击“音乐榜”按钮，并选中其中任意一首音乐，如图 5-15 所示。

❸ 选择喜欢的音乐，点击右侧的☆图标即可收藏，如图 5-16 所示。

❹ 打开剪映，按照前文讲述的方法，进入音乐选择界面，点击“抖音收藏”按钮，即可看到在抖音收藏的音乐。选中该音乐，并点击“使用”按钮，即可将其添加至剪辑的视频中，如图 5-17 所示。

图 5-14

图 5-15

图 5-16

图 5-17

5.3　对音乐进行个性化编辑

5.3.1　单独调节音轨音量

为一段视频添加背景音乐、音效或者配音后，在时间轴中就会出现多条音频轨道。为了让不同的音频更有层次感，就需要单独调节其音量，具体的操作方法如下。

❶ 选中需要调节音量的轨道，此处选择的是背景音乐轨道，点击界面下方的“音量”按钮，如图 5-18 所示。

❷ 拖动音量滑块，设置所选音频的音量，默认音量为 100。此处适当降低背景音乐的音量，将其调整为 51，如图 5-19 所示。

❸ 选中“音效”轨道，并点击界面下方的“音量”按钮，如图 5-20 所示。

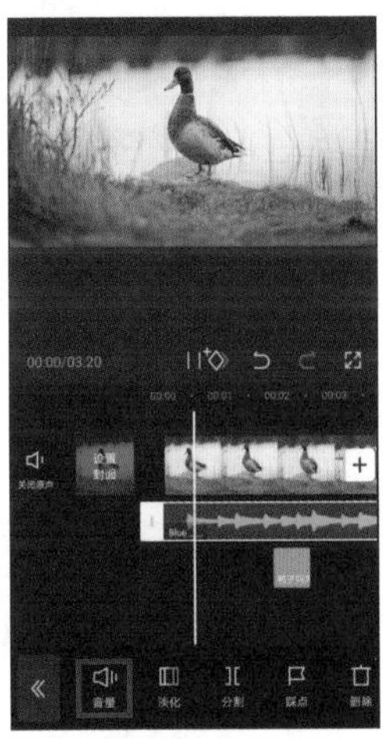

图 5-18

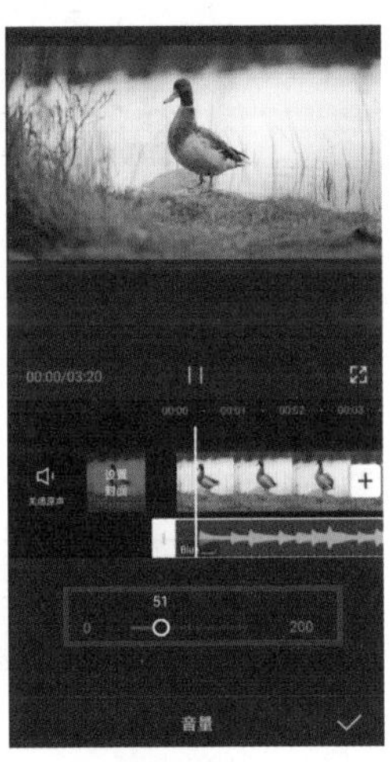

图 5-19

图 5-20

❹ 适当增加音效的音量，此处将其调节为 128，如图 5-21 所示。通过此种方法，可以实现单独调整音轨的音量，并让声音具有明显层次的目的。

❺ 需要强调的是，不但每个音频轨道可以单独调整其音量大小。如果视频素材本身就有声音，那么在选中视频素材后，同样可以点击界面下方的“音量”按钮调节声音大小，如图 5-22 所示。

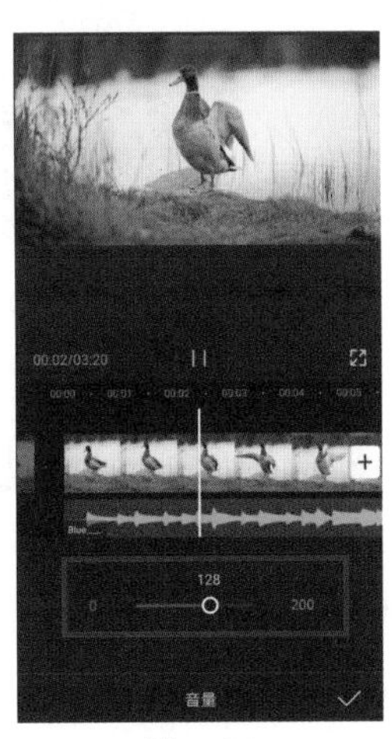

图 5-21

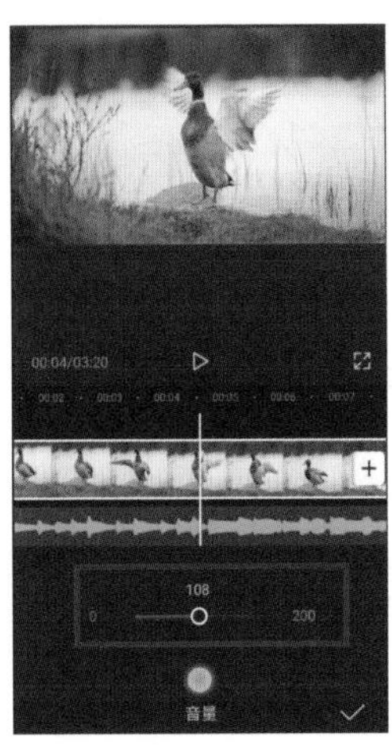

图 5-22

5.3.2 设置“淡入”和“淡出”效果

“音量”的调整只能整体提高、降低，无法形成由小到大或者由大到小的变化。如果想实现音量的渐变，可以为其添加“淡入”和“淡出”效果，具体的操作方法如下。

❶ 选中一段音频，点击界面下方的“淡化”按钮，如图 5-23 所示。

❷ 通过拖动“淡入时长”和“淡出时长”滑块，分别调节音量淡化的持续时间，如图 5-24 所示。

在绝大多数情况下，都要为背景音乐添加“淡化”效果，从而让视频的开始与结束均有一个自然的过渡。

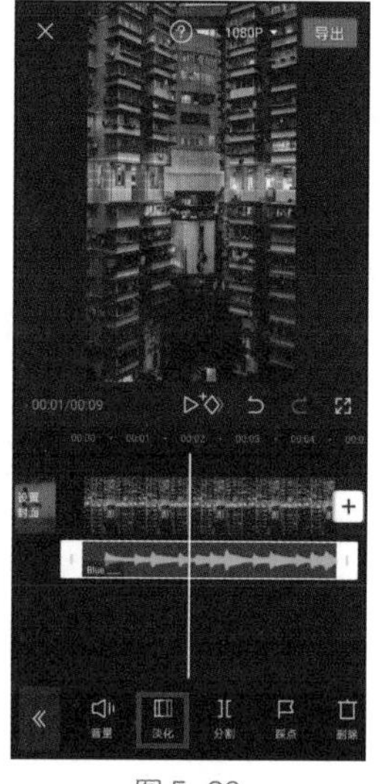

图 5-23

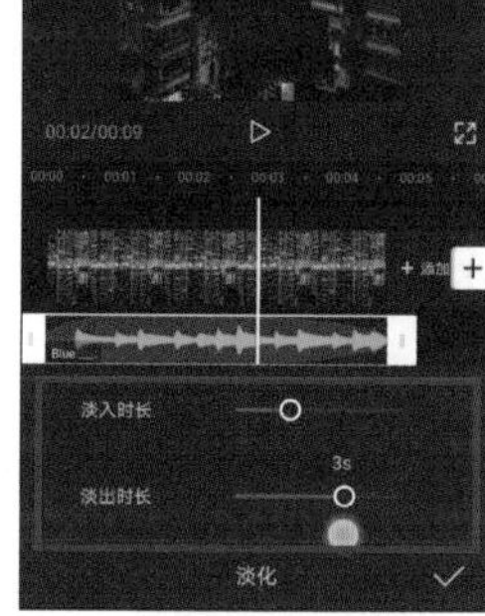

图 5-24

提示

除了通过“淡化”效果营造音量的渐变，还可以通过为音频轨道添加关键帧的方式，更灵活地调整音量。

5.3.3 设置音频变速

音频变速主要在需要调整视频中人物说话速度时使用，通过加快语速或者减慢语速来让人声与画面内容相匹配，具体的操作方法如下。

❶ 选中音频轨道，点击“变速”按钮，如图 5-25 所示。

❷ 拖动界面下方的滑块，即可加快或减慢语速。在本例中，当将语速提高 2x 左右时，如图 5-26 所示，可以让语音刚好在画面由蓝绿色调转向紫红色调时结束。

图 5-25

图 5-26

提示

加快语速有时会导致人声失真，所以务必在加速后试听。如果出现严重失真的情况，则应降低语速，并适当减慢画面的播放速度，从而与之相匹配。

5.4 音乐剪辑的3个技巧

使用以下 3 个技巧，可以让音乐与画面更匹配，获得更好的视频效果。

5.4.1 使用一首歌的配乐版

无人声的配乐版音乐可以避免歌曲中的人声干扰视频中本来的语音。另外，因为没有歌词，所以歌曲可以与更多种类的内容相匹配，只要基本情绪一致即可。例如，一首歌是表达爱情的，那么在有歌词的情况下，去表现友情或者亲情就不合适了。但如果是配乐版，就不会出现这种问题。

5.4.2 通过“波形”匹配音乐与画面

音乐的波形图可以直观地看到其节奏变化。一般而言，波峰的部分就是其高潮，而波谷的部分，或者波形平缓的部分则相对柔和、舒缓，如图 5-27 所示。

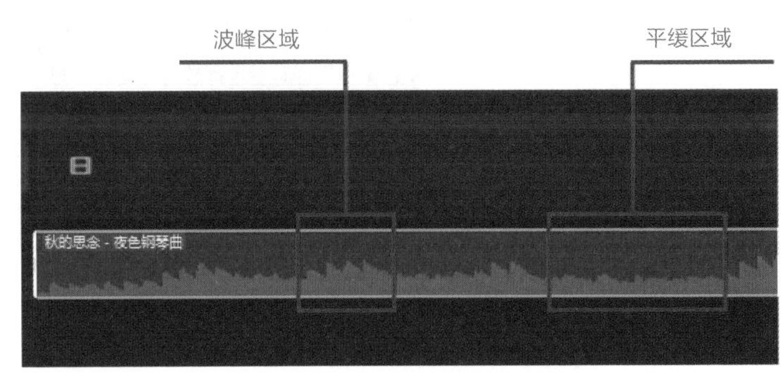

图 5-27

所以，在将视频画面与音乐匹配时，就可以让视频精彩的部分与波峰匹配，铺垫、过渡的部分则与波形平稳的区域匹配。然后通过试听进行确认，并对视频轨道位置进行精细调整，从而实现音画匹配。

5.4.3 缩短音乐的方法

相信大家一定遇到过音乐太长的情况，此时往往直接取其与画面匹配的区域即可。但如果想保留整首歌曲的节奏变化，就需要从中裁剪掉部分音频。但稍不注意，就会导致音乐节奏不连贯、不舒服。

其实只需要根据波形图判断音乐重复的部分，如图 5-28 所示，红框中的波形就重复了 3 次，接下来在其波谷的位置进行分割，去掉其余 2 个重复的区域，就可以实现既缩短了音乐时长，又不会影响其节奏和连贯性的目的。

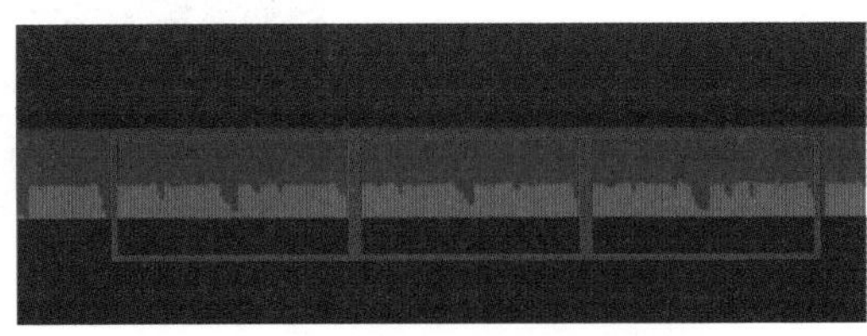
图 5-28

5.5 为音乐创建节拍点的方法

制作踩点视频的必要操作之一，就是要将音乐的节拍点标注在音频轨道上。这样才能在后期编辑时，更方便地将转场位置与节拍点相匹配，进而制作“踩点”效果。

5.5.1 自动踩点

自动踩点的方法如下。

❶ 选中音频轨道，点击界面下方的“踩点”按钮，如图 5-29 所示。

❷ 开启“自动踩点”功能，选择“踩节拍 I”或者“踩节拍 II”，此时在音频上则会出现黄色节拍点，如图 5-30 所示。

❸ 其中“踩节拍 I”的节拍点标注密度要低于“踩节拍 II”，故可以根据卡点视频的节奏来选择合适的自动踩点方式，如图 5-31 所示。

图 5-29

图 5-30

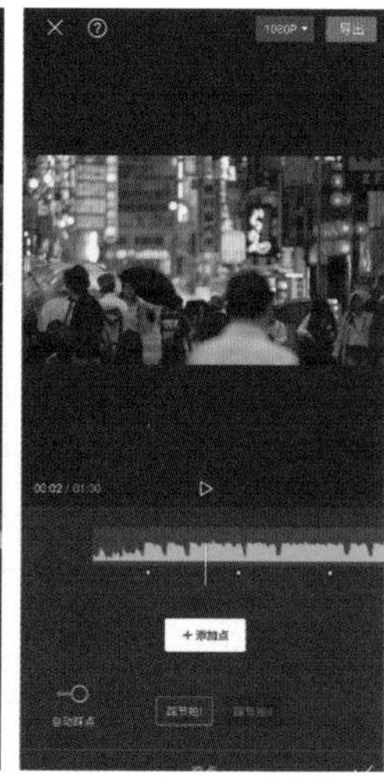

图 5-31

5.5.2 手动踩点

手动踩点的方法如下。

❶ 选中音频轨道，点击“踩点”按钮，如图 5-32 所示。

❷ 在音乐播放过程中，点击界面下方的“添加点”按钮，即可添加节拍点，如图 5-33 所示。

❸ 如果哪个节拍点添加有误，移动时间线到该节拍点处，点击“删除点”按钮即可将该点删除，调整位置重新添加即可，如图 5-34 所示。

图 5-32

图 5-33

图 5-34

5.6　制作音乐卡点视频的基本方法

制作音乐卡点视频其实并不难，无非是让视频画面按照音乐节奏进行变化，使用剪映中的模板，甚至可以“一键生成”音乐卡点视频。

5.6.1　设置视频自动卡点

❶ 打开剪映，点击界面下方的“剪同款”按钮，然后选择“卡点”分类，从中挑选自己喜欢的音乐卡点效果，如图 5-35 所示。

❷ 点击界面右下角的“剪同款”按钮，如图 5-36 所示。

❸ 按模板要求，选择足够数量的素材，然后点击“下一步”按钮，即可让素材自动卡点，并生成卡点音乐视频，如图 5-37 所示。

图 5-35

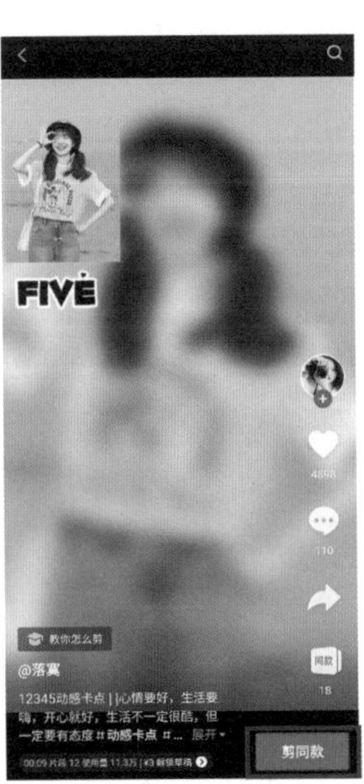

图 5-36

图 5-37

5.6.2　更换模板音乐

通过模板生成的卡点音乐视频，在正常情况下是无法更换背景音乐的。如需更改，则要付费购买该模板，具体的操作方法如下。

❶ 在通过模板生成音乐卡点视频后，进入如图 5-38 所示的画面，点击“编辑模板草稿”按钮。

❷ 购买模板，如图 5-39 所示。由于该账号是首次购买，所以此次可免费获得该草稿的编辑权限。

❸ 选中音频轨道，点击界面下方的“删除”按钮，然后即可为其添加新的背景音乐，如图 5-40 所示。除此之外，由于已经购买了模板草稿，所以任何后期操作均可在该草稿中进行，以制作出更符合自身需求的视频。

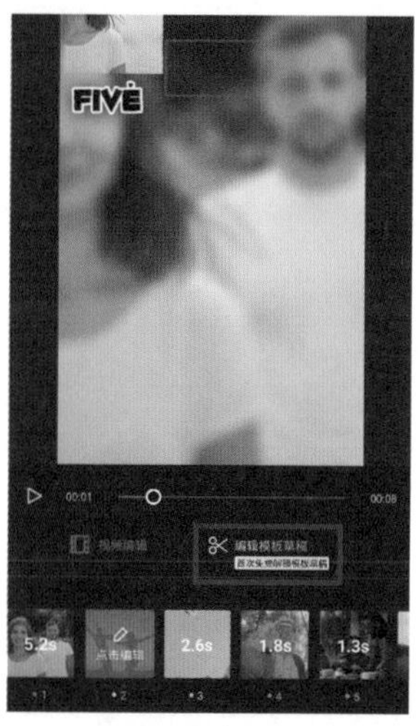

图 5-38

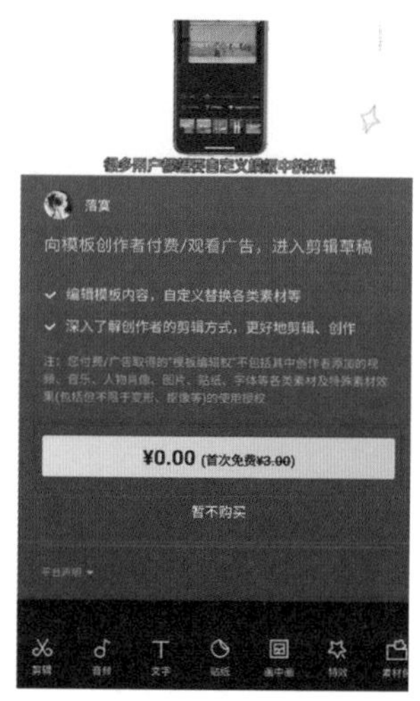

图 5-39

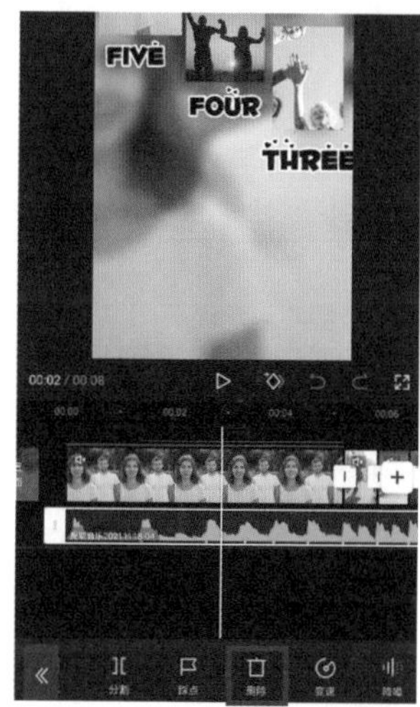

图 5-40

5.6.3 选择适合做卡点视频的音乐

主要通过以下两种方法选择适合做卡点视频的音乐。

在“卡点”分类下选择

❶ 打开剪映，进入音乐选择界面，即可找到“卡点”分类，如图 5-41 所示。

❷ 点击该分类，在其中选择自己喜欢的音乐，并点击右侧“使用”按钮即可，如图 5-42 所示。

图 5-41

图 5-42

使用其他视频中的音乐

❶ 在抖音看到喜欢的卡点音乐视频时，点击界面下方的➦图标，如图 5-43 所示，然后点击“保存本地”按钮，将其下载到手机中，如图 5-44 所示。

❷ 打开剪映，进入音乐选择界面，依次点击“导入音乐”→“提取音乐”→“去提取视频中的音乐”按钮，如图 5-45 所示。

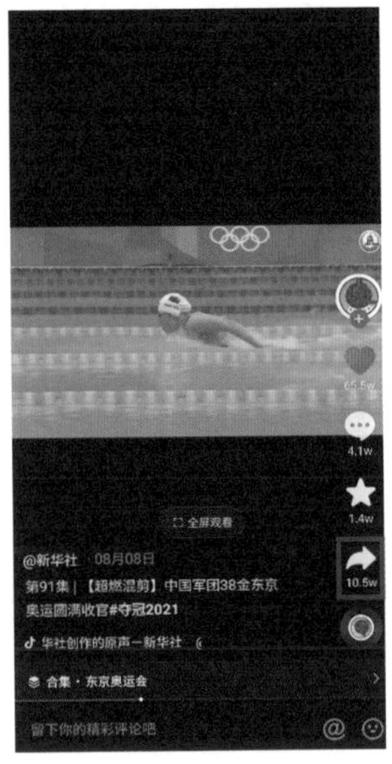

图 5-43

图 5-44

图 5-45

❸ 选择刚下载的视频，点击界面下方的“仅导入视频的声音”按钮，如图 5-46 所示。

❹ 待声音导出后，点击界面下方的“使用”按钮，即可将其添加至正在处理的视频中，如图 5-47 所示。

图 5-46

图 5-47

5.6.4 让素材随节拍点更替

制作一个音乐卡点视频，无论特效怎么变，形式怎么变，本质其实都是让素材随节拍点更替，具体的操作方法如下。

❶ 为音频添加节拍点，具体方法见前文介绍，如图 5-48 所示。

❷ 选中视频轨道，拖动白色边框，将其首尾分别与两个节拍点对齐，如图 5-49 所示。

❸ 重复上一步操作，将所有素材片段均与节拍点对齐。一些时间较长的片段，中间可以多跨过几个节拍点，如图 5-50 所示。

至此，就实现了素材随节拍点更替的效果，也就是完成了一个最基本的卡点音乐视频。所有的卡点音乐视频都是以此为基础，添加各种特效、贴纸、蒙版、文字等实现的。

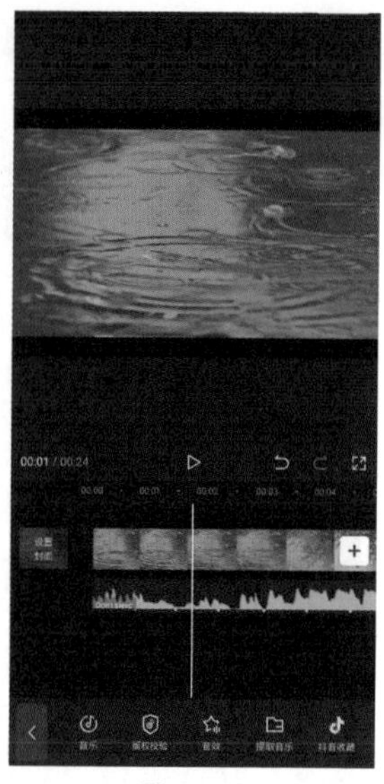

图 5-48

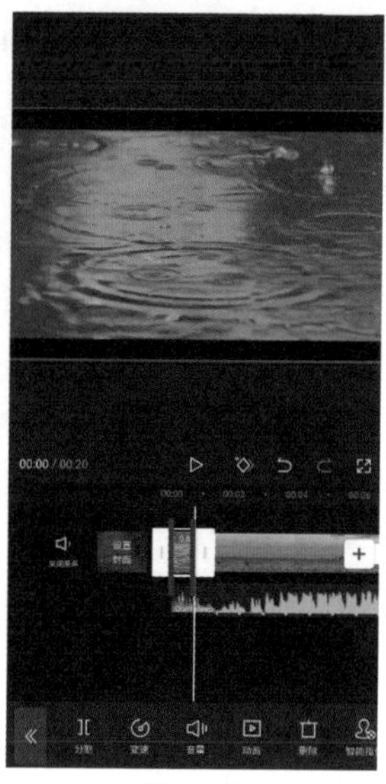
图 5-49

图 5-50

5.7 部分可商用的10大音乐曲库

如前文所述，抖音短视频之所以火爆与音乐有很大的关系，所以许多创作者在创作视频内容的时候，为了找到更好的背景音乐，已经不再满足于抖音提供的免费音乐库了，下面介绍 10 个可部分商用的免费曲库网站。

淘声网

淘声网可以直接搜索所需音效，并且其中有很多是免费的音频素材。只需在选定某个音频并准备下载时，注意浏览“声音信息”。当“许可”为“CC0 公共共享许可协议”时，即意味着可以免费商用。该网站的网址为 www.tosound.com。

耳聆网

耳聆网同样可以对指定音频进行搜索，但其特色在于可随机呈现不同的声音，有利于激发创作灵感。在下载时同样要注意其许可协议是否为 CC0。点击要下载的音频，并进入声音页面查看该协议。该网站的网址为 www.ear0.com。

FREEPD

FREEPD 是一个免费、无版权音频的下载网站，资源丰富，下载速度也很快，可能唯一的缺点就是全英文界面以及每天第一次下载会有弹出广告。虽然该网站需要付费才能下载较高音质的音频，但即使是基础音质的音频，也足够在短视频中使用了。该网站的网址为 www.jfreepd.com。

爱给网

爱给网可以直接搜索 CC0 音频（免费商用音频），避免出现选出理想的音频后，发现要付费才能使用的尴尬。同时，该网站中还售卖 99 元的可商用、全渠道、永久使用权的音频。如果在免费音频中找不到合适的，也可以在付费音频中搜索一下。该网站的网址为 www.aigei.com。

其他无版权音频素材网站

再向大家提供 6 个无版权音频的素材网站。

网站	网址
Jamendo	www.jamendo.com
JEWELBEAT	www.jewelbeat.com
Imslp	www.cn.imslp.org
Looperman	www.looperman.com
ccMixter	www.beta.ccmixter.org
FMA	www.freemusicarchive.org

5.8 为短视频配音

以电影解说为代表的许多视频都需要专业的配音解说，这项工作可以由专业的配音员完成，也可以由基于计算机 AI 技术的软件完成，尤其是后者有价格实惠、音色多变、质量高的优点，下面讲解包括自己录制配音在内的常用配音方法。

5.8.1 用剪映“录音”功能配音

通过剪映的“录音”功能，可以通过录制人声为视频进行配音，具体的操作方法如下。

❶ 如果在前期录制视频时录下了一些杂音，那么在配音之前，需要先将原视频的声音关闭，否则会影响配音效果。选中待配音的视频后，点击界面下方的“音量”按钮，并将其调整为 0，如图 5-51 所示。

❷ 点击界面下方的“音频”按钮，再点击“录音”按钮，如图 5-52 所示。

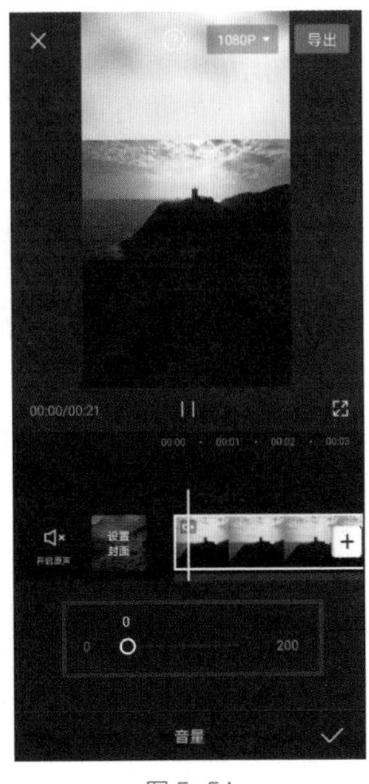

图 5-51

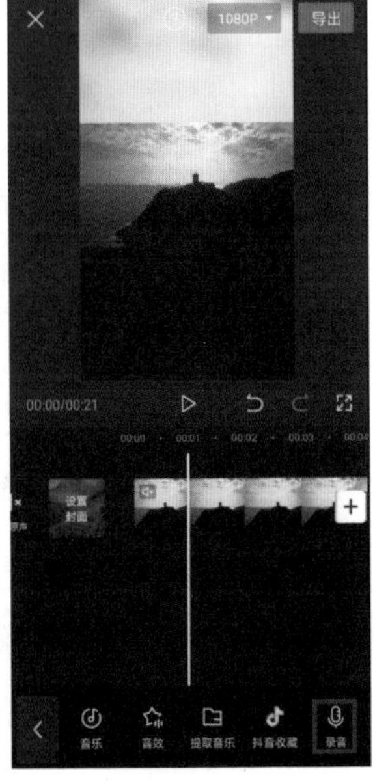

图 5-52

❸ 按住界面下方的红色按钮，即可开始录音，如图 5-53 所示。

❹ 松开红色按钮，即完成录音，其音轨如图 5-54 所示。

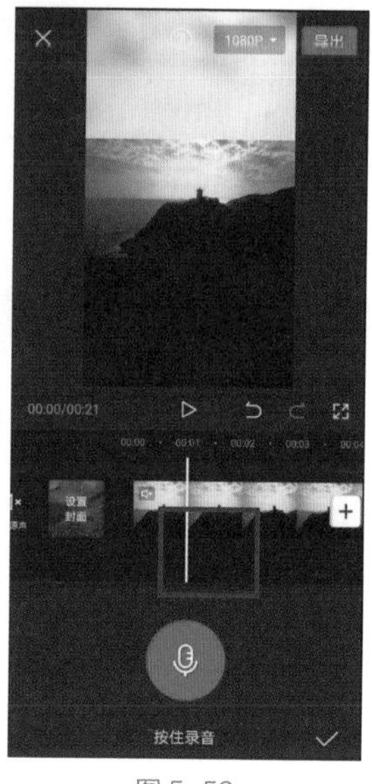

图 5-53

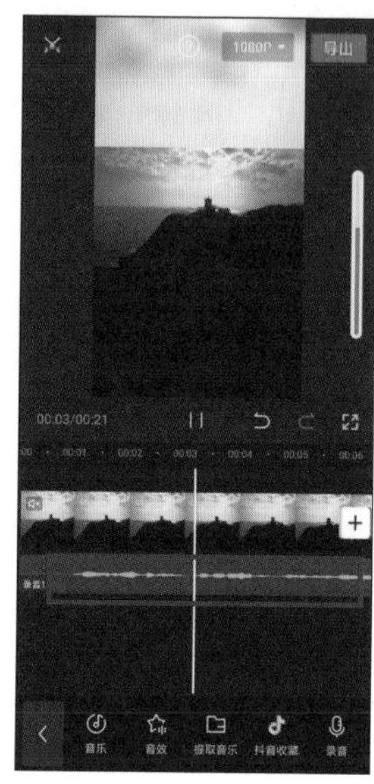

图 5-54

5.8.2 用剪映实现AI配音

许多人看抖音的教学类、搞笑类、影视解说类视频时，总是听到熟悉的女声或男声，这个声音其实就是通过 AI 配音功能获得的，下面讲解如何使用剪映获得此类配音。

❶ 选中已经添加好的文本轨道，点击界面下方的“文本朗读”按钮，如图 5-55 所示。

❷ 在弹出的选项中，即可选择喜欢的音色，如选择“小姐姐”音色，如图 5-56 所示。只通过简单两步，视频就会自动出现所选文本的语音了。

❸ 利用同样的方法，即可让其他文本轨道也自动生成语音。但此时会出现一个问题，相互重叠的文本轨道导出的语音也会互相重叠。此时不要调节文本轨道，而是要点击界面下方的“音频”按钮，可以看到已经导入的各个语音轨道，如图 5-57 所示。

图 5-55

图 5-56

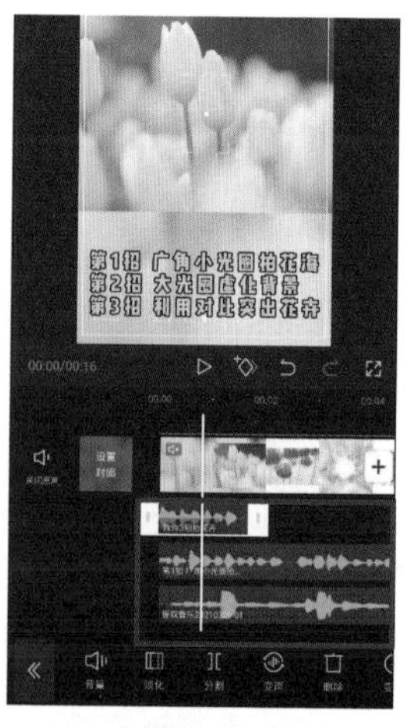

图 5-57

❹ 只需要让语音轨道彼此错开，不重叠，就可以解决语音相互重叠的问题，如图 5-58 所示。

❺ 如果希望实现视频中没有文字，但依然有“小姐姐”音色的语音，可以通过以下两种方法实现。

方法一：在生成语音后，将相应的文本轨道删除。

方法二：在生成语音后，选中文本轨道，点击“样式”按钮，并将“透明度”设置为0，如图5-59所示。

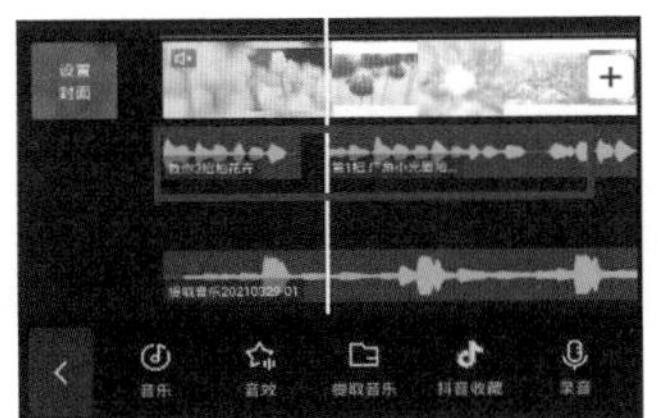

图5-58

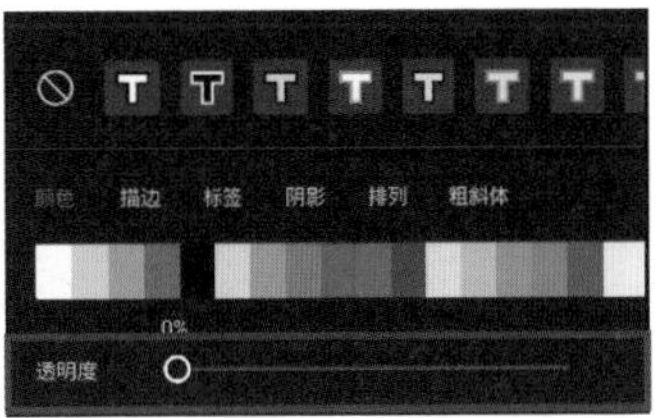

图5-59

5.8.3　AI配音网站

进入讯飞配音、牛片网、百度语音开放平台等网站，也可以实现根据输入的文本内容，生成AI语音的功能，具体的操作方法如下。

❶ 以牛片网为例，进入该网站，点击“在线配音”按钮，如图5-60所示。

❷ 设置所需配音的类型，如图5-61所示。此处设置得越详细，就越容易找到满足需求的语音。

❸ 将鼠标悬停在某种配音效果上，点击▶图标即可进行试听。若要选择该配音，点击“做同款”按钮即可，如图5-62所示。

❹ 输入“配音文案”后，可调整语速。需要注意的是，语速太快可能导致声音出现变化，所以务必点击界面下方的▶图标进行试听，确认无误后，再点击“提交配音”按钮，如图5-63所示。

❺ 配音完毕后，下载MP3文件即可得到配音音频文件。

❻ 打开专业版剪映，依次点击“音频”→“音频提取”→“导入”按钮，将刚下载的MP3文件导入即可。

需求大厅　影视工具　智能字幕　在线配音

图5-60

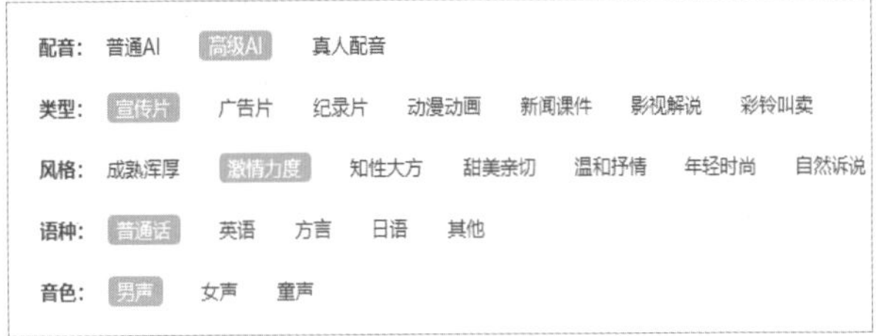

图5-61

图5-62

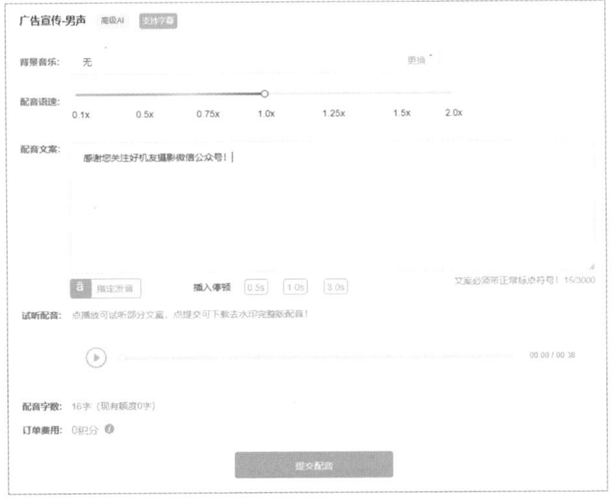

图5-63

5.8.4 AI配音软件

通过第三方 AI 配音软件进行配音，其声音处理速度会更快，同时也有更多的声音可供选择。

AI配音专家

这款软件支持 Windows 和 Mac OS 操作系统，目前包含 40 多种变声效果，如图 5-64 所示，同时还内置了数十款背景音，可以更好地进行后期创作。

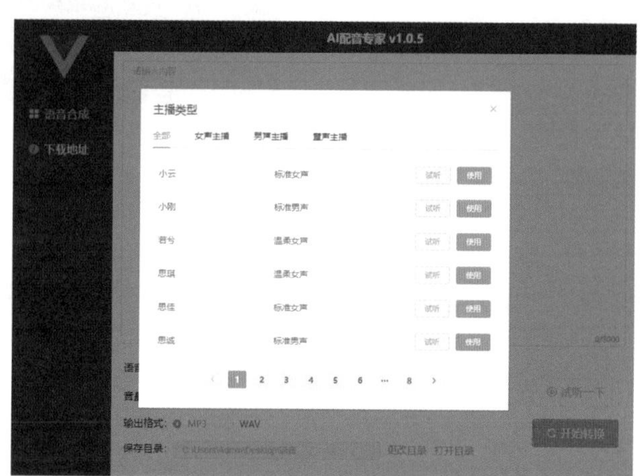

图5-64

智能识别软件

该款软件仅支持 Windows 操作系统，无须安装，解压后即可使用。其中有小部分语音是免费的，其余则需付费使用。该软件包含 100 多种发音效果，如图 5-65 所示。

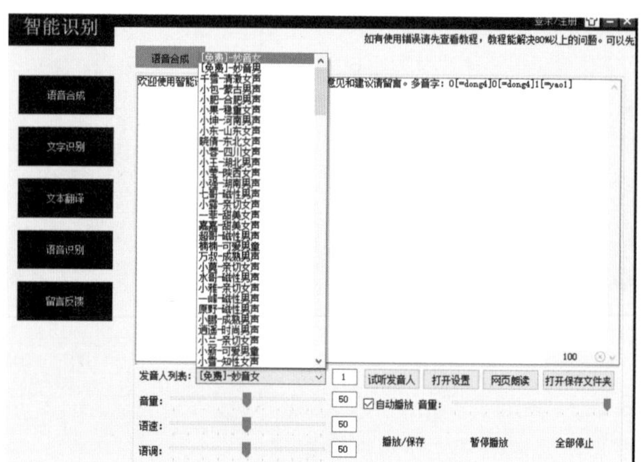

图5-65

5.9 添加音效

当视频中出现与画面内容相符的音效时，会大幅增加视频的带入感，让观众更有沉浸感。剪映中自带的音效库也非常丰富，下面具体介绍添加音效的方法。

❶ 依次点击界面下方的“音频”→“音效”按钮，如图 5-66 所示。

❷ 点击界面中的不同音效分类，例如，综艺、笑声、机械等，即可选择该分类下的音效。点击音效右侧的“使用”按钮，将其添加至音频轨道，如图 5-67 所示。

❸ 或者直接搜索希望使用的音效，例如“电流”，与其相关的音效就会显示在画面下方，从中找到合适的音效，点击右侧“使用”按钮即可，如图 5-68 所示。

图 5-66

图 5-67

图 5-68

❹ 该画面中只需要短暂的电流声来模拟老式胶片电影中的杂音，所以选中音效后，拖动“白框”将其缩短，如图 5-69 所示。

❺ 由于老式胶片电影的杂音是无规律、偶尔出现的，所以需要选中音效，并点击界面下方的“复制”按钮，为片段的其他位置也添加一些“电流”音效，如图 5-70 所示。

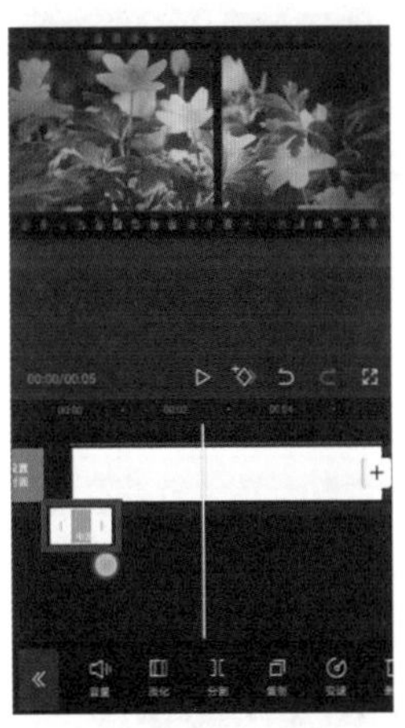

图 5-69

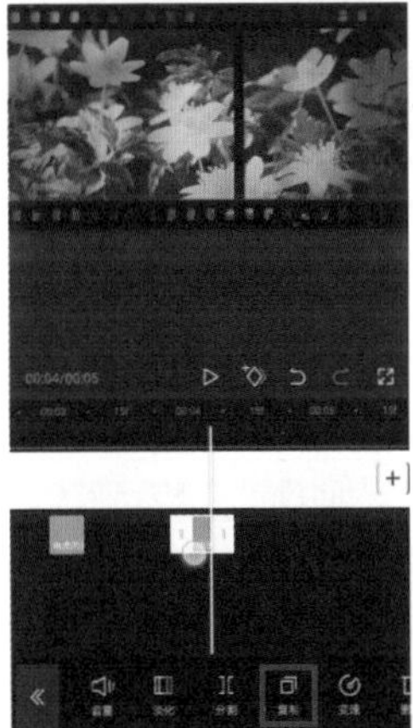

图 5-70

5.10　实战案例1：抠像回忆快闪效果

本例效果重在表现“怀念过往”的情绪，所以音乐的选择至关重要。另外，通过滤镜对画面色彩的调整以及剪辑而成的“快闪”效果，也让视频更有味道。本例还会使用画中画、特效、变速等功能进行后期制作。

5.10.1　步骤一：营造“快闪”效果

通过导入多个素材，并缩短其时长，来营造多个画面快速闪过的效果，简称“快闪”效果，具体的操作方法如下。

❶ 导入多个素材，最好都有人物的，这样有利于表现画面的情绪，如图 5-71 所示。

❷ 选中视频片段，缩短其时长至 0.2 秒左右，如图 5-72 所示。

❸ 为了让“快闪”效果有细微的节奏变化，所以不要让所有片段的时长都一样。将大部分片段控制在 0.3 秒左右，然后中间穿插上 0.8 秒左右的片段即可，制作完成后的效果如图 5-73 所示。

图 5-71

图 5-72

图 5-73

❹ 由于“快闪”效果需要在短时间内闪现大量画面，所以对素材数量的要求往往较高。当我们没有那么多素材时，就可以将之前用过的素材，导入剪映，调整画面大小后再用一次，如图 5-74 所示。

❺ 将重复使用的片段进行分割，并删除已经出现过的画面，如图 5-75 所示。而且如果该素材在之前展现的时间比较长，那么在重复使用时就短一些，控制在 0.3 秒左右。

❻ 由于快闪效果中的每个画面都是一闪而过的，所以即使有些素材多次利用，依然不会让观众感觉到画面雷同，从而巧妙地解决素材不够的问题。在本例中，快闪效果持续 6 秒左右即可，如图 5-76 所示。

图 5-74

图 5-75

图 5-76

5.10.2　步骤二：选择音乐并与视频素材匹配

为了让“回忆”的氛围更浓重，需要合适的音乐进行烘托，并且要让音乐与画面内容匹配，具体的操作方法如下。

❶ 本例选择《哪里都是你 剪辑版》作为背景音乐，因为该歌曲本身就与回忆有关，同时也是一首抒情类的歌曲，与该视频的内容高度统一。进入音乐选择画面后，搜索该音乐并使用即可，如图 5-77 所示。

❷ 将该音乐开头没有声音的部分删除。移动时间线至开始有声音的时间点，点击“分割”按钮，选中前半段音频轨道，再点击“删除”按钮，如图 5-78 所示。

❸ 通过试听，确定结束音乐的时间点大概在 9 秒左右，刚好有一句歌词唱完。将时间线移至该位置，点击“分割”按钮，选中后半段音频，再点击“删除”按钮即可，如图 5-79 所示。

图 5-77

图 5-78

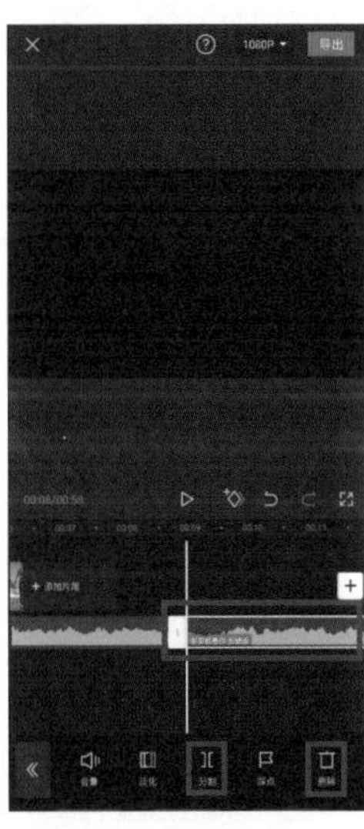

图 5-79

❹ 选中音频轨道，点击界面下方的“踩点”按钮，如图 5-80 所示。

❺ 在刚要唱第 2 句歌词时，添加节拍点，如图 5-81 所示。该节拍点就是开始进入“回忆快闪”效果的时间节点。

图 5-80

图 5-81

❻ 点击界面下方的“画中画”按钮，添加一个人行走的视频素材，将前半段有走出画面的视频删掉，如图 5-82 所示。

❼ 将剪辑好的画中画轨道素材拖至最左侧。将时间线移至节拍点，点击“分割”按钮，选中前半段视频，点击“变速”按钮，如图 5-83 所示。

❽ 选择“线性变速”，并设置为 1.2x，从而让进入“回忆”之前的画面速度快一些，如图 5-84 所示。

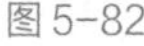
图 5-82

图 5-83

图 5-84

❾ 再选中刚刚分割出的后半段画中画轨道视频，采用相同的方法，将速度设置为 0.5x，让进入“回忆”的片段慢一些，从而烘托情绪，营造反差，如图 5-85 所示。

❿ 由于在进入回忆之前显示的是画中画轨道中的素材，所以主视频轨道的“快闪”素材在回忆之前是没有用的，故点击右侧的+图标，添加黑场，并与第一段画中画轨道素材首尾对齐，如图 5-86 所示。

⓫ 将主视频轨道的回忆素材压缩至 8 秒左右，然后将时间线移至其末端，选中画中画轨道，点击“分割”按钮，如图 5-87 所示。

图 5-85

图 5-86

图 5-87

⑫ 选中分割的后半段画中画视频，依次点击“变速”→“线性变速”按钮，将其设置为 1.2x，从而营造“从回忆中走出来”的效果，如图 5-88 所示。

⑬ 将画中画轨道素材与音乐末端对齐，如图 5-89 所示。

至此，选择音乐并让素材与音乐相互匹配的工作就完成了，这也是该案例制作的重点。

图 5-88

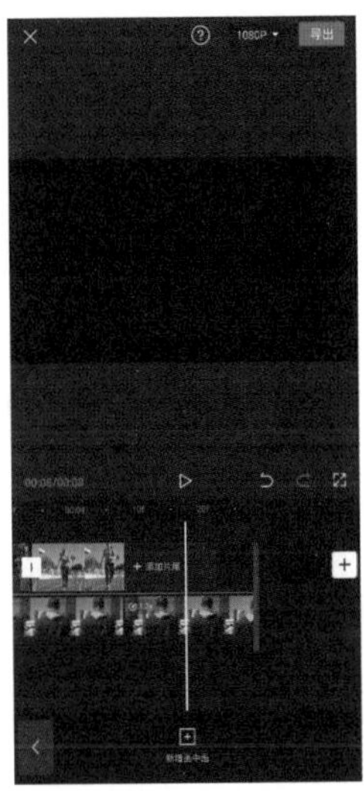

图 5-89

5.10.3　步骤三：让视频更有回忆感

最后，通过为视频调色并添加特效，让视频更有回忆感，具体的操作方法如下。

❶ 选中“回忆部分”的画中画轨道片段，点击界面下方的“不透明度”按钮，将其设置为 70，如图 5-90 所示。

❷ 选择主视频轨道上的任意一个片段，点击“滤镜”按钮，选择“黑白”分类下的“默片”效果，然后点击“应用到全部”按钮，如图 5-91 所示。

❸ 依次选中所有画中画轨道片段，再次单击“滤镜”按钮，并点击图标，取消滤镜效果，从而营造“回忆”与“当下”的反差，如图 5-92 所示。

图 5-90

图 5-91

图 5-92

❹ 依次点击界面下方的“特效”→“画面特效”按钮，添加“光影”分类下的“车窗影”特效，并将其覆盖整个“回忆片段”，如图 5-93 所示。

❺ 选中该特效轨道，点击界面下方的“作用对象”按钮，如图 5-94 所示。

❻ 点击“全局”按钮，如图 5-95 所示。至此，本例全部制作完成。

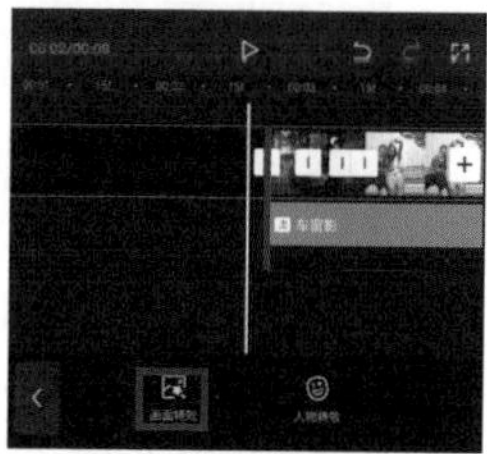

图 5-93

图 5-94

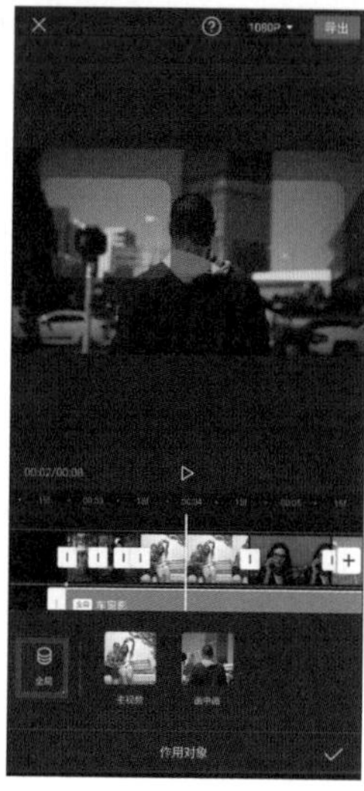

图 5-95

5.11 实战案例2：模拟镜头晃动音乐卡点效果

音乐卡点效果往往可以营造强烈的节奏感，并利用音乐的力量，让视频具有一定的感染力。在本例中，除了讲述如何实现“音乐卡点”效果，还演示如何利用静态图片素材模拟视频拍摄中的“镜头晃动”效果。

5.11.1 步骤一：让视频画面根据音乐节奏变化

所谓“音乐卡点”，其实就是让画面与画面的衔接点正好位于音乐的节拍点处，从而实现画面根据音乐节奏变化的效果，具体的操作方法如下。

❶ 由于音乐卡点视频的节奏往往比较快，那么为了保证其具有一定的时长，所以往往需要数量较多的素材。此处选择 15 张图片进行卡点视频的制作，如图 5-96 所示。

❷ 依次点击界面下方的“音频”→“音乐”按钮，搜索 Tokyo，选择《Tokyo Drif（抖音完整版）》作为背景音乐，如图 5-97 所示。

图 5-96

图 5-97

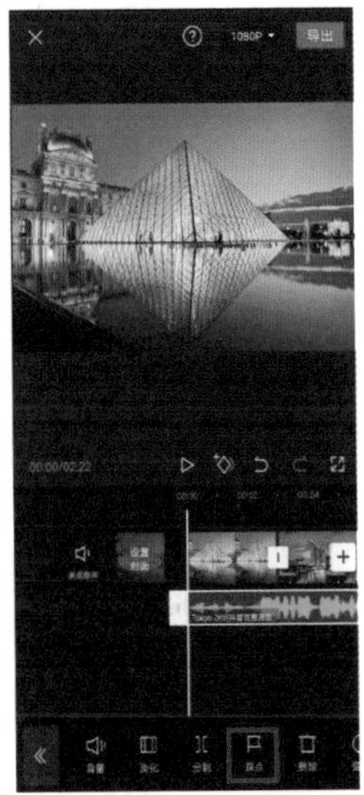

图 5-98

❸ 选中背景音乐，点击界面下方的“踩点”按钮，如图 5-98 所示。

❹ 开启界面左下角的“自动踩点”功能，选择“踩节拍Ⅱ”，此时在音频轨道下方会自动生成黄色的节拍点，如图 5-99 所示。之所以不选择“踩节拍Ⅰ”，是因为其节拍点过于稀疏。而节拍点稀疏就会导致画面的变化频率低，从而让观众感觉乏味。

❺ 选中音频轨道，将时间线移至 2 秒左右，点击界面下方的“分割”按钮，并将音乐开头节拍相对较弱的部分删除，如图 5-100 所示。

❻ 选中第一张图片素材，拖动其右侧的白色边框，使其与节拍点对齐，并保证素材片段的开头与结尾基本位于两个节拍点之间，如图 5-101 所示。

图 5-99

图 5-100

图 5-101

❼ 依次将每一段素材的末端都与下一个节拍点对齐，实现每两个节拍点之间放一张图片的效果，如图 5-102 所示。

❽ 为了既让视频的节奏产生变化，又不影响卡点效果和快节奏带来的动感，对于个别有些许节奏变化的部分，可以适当延长图片的播放时间。例如在如图 5-103 所示的位置，就让该画面跨过了一个节拍点。

❾ 按照该思路即可将全部 15 个片段与节拍点逐一对应。处理完成后，视频的时长也就确定了，所以缩短音频轨道至视频轨道的末端，或者比视频轨道稍微短一点儿，从而避免在结尾处出现黑屏，如图 5-104 所示。

图 5-102

图 5-103

图 5-104

5.11.2 步骤二：模拟镜头晃动效果

在实现音乐卡点效果后，视频的效果其实并不好，所以需要通过进一步处理来让其更有看点。接下来，将通过剪映模拟前期拍摄的镜头晃动效果，从而令画面更具动感，具体的操作方法如下。

❶ 将没有填充整个画面的素材放大至整个画面，使该视频比例统一，如图 5-105 所示。

❷ 将时间线移至第 2 个视频片段上，然后选中该片段，点击界面下方的“动画”按钮，如图 5-106 所示。

❸ 选择“组合动画”中的“荡秋千”效果，并将“动画时长”拖至最右侧，如图 5-107 所示。之所以选择该动画效果，是因为其可以实现类似前期拍摄时的镜头晃动效果。而没有为第 1 个视频片段增加动画，是因为在一个明显的节奏点之后（第 1 个节奏点几乎与视频开头重合，所以很容易被忽略），开始镜头晃动能够让画面的开场显得更自然。

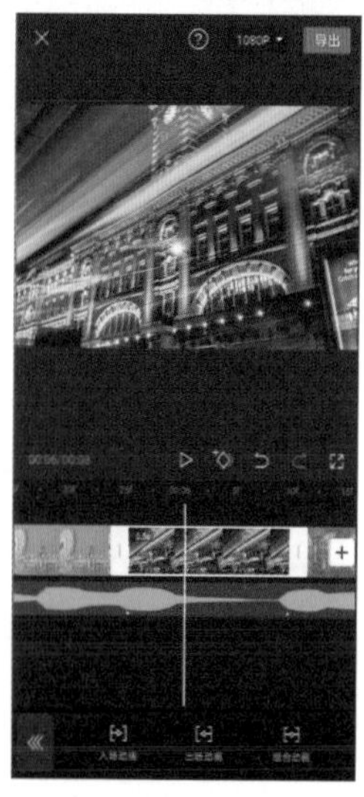

图 5-105

图 5-106

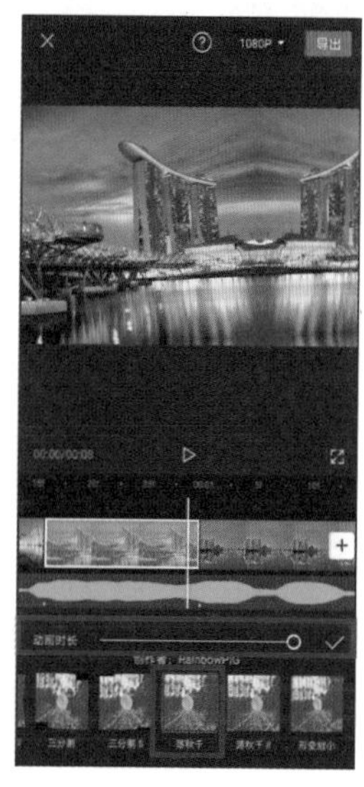

图 5-107

❹ 设置完成后，移动时间线至下一个视频片段，则可以直接进行动画设置，无须重复依次点击“动画”→“组合动画”按钮。在接下来的一个片段中，选择同为荡秋千系列的“荡秋千Ⅱ”效果，如图 5-108 所示。

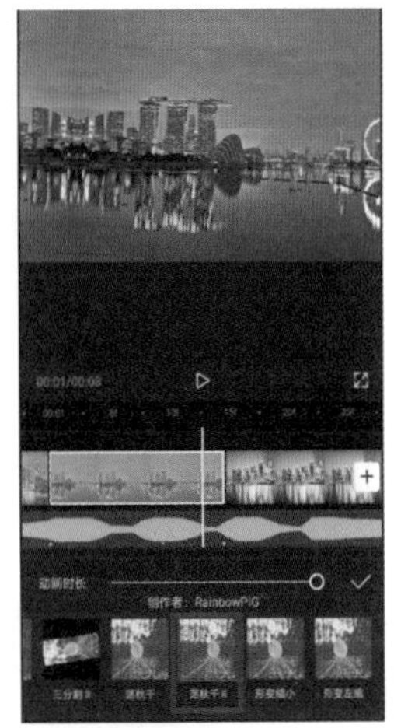
图 5-108

❺ 接下来为重复操作，也就是依次移动时间线到各个片段，然后为其添加可以实现“镜头晃动”效果的动画，并将动画时长调整至最大。这里建议在添加动画时，如果有同系列的多个动画效果，则可以让两个该系列动画连接在一起，从而让视频显得更连贯。

由于每个片段选择哪个动画并没有强制性的要求，但不同的动画组合可能有的效果好一些，有的效果差一些，如图 5-109 所示为 12 个片段所添加的动画效果，以供参考。

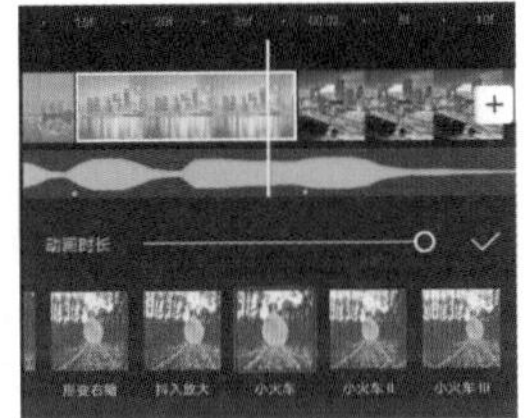
片段 4 动画：小火车

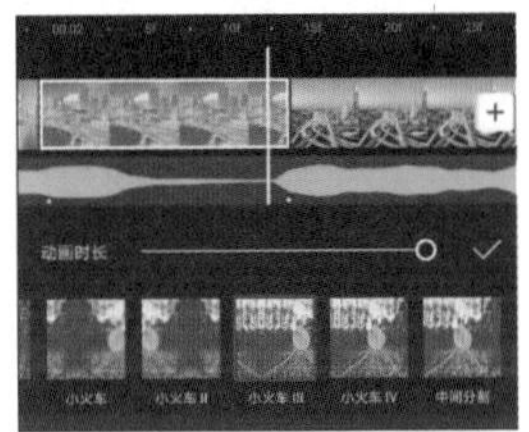
片段 5 动画：小火车Ⅲ

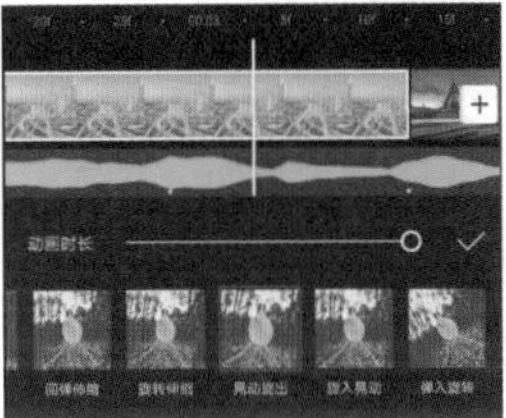
片段 6 动画：晃动旋出

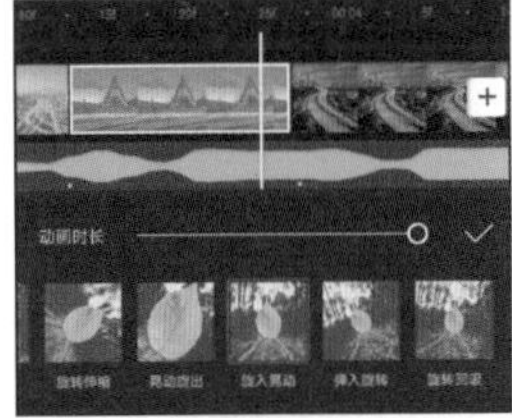
片段 7 动画：旋入晃动

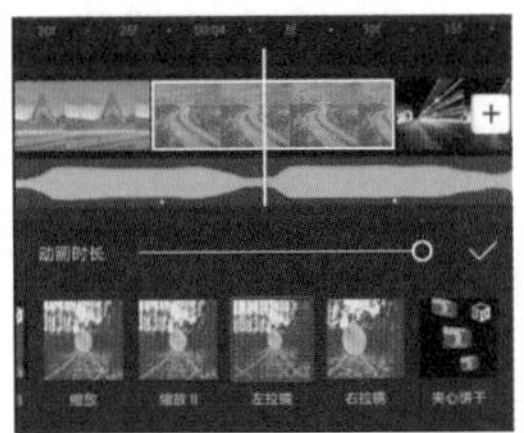
片段 8 动画：左拉镜

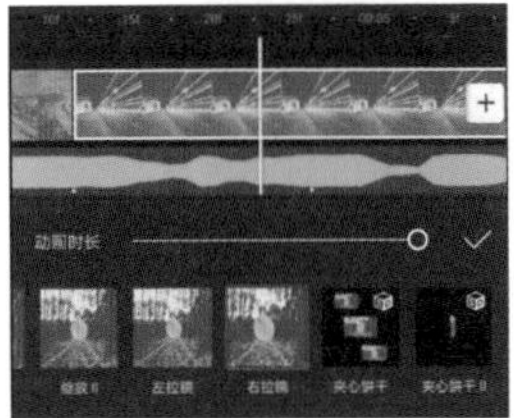
片段 9 动画：右拉镜

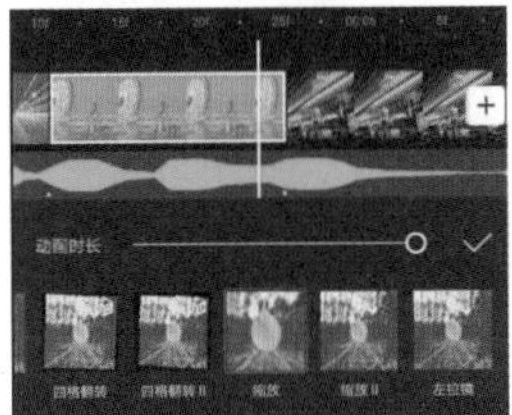
片段 10 动画：缩放

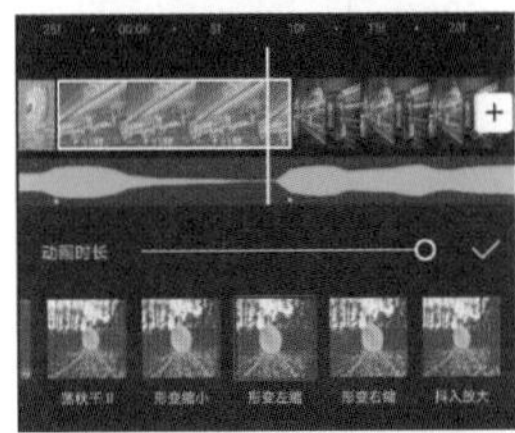
片段 11 动画：形变左缩

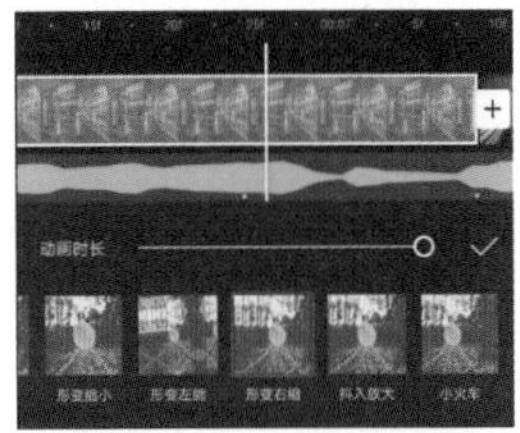
片段 12 动画：形变右缩

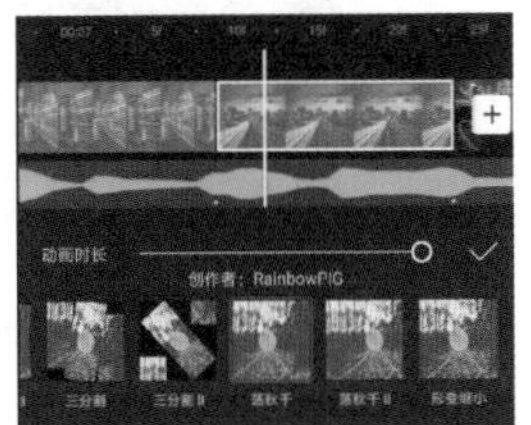
片段 13 动画：荡秋千

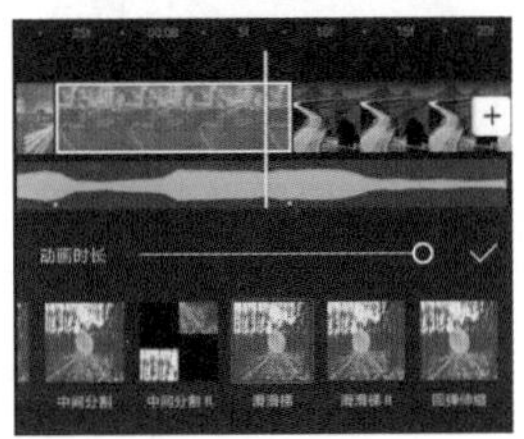
片段 14 动画：滑滑梯

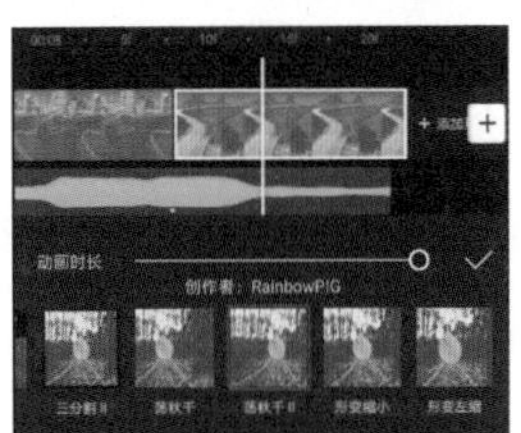
片段 15 动画：荡秋千Ⅱ

图 5-109

5.11.3 步骤三：添加特效润饰画面

最后，为视频添加些酷炫的特效，让视频更有看点，具体的操作方法如下。

❶ 点击界面下方的“特效”按钮，如图 5-110 所示。

❷ 添加“动感”分类下的“RGB 描边”特效，如图 5-111 所示。

❸ 将该特效的首尾与跨过一个节拍点的视频片段首尾对齐，如图 5-112 所示。之所以跨过一个节拍点的画面添加特效，是因为该片段本身就具有节奏的变化，而且展现时间比其他片段更长，所以增加特效后，不会影响节奏感，也不会因为画面太乱而让视频看起来很臃肿。

图 5-110

图 5-111

图 5-112

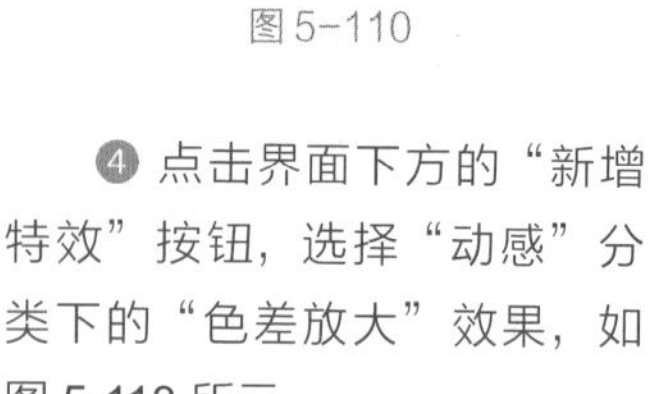

❹ 点击界面下方的“新增特效”按钮，选择“动感”分类下的“色差放大”效果，如图 5-113 所示。

❺ 将该特效的首尾也与对应的跨过一个节拍点的视频片段对齐，如图 5-114 所示。

至此，模拟镜头晃动音乐卡点效果制作完成。

图 5-113

图 5-114

5.12　实战案例3：时间静止效果

该案例将营造通过“超能力”控制时间“流动”的效果。具体来说，就是一个人可以随时让时间停止或者继续。为了让这种“超能力”显得更真实，声音在其中起到至关重要的作用。本例将使用定格、画中画、人像抠图、音效等功能进行后期处理，案例效果截图如图 5-115 和图 5-116 所示。请按本书前言所述方法，观看本例完整教学视频。

图 5-115

图 5-116

5.13　实战案例4：动态蒙版卡点效果

本例将使用一首节奏非常紧凑的背景音乐，并通过按节拍改变蒙版显示范围的方法营造卡点效果。除了需要使用“踩点”和“蒙版”功能，还需要多次使用关键帧进行后期处理，案例效果截图如图 5-117 和图 5-118 所示。请按本书前言所述方法，观看本例完整教学视频。

图 5-117

图 5-118

第6章

玩转文字，让视频更有文艺范

6.1　为视频添加标题

在学习如何为视频添加标题之前，先要弄明白此处讲的“标题”指的是什么，不要将视频中的“标题”与发布视频时填写的“标题”搞混。

6.1.1　认识“标题”

很多人都把如图 6-1 所示的发布抖音视频时填写的文字当作“标题”，但事实上，这里填写的更像是发“朋友圈”时的文字，主要是用来表达自己发这段视频的想法，其实并不是“标题”。

而抖音中真正意义上的“标题”，其实是指封面上的文字。

虽然发布抖音，并没有要求必须有“标题”，但很多创作者为了让观众在第一时间知道这个视频展示的是什么，才会在视频开头写一个标题。

同时，将标题样式进行统一，主页看起来也会更整齐，给观众留下更好的印象，如图 6-2 所示。

图 6-1

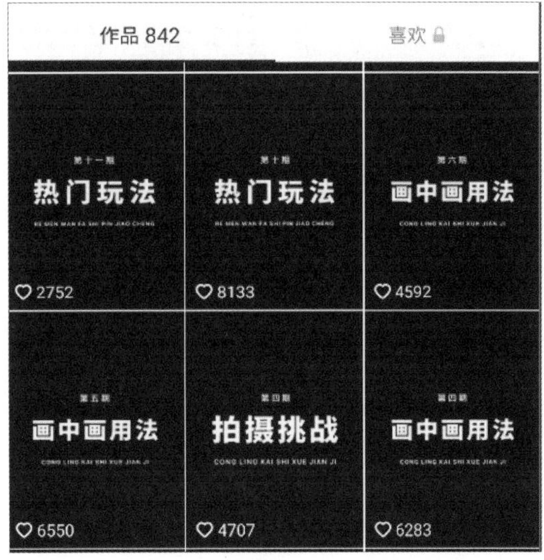

图 6-2

6.1.2　确定标题时长

短视频强调的是快节奏，所以在视频开头展示标题的时长最多不能超过 2 秒。

但事实上，很多创作者只是想让主页中的视频封面上有标题，而在视频中是看不到标题的，从而直入主题，加快节奏。想实现此效果的第一种方法，就是在计算机端抖音上传视频，点击“编辑封面”按钮，如图 6-3 所示，然后选择一张有标题的封面图片即可。

图 6-3

如果用手机上传视频，则需要在剪辑时，让开头带有标题的画面持续 5 帧左右，如图 6-4 所示。5 帧已经足够在主页中显示带标题的画面，但在观看时，因为时间太短，所以就是无标题画面的效果。

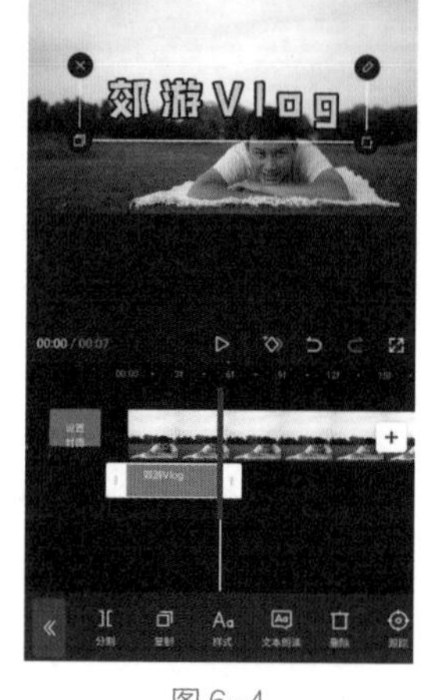

图 6-4

6.1.3 添加不同风格的标题

❶ 将视频导入剪映后，点击界面下方的“文本”按钮，如图 6-5 所示。

❷ 继续点击界面下方的“新建文本”按钮，如图 6-6 所示。

❸ 输入希望作为标题的文字，如图 6-7 所示。

❹ 点击“样式”按钮，即可更改字体和颜色。而文字的大小则可以通过“放大”或“缩小”的手势进行调整，如图 6-8 所示。

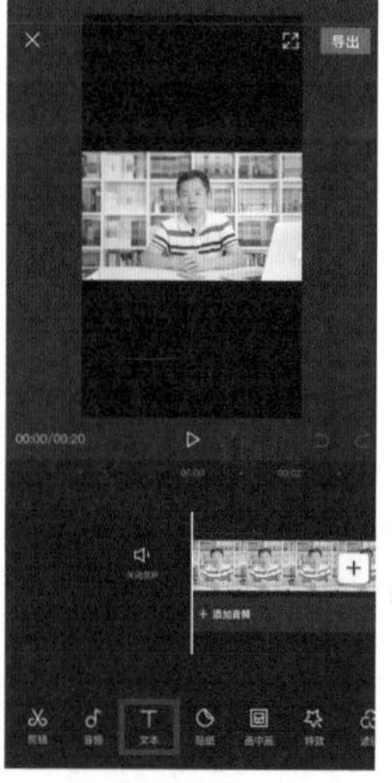

图 6-5

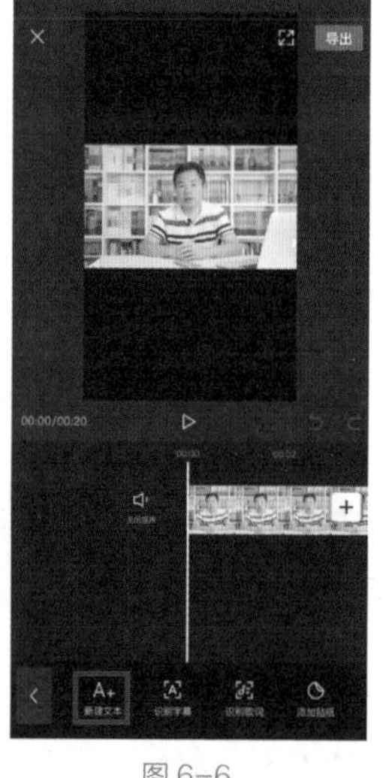

图 6-6

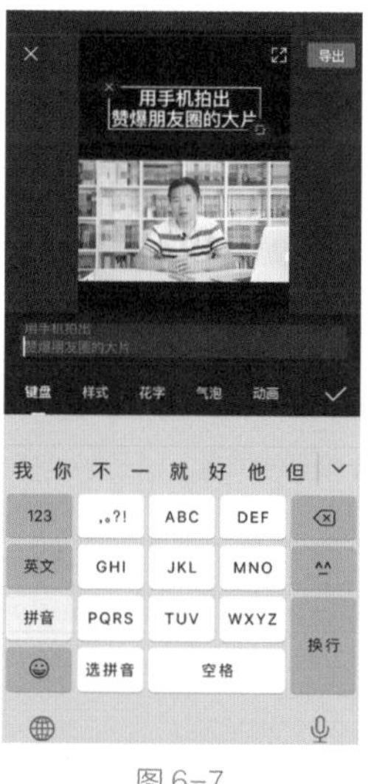

图 6-7

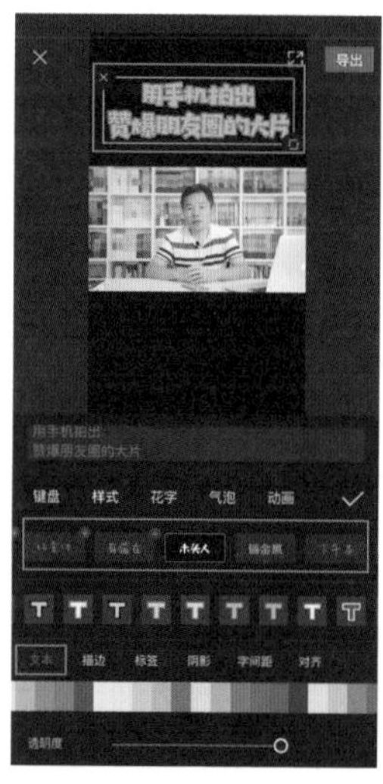

图 6-8

❺ 为了让标题更醒目，当文字的颜色设定为橘黄色后，点击界面下方的“描边”按钮，将边线设为蓝色，从而利用对比色让标题更醒目，如图 6-9 所示。

❻ 确定好标题的样式后，还需要通过文本轨道和时间线来确定标题显示的时间。在本例中，希望标题始终出现在视频中，所以文本轨道完全覆盖视频轨道，如图 6-10 所示。

图 6-9

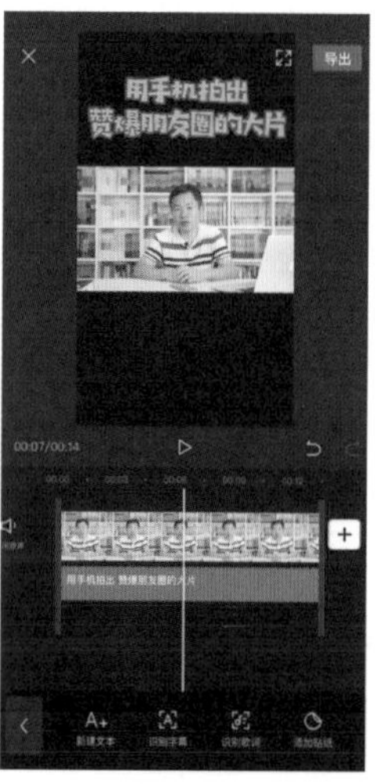

图 6-10

6.2　快速生成字幕的方法

6.2.1　利用声音识别字幕

❶ 将视频导入剪映后，点击界面下方的“文本”按钮，并点击“识别字幕”按钮，如图 6-11 所示。

❷ 在点击“开始识别”按钮之前，建议选中“同时清空已有字幕”复选框，防止在反复修改时出现字幕错乱的问题，如图 6-12 所示。

❸ 自动生成的字幕会出现在视频下方，如图 6-13 所示。

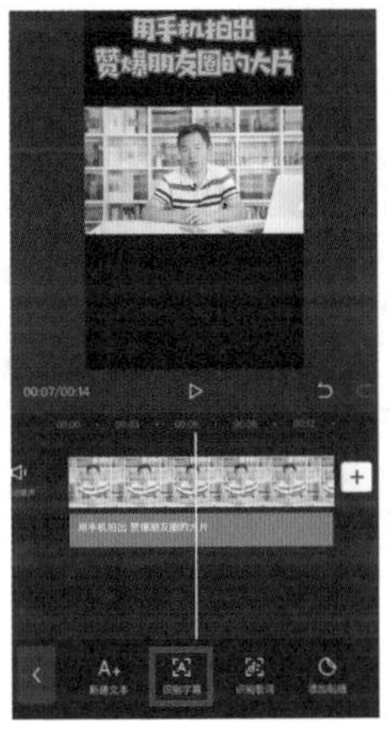

图 6-11

图 6-12

图 6-13

❹ 点击字幕并拖动，即可调整其位置。通过放大或缩小的手势，可以调整字幕大小，如图 6-14 所示。

❺ 值得一提的是，当对其中一段字幕进行修改后，其余字幕将自动进行同步修改（默认设置），例如，在调整位置并放大如图 6-14 所示的字幕后，如图 6-15 所示中的字幕位置和大小将同步得到修改。

❻ 同样，字幕的颜色和字体也可以进行仔细调整，如图 6-16 所示。另外，如果取消选中“样式、花字、气泡、位置应用到识别字幕”复选框，则可以单独对一段字幕进行修改。

图 6-14

图 6-15

图 6-16

6.2.2 利用专业版剪映实现文稿匹配生成字幕

所谓“文稿匹配生成字幕”，就是将文稿导入剪映后，自动与视频中的语音匹配，实现字幕效果。由于文字不是剪映通过声音识别的，而是直接通过文稿生成的，所以只要文稿没有错别字，那么生成的字幕就不会有错别字，更不会出现识别错误的情况。目前该功能只能在专业版剪映中实现，具体的使用方法如下。

❶ 依次点击“文本”→“智能字幕”→“开始匹配”按钮，如图 6-17 所示。

❷ 将文案复制到剪映中，点击“开始匹配”按钮，如图 6-18 所示。等匹配完成后，字幕即会添加至视频中。

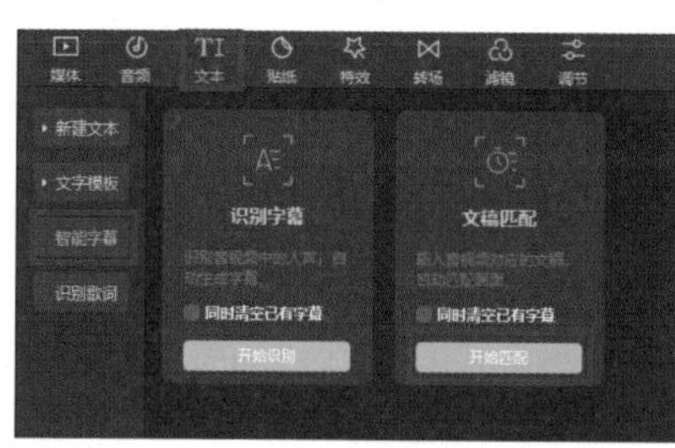

图 6-17

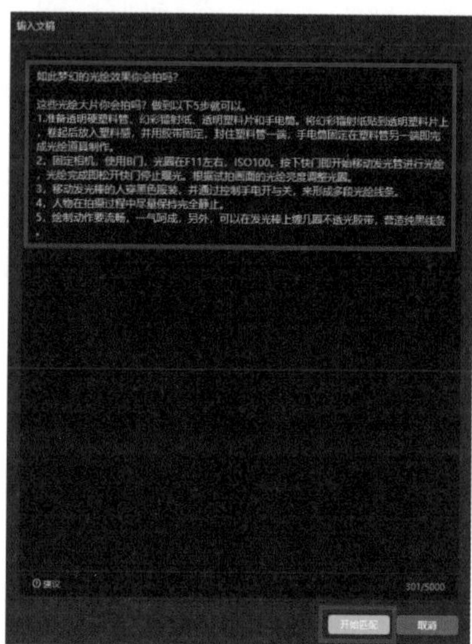

图 6-18

6.3 美化字幕

自动生成的字幕在默认情况下非常小，并且字体也不好看，往往需要进行美化。

6.3.1 实现字幕气泡效果

❶ 选择一段字幕，点击界面下方的“样式”按钮，如图 6-19 所示。

❷ 如果希望为所有字幕都统一添加某种气泡效果，则选中“字体、样式、花字、气泡位置应用到识别歌词”复选框，然后点击“气泡”按钮，如图 6-20 所示。

❸ 选择合适的气泡效果，点击√按钮即可，如图 6-21 所示。

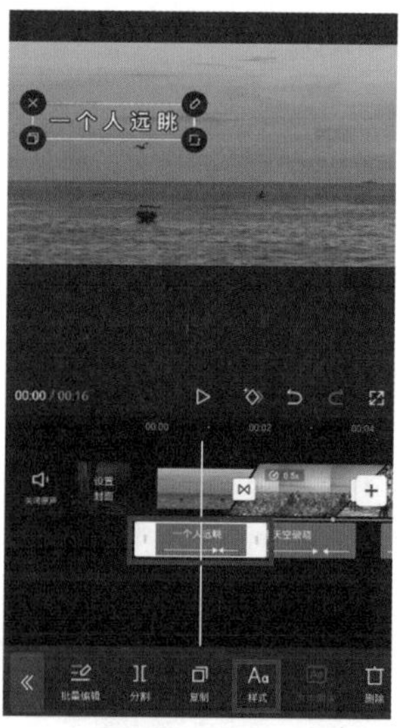

图 6-19

6.3.2　实现花字效果

❶ 在选中字幕后，同样需要点击图 6-19 中的“样式”按钮，然后点击图 6-20 中的“花字”按钮。

❷ 选择合适的花字效果后，点击√按钮即可，如图 6-22 所示。

图 6-20

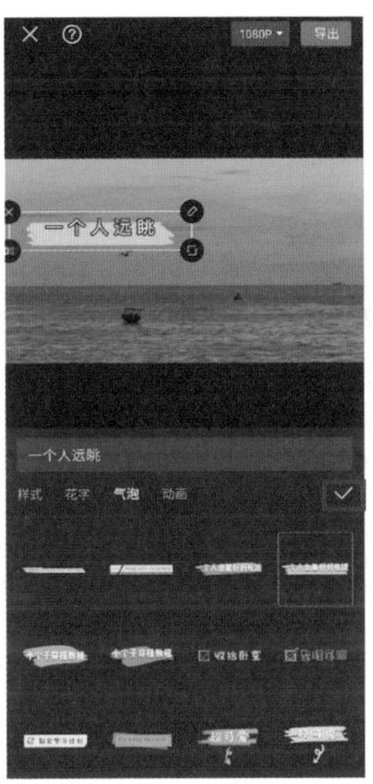

图 6-21

图 6-22

6.3.3　为字幕添加背景

❶ 选中字幕后，点击“样式”按钮，如图 6-19 所示。

❷ 点击界面下方的“背景”按钮，选择合适的背景颜色即可。通过拖曳颜色下方的“透明度”滑块，还可以调节背景的“浓淡”，如图 6-23 所示。

❸ 值得一提的是，与“背景”按钮同一排的“描边”和“排列”等按钮，可以让字幕更个性化。如图 6-24 所示的字幕即为调整了“排列”中的“字间距”参数所得到的效果。

图 6-23

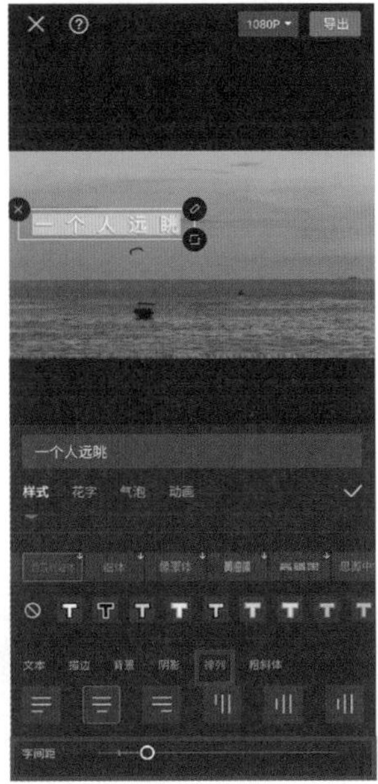

图 6-24

6.3.4 字幕过长或过短的处理方法

无论是通过声音识别生成的字幕，还是通过文稿匹配生成的字幕，都会出现字幕太长或者太短的情况。本小节以专业版剪映为例进行讲解，手机版剪映按同样方法操作即可。

字幕太长的解决方法

❶ 根据视频中的语音，将时间线移至需要断句的位置，如图 6-25 所示。

❷ 点击“分割”按钮，字幕就好像细胞分裂一样，会出现两条相同的字幕，并且这两条字幕的时长，与之前的一条字幕相同，如图 6-26 所示。

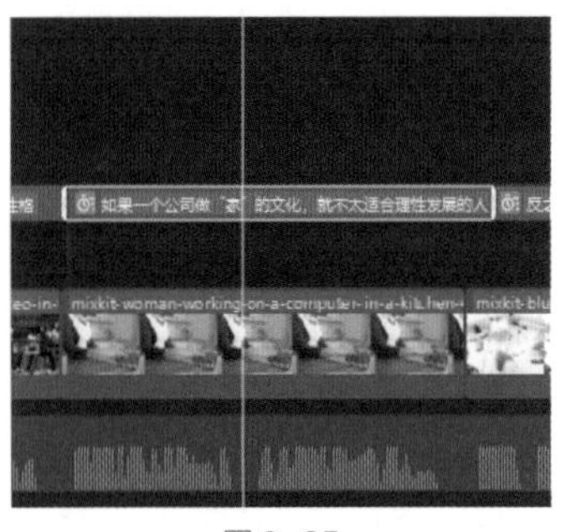

图 6-25

图 6-26

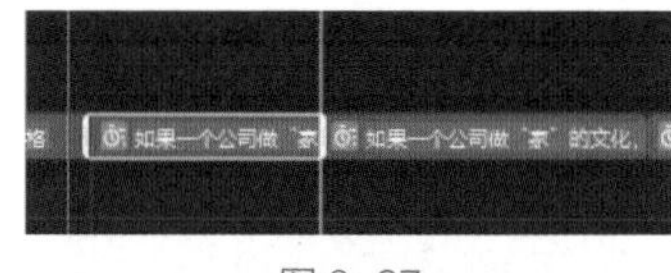

图 6-27

图 6-28

❸ 选中前半段字幕，如图 6-27 所示，将断句之后的文字删除，如图 6-28 所示。

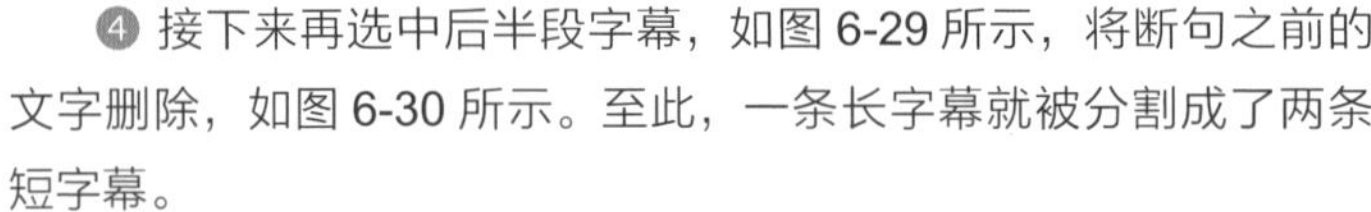

❹ 接下来再选中后半段字幕，如图 6-29 所示，将断句之前的文字删除，如图 6-30 所示。至此，一条长字幕就被分割成了两条短字幕。

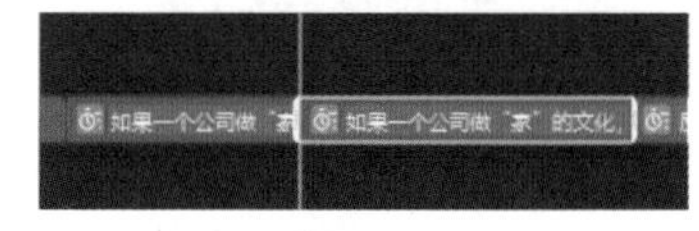

图 6-29

图 6-30

字幕太短的解决办法

❶ 在如图 6-31 所示的字幕中，数字 3 是单独一条字幕，很容易就会被忽略，而且看起来也很单薄。选中 3 之后的字幕，并复制这段字幕的文字，如图 6-32 所示。

❷ 选中 3 这条字幕，将刚才复制的文字粘贴到 3 字的后面，如图 6-33 所示。

❸ 先看好 3 之后这条字幕的位置，然后将其删除，再将 3 这条字幕拉长，填充已经被删除字幕的空缺即可，如图 6-34 所示。

图 6-31

图 6-32

图 6-33

图 6-34

6.4 让文字“动起来”的方法

6.4.1 为文字添加动画

如果想让画面中的文字动起来，最常用的方法就是为其添加动画，具体的操作方法如下。

❶ 选中一个文字轨道，并点击界面下方的“动画”按钮，如图 6-35 所示。

❷ 在界面下方选择为文字添加“入场动画”“出场动画”还是“循环动画”。“入场动画”往往和“出场动画”一同使用，可以让文字的出现与消失都更自然。选中其中一种“入场动画”后，下方会出现控制动画时长的滑块，如图 6-36 所示。

❸ 选择一种“出场动画”后，控制动画时长的滑块会出现红色部分。控制红色线段的长度，即可调节“出场动画”的时长，如图 6-37 所示。

❹ 而“循环动画”往往当画面中的文字需要长时间停留，又希望其处于动态效果时才会使用。需要注意的是，“循环动画”不能与“入场动画”和“出场动画”同时使用。一旦设置了“循环动画”，即使之前已经设置了“入场动画”或“出场动画”，也会自动将其删除。同时，在设置了“循环动画”后，界面下方的“动画时长”滑块将更改为“动画速度”滑块，如图 6-38 所示。

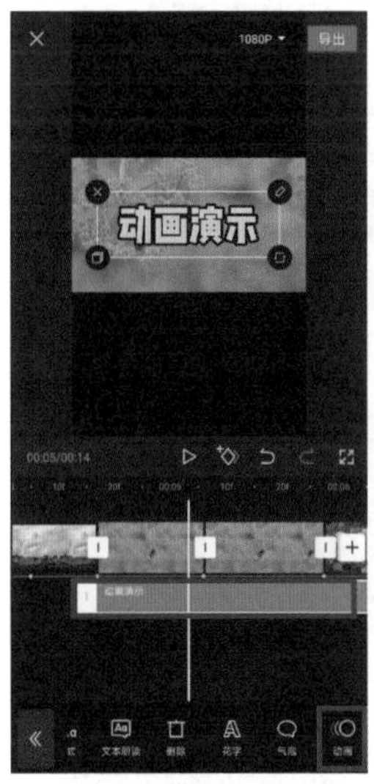

图 6-35

图 6-36

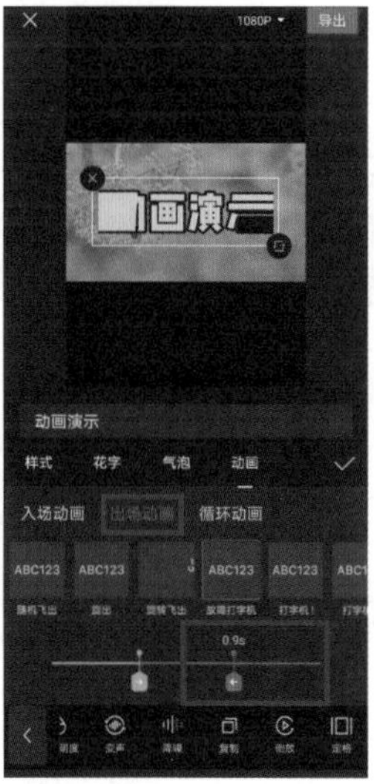

图 6-37

图 6-38

提示

应该通过视频的风格和内容来选择合适的文字动画。例如，当制作“日记本”风格的vlog视频时，如果文字标题需要长时间出现在画面中，那么就适合使用循环动画中的“轻微抖动”或者“调皮”效果，既避免了画面死板，又不会因为文字动画幅度过大影响视频内容的表达。一旦选择了与视频内容不相符的文字动画效果，则很可能让观众的注意力难以集中在视频本身。

6.4.2 制作“打字”效果

很多视频的标题都是通过“打字”效果进行展示的，这种效果的关键在于利用文字入场动画与音效相配合。下面，就通过一个简单的实例，讲述为文字添加动画的方法，具体的操作步骤如下。

❶ 首先选择希望制作“打字”效果的文字，并添加“入场动画”分类下的“打字机 I”，如图 6-39 所示。

❷ 依次点击界面下方的“音频”→“音效”按钮，为其添加“机械”分类下的“打字声”音效，如图 6-40 所示。

❸ 为了让“打字声”音效与文字出现的时机相匹配（文字在视频一开始就逐渐出现），所以适当减少“打字声”音效的开头部分，从而令音效也在视频开始时就出现，如图 6-41 所示。

图 6-39

图 6-40

图 6-41

❹ 接下来要让文字随着打字声音效逐渐出现，所以要调节文字动画的播放速度。再次选择文本轨道，点击界面下方的“动画”按钮，如图 6-42 所示。

❺ 适当增加动画时间，并反复试听，直到最后一个文字出现的时间点与打字音效结束的时间点基本一致即可。对于本例而言，当入场动画时长设置为 1.6 秒时，与“打字声”音效基本匹配，如图 6-43 所示。至此，“打字”效果制作完成。

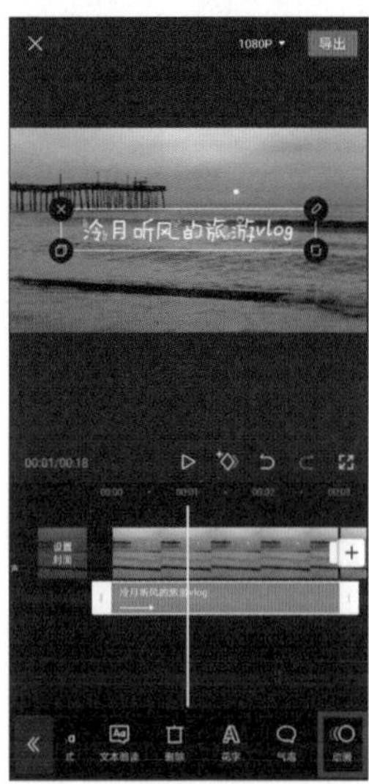

图 6-42

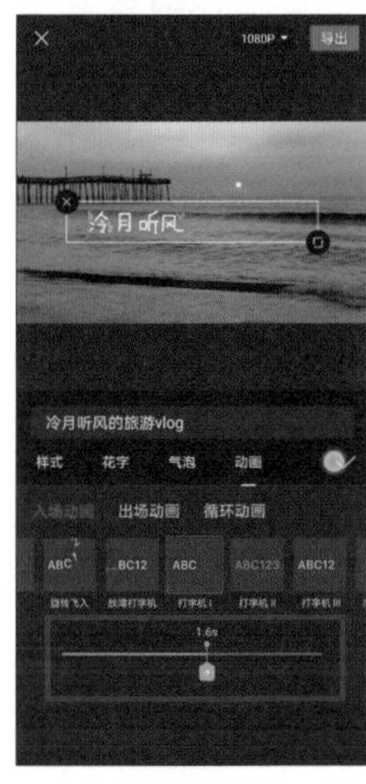

图 6-43

6.5 实战案例1：文艺感十足的文字镂空开场

文字镂空开场既可以展示视频标题等其他文字信息，又可以让画面显得文艺感十足，是制作微电影、vlog 等视频常用的开场方式。

制作文字镂空开场的重点在于，利用关键帧制作文字缩小的效果，再利用蒙版以及合适的动画制作“大幕拉开”的效果。

6.5.1 步骤一：制作镂空文字效果

本例需要先实现镂空文字的效果，具体的操作方法如下。

❶ 点击“开始制作”按钮后，添加“素材库”中的“黑场”素材，如图 6-44 所示。

❷ 点击界面下方的“文字”按钮后添加文本，注意文字的颜色需要设置为白色，然后将文字调整到画面中间的位置，效果如图 6-45 所示。

❸ 截取当前画面，并将文字部分使用手机中的截图工具以 16:9 的比例进行裁剪并保存，从而得到镂空文字的图片，如图 6-46 所示。

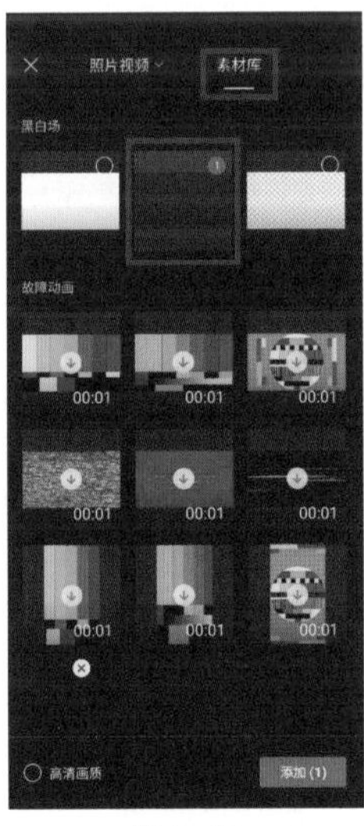

图 6-44

图 6-45

图 6-46

❹ 退出剪映并点击“开始制作”按钮，导入准备好的视频素材，如图 6-47 所示。

❺ 点击界面下方的“画中画”按钮，如图 6-48 所示，并将保存好的文字图片导入。

❻ 导入文字图片后，不要调整其位置。点击界面下方的“混合模式”按钮，如图 6-49 所示，并选择“变暗”模式，此时已实现文字镂空的效果，如图 6-50 所示。

提示

视频素材中高光面积较大时，可以令镂空文字与周围的黑色背景产生较强的明暗对比，从而让文字的轮廓更清晰，呈现更好的视觉效果。所以，建议所选素材的高光区域最少占画面的1/2。

图 6-47

图 6-48

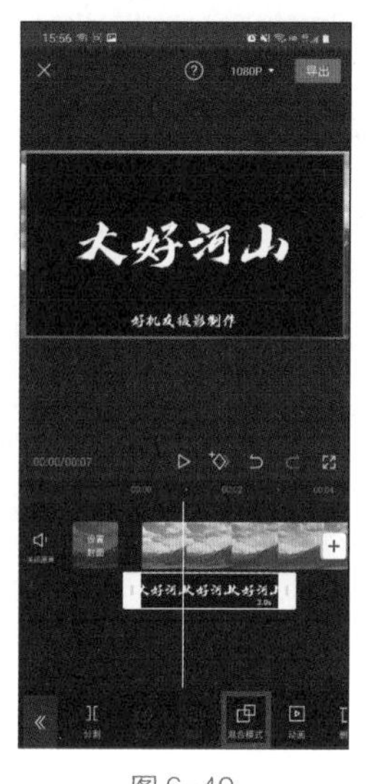

图 6-49

图 6-50

6.5.2 步骤二：制作文字逐渐缩小的效果

接下来，需要实现让被放大的开场文字逐渐缩小至正常大小，具体的操作方法如下。

❶ 在不改变文字图片位置的情况下放大该图片，并将时间线调整到文字图片的起点，点击轨道上方的图标添加关键帧，如图 6-51 所示。

❷ 将时间线移至希望文字恢复正常大小的时间点，此处选择为视频播放后 3 秒。选中视频轨道，点击界面下方的“分割”按钮，如图 6-52 所示。

❸ 选择文字图片轨道，将其末端与分割后的第一段视频素材对齐，并调整该图片大小至刚好覆盖视频素材，此时剪映会自动再创建一个关键帧，从而实现文字逐渐缩小的效果，如图 6-53 所示。

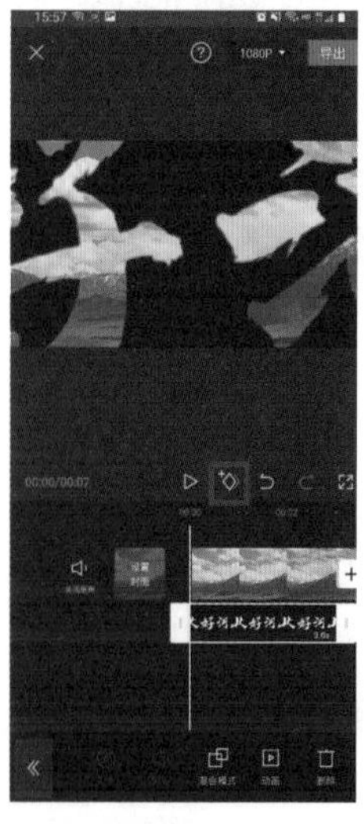

图 6-51

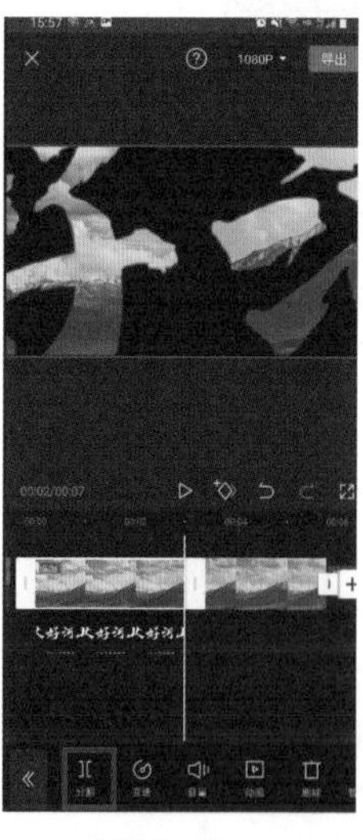

图 6-52

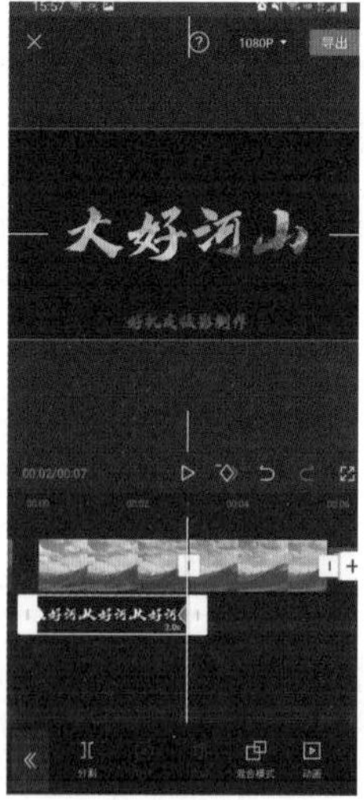

图 6-53

提示

第 1 步和第 2 步的操作顺序可以互换，不影响制作效果。另外，将时间线移至某个已添加的关键帧时，原本“增加关键帧”按钮将自动转变为“去掉关键帧”按钮。

6.5.3 步骤三：为文字图片添加蒙版

为了让文字呈现“大幕拉开”的效果，需要添加“线性蒙版”，具体的操作方法如下。

❶ 选中之前进行关键帧处理的文字图片并复制，如图 6-54 所示。

❷ 移动时间线至复制图片的关键帧，再次点击“关键帧”图标，删除复制文字图片的关键帧（首尾共两个），如图 6-55 所示。

❸ 选中复制的文字图片，点击界面下方的“蒙版”按钮，如图 6-56 所示。

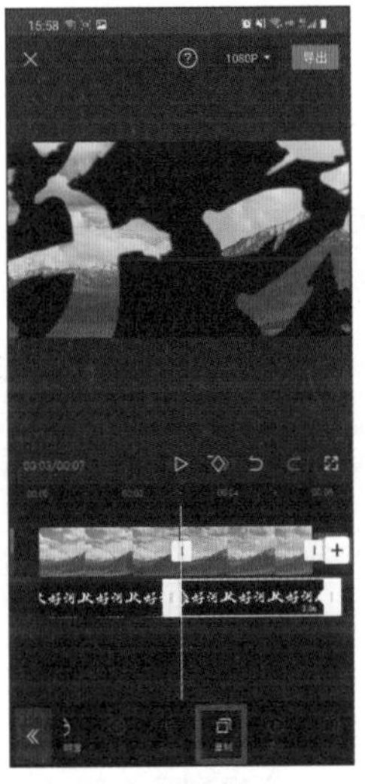

图 6-54

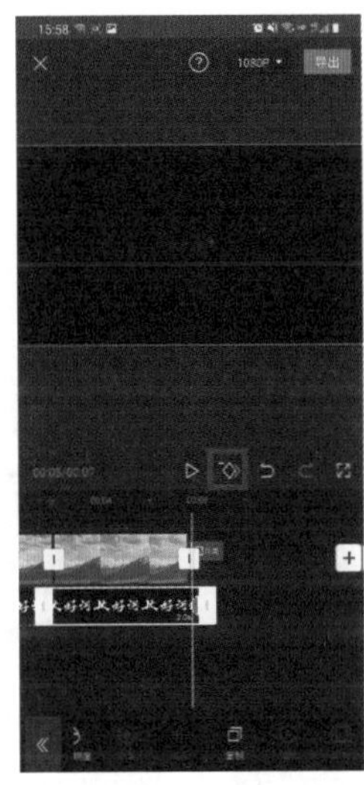

图 6-55

图 6-56

❹ 选择线性蒙版，此时下半部的文字已经消失，如图 6-57 所示。

❺ 复制刚刚添加了蒙版的文字图片，并将复制后的图片移至其下方，同时对齐两端，如图 6-58 所示。

❻ 选中上一步中复制的文字图片，再次选择“蒙版”，并点击左下角的“反转”按钮，得到的画面效果如图 6-59 所示。

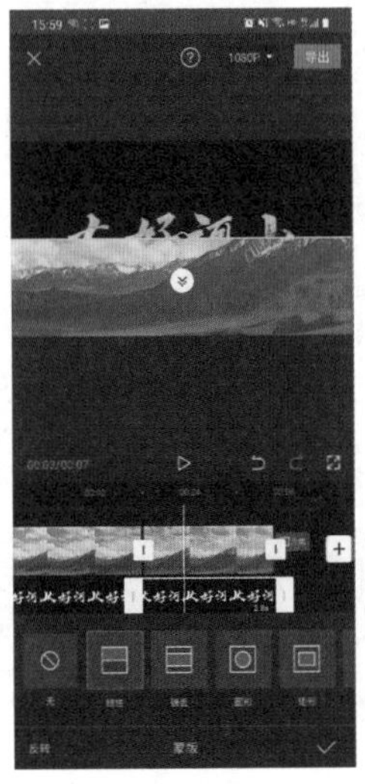

图 6-57

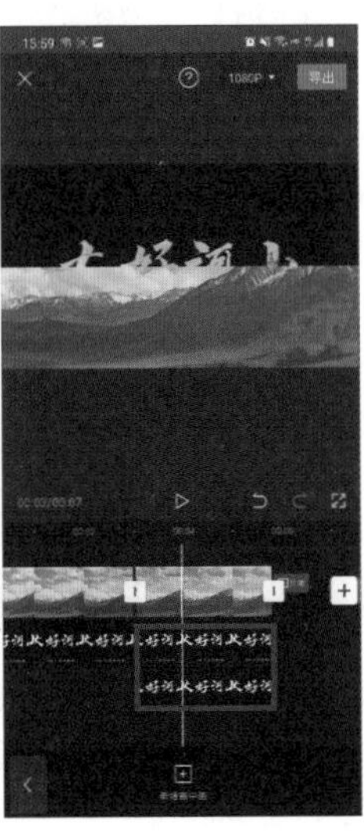

图 6-58

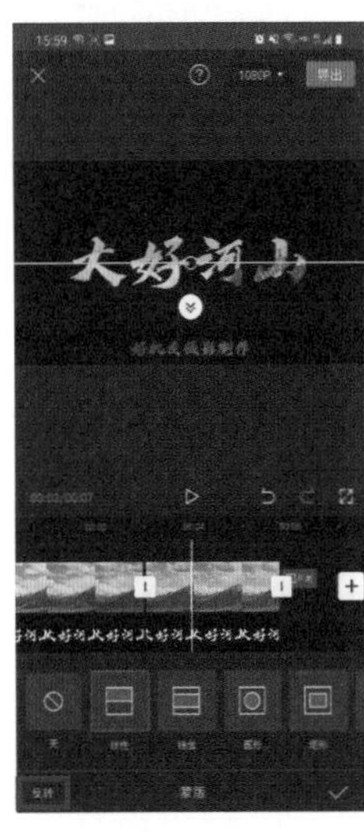

图 6-59

6.5.4 步骤四：实现“大幕拉开”动画效果

利用线性蒙版将文字图片分为上下两部分后，就可以添加动画实现“大幕拉开”的效果了，具体的操作方法如下。

❶ 先选中位于上方轨道的文字图片，点击“动画”按钮，如图 6-60 所示。

❷ 点击“出场动画”按钮，如图 6-61 所示。

❸ 选择“向上滑动”动画，并将动画时长调整到 2.8s，如图 6-62 所示。

❹ 选择位于下方轨道的文字图片，其操作与上方文字图片几乎一致，唯一的区别是选择“向下滑动”动画，如图 6-63 所示。最后再添加一首与视频素材内容匹配的背景音乐，完成“文字镂空开场”动画效果的制作。

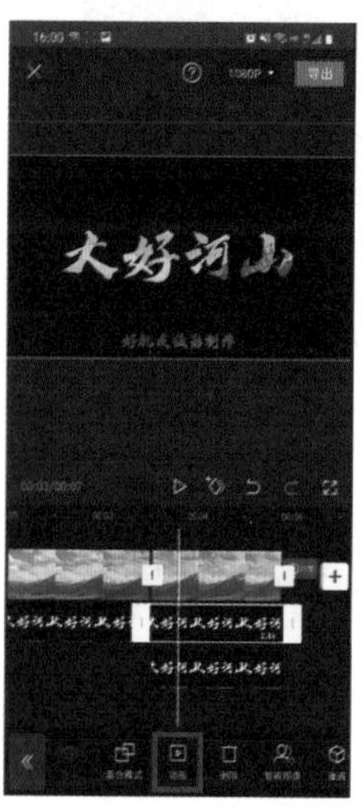

图 6-60

图 6-61

图 6-62

图 6-63

提示

按照该流程制作的“文字镂空开场”效果，会在文字刚刚恢复到正常大小后就立刻上下分离。但如果想让正常大小的镂空文字图片效果持续一小段时间，再呈现“大幕拉开”效果，该如何进行操作呢？

其实只需要将分割的第一点视频素材向右侧拖动，拖动的时长就是镂空文字保持正常大小的时长。

然后将两个添加蒙版的图片轨道向右移动，与分割后的第二段视频素材对齐，如图6-64所示。

最后将创建关键帧的文字图片也相应地向右拖动，与视频素材对齐即可，如图6-65所示。

图 6-64

图 6-65

6.6　实战案例2：制作文字遮罩转场效果

如果没有在前期拍摄时为后期剪辑打下制作酷炫转场效果的基础，又不想仅局限于剪映提供的这些“一键转场”效果。那么，通过视频后期处理技术，其实也可以制作出一些比较震撼的转场效果。例如，本例将介绍的文字遮罩转场效果。

本例中，画面中的文字将逐渐放大，直至填充整个画面。由于文字内是另一个视频片段的场景，所以就实现了两个画面的转换。下面就讲解“文字遮罩”转场效果的制作方法。

6.6.1　步骤一：让文字逐渐放大至整个画面

首先输入画面中用来“遮罩转场”的文字，然后再让文字出现逐渐放大至整个画面的效果，具体的操作方法如下。

❶ 导入一张绿色的图片，并将比例调整为 16:9，如图 6-66 所示。

❷ 整个文字遮罩转场效果需要持续多长时间，就将该绿色图片轨道拖到多长。在本例中，将其定为 8 秒，如图 6-67 所示。

❸ 添加用来“遮罩转场”的文字（往往是该视频的标题），并将该文字设置为红色，如图 6-68 所示。

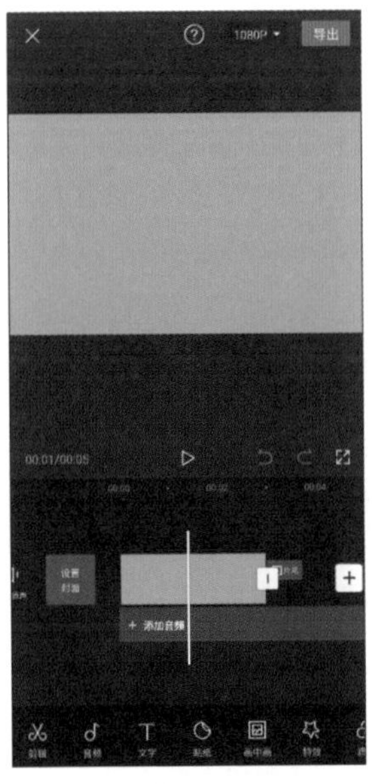

图 6-66

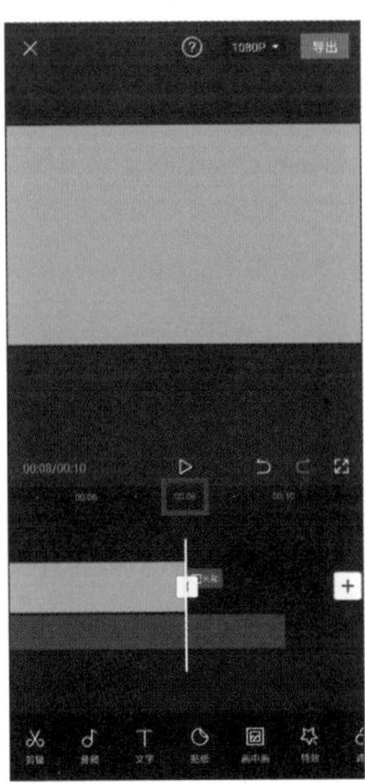

图 6-67

图 6-68

❹ 将时间线移至轨道的最左侧，点击图标添加关键帧，如图 6-69 所示。

❺ 在 4 秒往右一些的位置再添加一个关键帧，并在此关键帧处，将文字放大至如图 6-70 所示的状态。

❻ 将时间线移至素材轨道的末端，再添加一个关键帧，在该关键帧处，将文字继续放大，直至红色充满整个画面，如图 6-71 所示。接下来点击右上角的“导出”按钮，将其保存在相册。

图 6-69

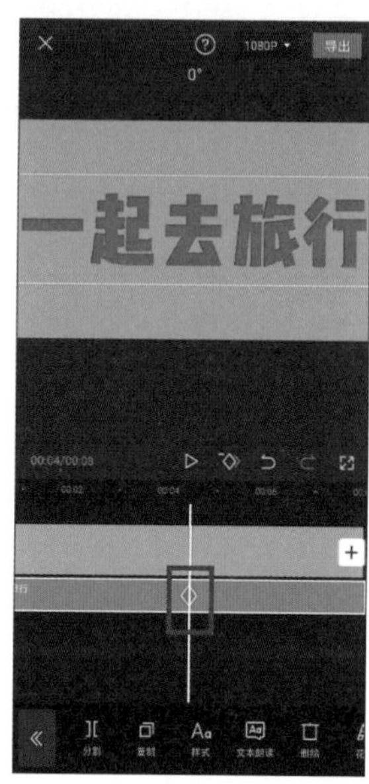

图 6-70

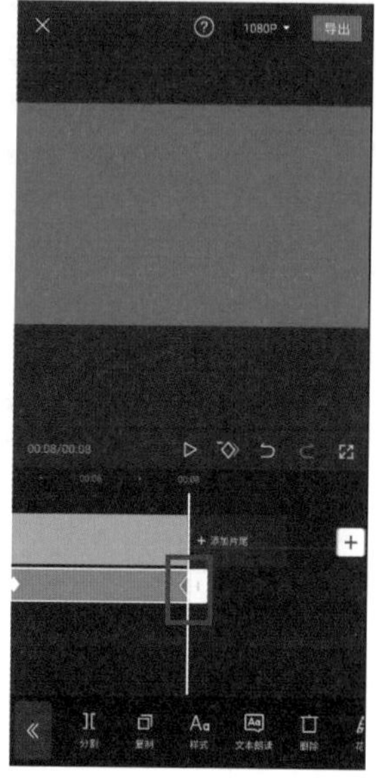

图 6-71

提示

之所以需要在4秒之后加入一个关键帧，目的是让文字变大的速度具有变化。如果没有这个关键帧，文字从初始状态放大到整个画面的过程是匀速的，很容易让观者感觉到枯燥。另外，在创建第一个关键帧后，剩余两个关键帧也可以不用手动添加。移动时间线到需要添加关键帧的位置，然后直接放大文字，剪映会自动在时间线所在位置创建关键帧。

6.6.2 步骤二：让文字中出现画面

要制作“转场”效果就必然有两个视频片段。接下来要让文字中出现转场后的画面，具体的操作方法如下。

❶ 导入转场之后的视频素材，如图 6-72 所示。

❷ 点击界面下方的“调节”按钮，并提高其“亮度”值，让画面更明亮，然后调节比例至 16:9，如图 6-73 所示。之所以进行这一步处理，是因为在该效果中，只有让文字内的画面与文字外的画面有一定的明暗对比，视频才会更精彩。此处提高画面亮度，就是为了增加与转场前画面的明暗反差。

❸ 点击界面下方的“画中画”按钮，继续点击“新增画中画”按钮，选中之前制作好的文字视频导入剪映，如图 6-74 所示。

❹ 调整绿色背景的文字素材，使其充满整个画面，如图 6-75 所示。

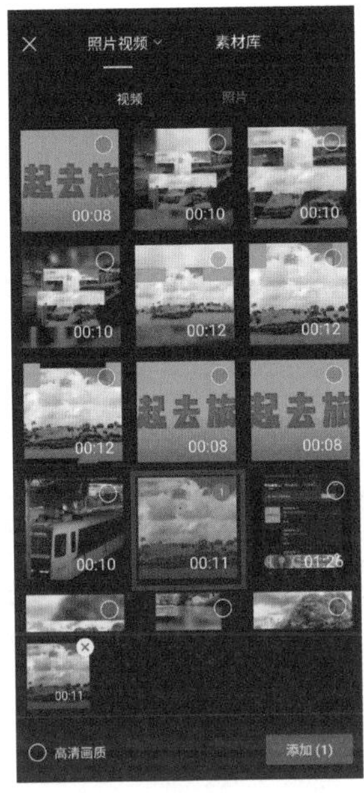
图 6-72

图 6-73

图 6-74

⑤ 选中文字素材，点击界面下方的“色度抠图”按钮，如图 6-76 所示。

⑥ 将取色器移至红色文字范围，提高“强度”值，将红色的文字抠掉，从而让文字中出现画面，如图 6-77 所示。

⑦ 点击界面右上角的“导出”按钮，将该视频保存至相册，如图 6-78 所示。

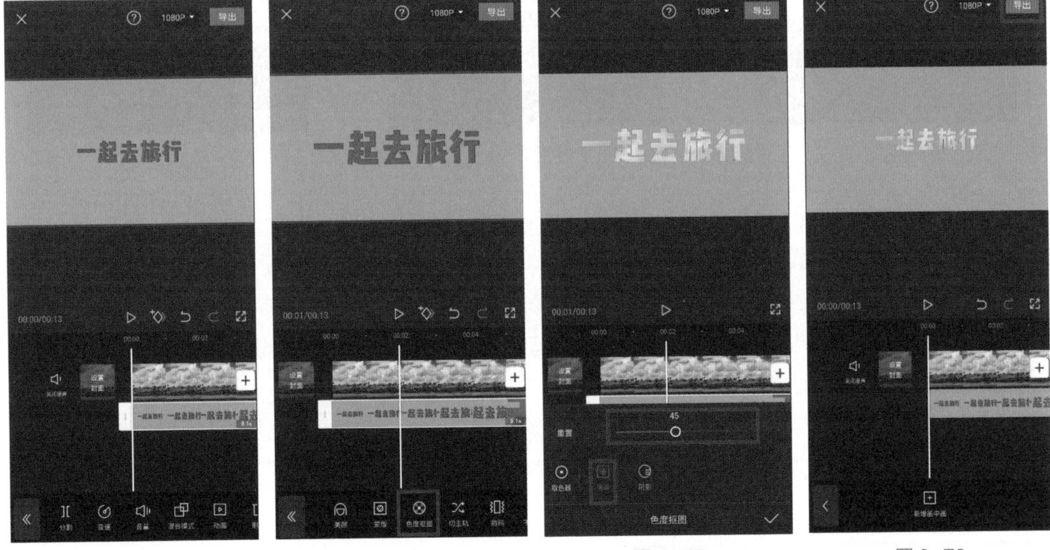

图 6-75　图 6-76　图 6-77　图 6-78

提示

作者在此处操作时，忘记将剪映默认的片尾删除。当然，在之后的制作中将其删除也可以，但多少会让后期处理流程显得不是那么顺畅。所以，此处建议在导出之前，将剪映的片尾删除。

6.6.3 步骤三：呈现文字遮罩转场效果

之前的操作可以看成是在制作素材，接下来就能呈现“文字遮罩”转场的效果了，具体的操作方法如下。

❶ 将转场前的视频素材导入剪映，如图 6-79 所示。

❷ 点击界面下方的 16:9 按钮，并使素材填充整个画面，如图 6-80 所示。

❸ 将 6.6.2 节制作好的视频素材以“画中画”的方式导入剪映，并调整大小，使其填充整个画面，如图 6-81 所示。

图 6-79

图 6-80

图 6-81

❹ 选中画中画轨道素材，点击界面下方的“色度抠图”按钮，并用取色器点击绿色区域，如图 6-82 所示。

❺ 增大“强度”值，即可将绿色区域完全抠掉，从而显示出转场前的画面，如图 6-83 所示。

❻ 将时间线移至末端，将主视频轨道与画中画轨道素材的长度统一，如图 6-84 所示。此处只要保证主视频轨道素材比画中画轨道素材短即可。

至此，“文字遮罩”转场效果已经制作完成，将其导出至相册即可。接下来的操作是对该效果进行润饰，从而在 9:16 的比例下实现更佳的效果。

提示

如果觉得文字放大的速度过快或者过慢，可以选中画中画轨道，然后点击界面下方的“变速”按钮，精确调节文字遮罩转场的速度。

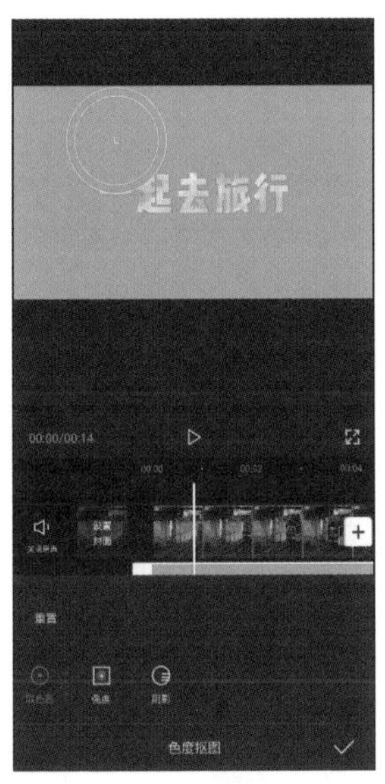

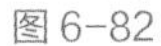

图 6-82

图 6-83

图 6-84

6.6.4　步骤四：对画面效果进行润饰

最后，对画面进行一定的润饰，从而令转场效果更精彩，具体的操作方法如下。

❶ 将之前制作好的视频再次导入剪映，并将其比例调整为 9:16，从而更适合在抖音或快手平台发布，如图 6-85 所示。

❷ 点击界面下方的“背景”按钮，选择“画布模糊”，添加这种背景效果，如图 6-86 所示。

❸ 点击界面下方的“音频”按钮，为其添加背景音乐，此处选择“酷炫”分类下的 *Falling Down*，如图 6-87 所示。

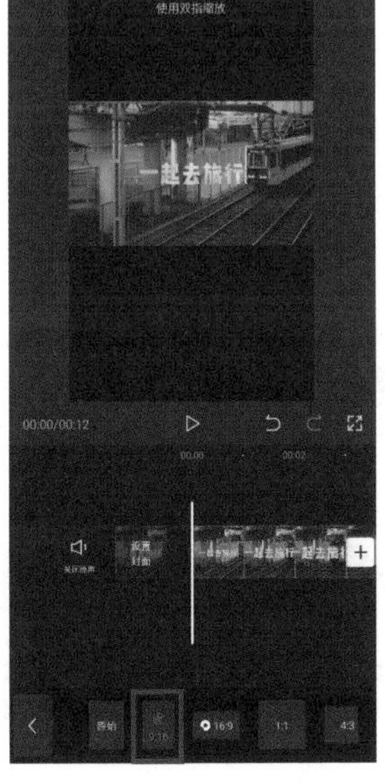

图 6-85

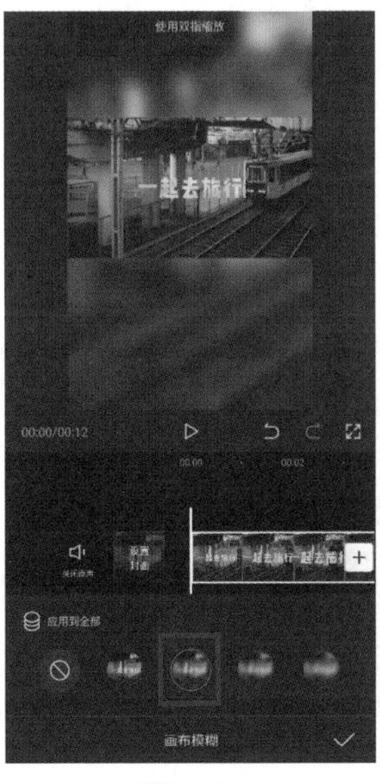

图 6-86

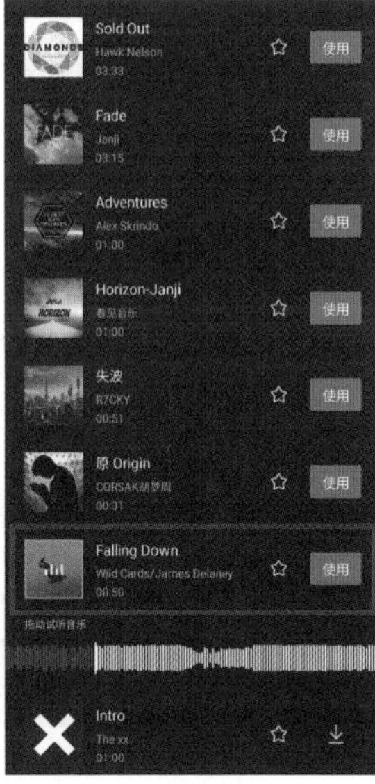

图 6-87

❹ 通过试听发现转场后正好有一个明显的低音节拍点，所以在该节拍点添加特效。具体为“自然”分类下的“晴天光线”特效，如图6-88所示。

至此，文字遮罩转场效果就制作完成了。

图6-88

提示

为何不直接在“步骤三”中将比例改为9:16并添加“画布模糊”效果呢？

原因在于，画布模糊均是以主视频轨道画面为基准进行画面模糊的。而在“步骤三”中，主视频轨道始终为转场前的画面。这就导致转场后的画面出现时，背景依旧是转场前的背景，画面的割裂感会非常强，如图6-89所示。

但将视频以16:9的比例导出后，再导入剪映添加背景时，转场前后的画面均位于主视频轨道，这就使背景可以与视频融为一体，大幅提升画面的美感，如图6-90所示。

图6-89

图6-90

6.7 实战案例3：利用文字赋予视频情绪

为了让一个抒情类视频的情绪更浓厚，本例将通过对歌词字体、字间距、排版、动画等进行设计，使其与视频情绪更匹配。除此之外，还需要进行变速、调色、音乐踩点等操作，案例效果截图如图6-91和图6-92所示。请按本书前言所述方法，观看本例完整教学视频。

图6-91

图6-92

6.8　实战案例4：文字烟雾效果

如果一段视频中的文字效果做得很惊艳，同样能够在第一时间吸引观众。在“文字烟雾效果”这个案例中，就是以文字为主要看点，配合背景音乐、歌词和烟雾效果，营造浓厚的古韵。

本例主要通过动画实现文字逐个出现的效果，再利用“画中画”和“混合模式”功能合成烟雾素材，案例效果截图如图 6-93~ 图 6-95 所示。请按本书前言所述方法，观看本例完整教学视频。

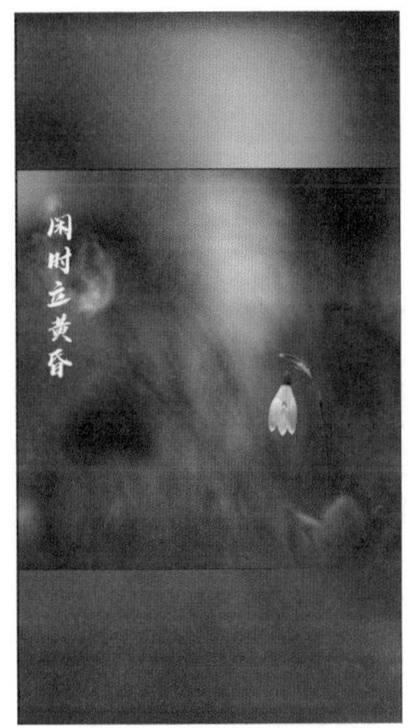

图 6-93

图 6-94

图 6-95

第 7 章

掌握调色技巧，提升视频质感

7.1　快速调出不同颜色风格的视频

“调节”功能需要手动调整各个参数才能实现不同的视频色调效果，而“预设”功能虽然能“一键调色”，但也是建立在已经手动调节了一种色调的基础上，才能将其保存为预设。所以归根结底，以上两种调色方式都少不了调节各项参数。而本节要介绍的滤镜功能，则可以真正实现，快速呈现多种不同的视频颜色风格的效果。

7.1.1　什么是滤镜

大家可以将滤镜理解为软件自带的各种“预设”，也就是这些“预设”无须我们先去手动调色后再保存了，软件开发者已经把各项参数都设置好，并且保存为“滤镜”。视频素材添加不同的滤镜，就会直接显示不同的色调。而且，“滤镜”功能在手机版剪映和专业版剪映中都有。

7.1.2　如何使用滤镜

❶ 进入剪映，点击“滤镜”按钮，如图 7-1 所示。

❷ 选择一种滤镜，即可让视频呈现调色后的效果，如图 7-2 所示。

❸ 拖动界面下方的滑块，可以调节“滤镜强度”，让滤镜效果不是那么强烈。确定效果后，点击右下角“√”按钮即可，如图 7-3 所示。

图 7-1

图 7-2

图 7-3

❹ 通过调整滤镜轨道，即可确定该效果的作用范围，如图 7-4 所示。需要强调的是，若在添加滤镜时，先选中了某个视频轨道，再点击“滤镜”按钮，如图 7-5 所示。在添加滤镜后，该效果会直接作用在所选视频片段上，并且不会出现滤镜轨道，如图 7-6 所示。因此，如果需要为整段素材的一部分进行调色，则建议在不选中任何视频轨道的情况下，使用滤镜功能。

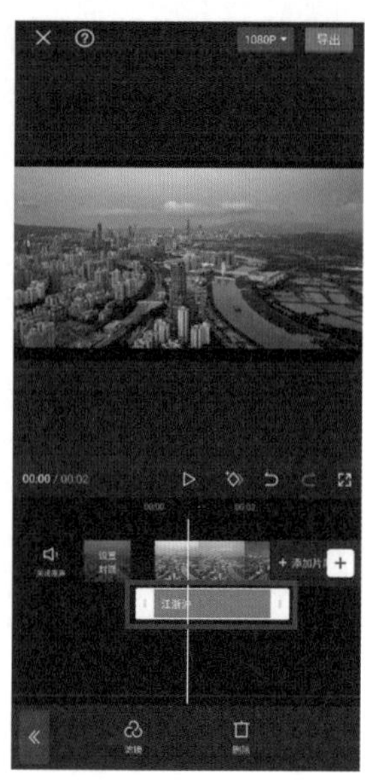

图 7-4

图 7-5

图 7-6

❺ 正是因为剪映有这两种添加滤镜的方式，如果觉得一个滤镜的效果不够明显，那么可以重复再添加该滤镜。方法就是先选中视频轨道，然后以添加滤镜的方式操作一次，再以不选中视频轨道添加滤镜的方式操作一次，从而实现效果的叠加。图 7-7 就是添加了两次“江浙沪”滤镜的效果，可以看到其滤镜效果更明显了。

❻ 利用该方法，还可以将两种不同的滤镜效果叠加表现，从而实现更个性化的色调。例如图 7-8 所示就是“透亮”和“江浙沪”两种滤镜叠加后的效果。

图 7-7

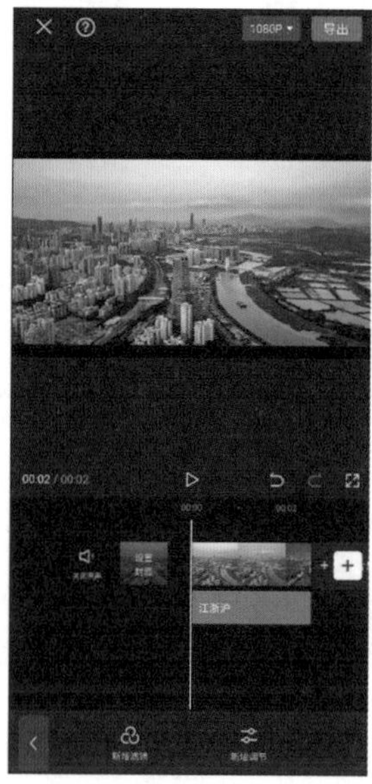

图 7-8

7.2　利用“调节”功能对色彩进行精细调节

7.2.1　认识“调节”功能

“调节”功能的作用主要有两种，分别为调整画面的亮度和调整画面的色彩。在调整画面亮度时，除了可以调节明暗，还可以单独对画面中的高光和阴影进行调整，从而令视频的影调更细腻，更有质感。

而由于不同的色彩会具有不同的情感，所以通过“调节”功能改变色彩能够表达视频制作者的主观思想。

7.2.2　使用调节功能制作小清新风格视频

❶ 将视频导入剪映后，向右滑动界面下方的选项栏，在最右侧找到“调节”按钮，如图 7-9 所示。

❷ 点击“调节”中的“亮度”按钮，调整画面亮度，使其更接近“小清新”风格。点击“亮度”，按钮适当提高该参数值，让画面显得更“阳光”，如图 7-10 所示。

❸ 点击“高光”按钮，并适当降低该参数值。因为在提高亮度后，画面中较亮区域的细节有所减少，通过降低“高光”参数值，恢复部分细节，如图 7-11 所示。

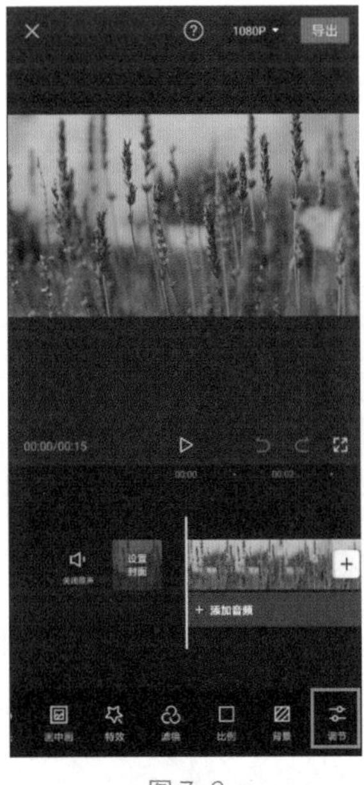

图 7-9

图 7-10

图 7-11

❹ 为了让画面显得更清新，所以要让阴影区域不那么暗。点击“阴影”按钮后，提高该参数值，画面变得更加柔和了。至此，小清新风格视频的影调就确定了，如图 7-12 所示。

❺ 接下来对画面色彩进行调整。由于小清新风格画面的色彩饱和度往往偏低，所以点击“饱和度”按钮后，适当降低该参数值，如图 7-13 所示。

⑥ 点击“色温”按钮，适当降低该参数值，让色调偏蓝一些，因为冷调的画面可以传达一种清新的视觉感受，如图 7-14 所示。

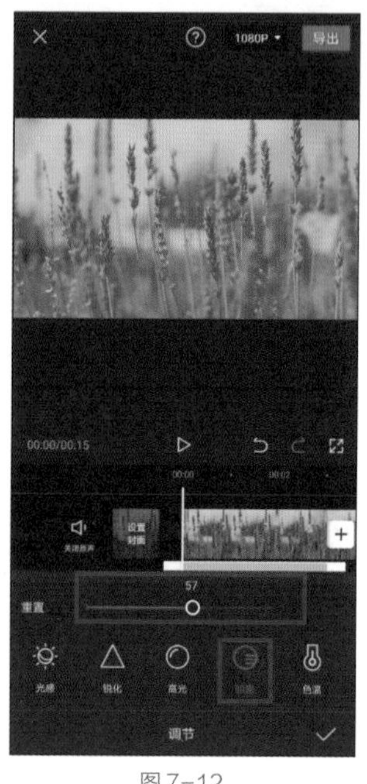

图 7-12

图 7-13

图 7-14

⑦ 点击“色调”按钮，并向左滑动滑块，为画面增添一些绿色。因为绿色代表自然，与小清新风格画面的视觉感受是一致的，如图 7-15 所示。

⑧ 通过提高“褪色”参数值，营造“空气感”。至此画面就具有了强烈的小清新风格既视感，如图 7-16 所示。

⑨ 千万不要以为此时就已经大功告成了。只有“效果”轨道覆盖的范围，才能够在视频上有所表现。而如图 7-17 所示中黄色的轨道，就是之前利用“调节”功能所实现的小清新风格画面。

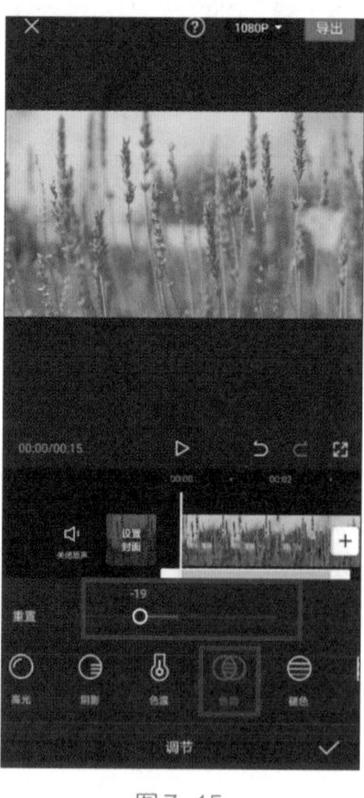

图 7-15

图 7-16

⑩ 当时间线位于黄色轨道内时，画面是具有小清新色调的，如图 7-11 所示；而当时间线位于黄色轨道没有覆盖的视频时，就恢复为原始的色调，如图 7-18 所示。因此，最后一定记得调整“效果”轨道，使其覆盖希望添加效果的时间段。针对本例，为了让整个视频都具有小清新色调，所以将黄色轨道覆盖整个视频，如图 7-19 所示。

图 7-17

图 7-18

图 7-19

提示

在不选中视频轨道的情况下使用“调节”功能才会出现调节轨道，否则调节的效果将直接应用在所选视频轨道上。因此，如果希望利用调节轨道灵活控制效果作用的范围，就在使用该功能时，不选中任何视频轨道。

7.2.3 掌握专业版剪映独有的HSL功能

HSL 即色相（Hue）、饱和度（Saturation）和亮度（Lightness）这 3 个颜色属性的简称，而这 3 个颜色属性又被称为“色彩三要素”。人眼所看到的任何色彩都与这 3 个要素有关，并且变动其中任何一个要素，色彩都会发生变化。

而专业版剪映中的“HSL 基础”面板，其实就是一个可以分别调节 8 种颜色的色相、饱和度和亮度的面板，如图 7-20 所示。当画面中存在（必然存在）与这 8 种颜色——红、橙、黄、绿、青、蓝、紫、洋红相近的色彩时，就可以分别对其进行调整，从而获得个性化的色调。

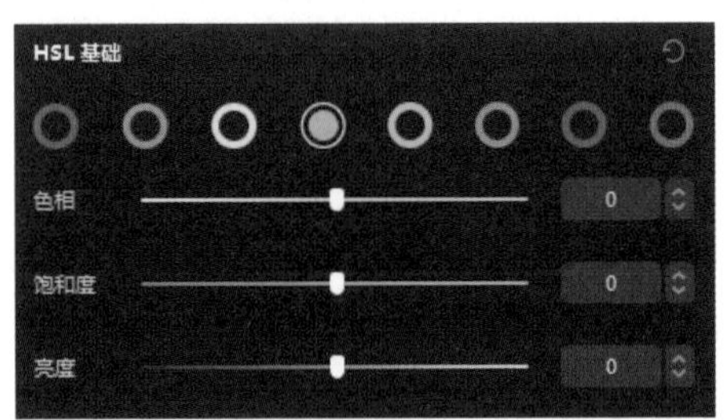

图 7-20

7.2.4 通过“HSL基础”面板调出色彩浓郁的日落景象

下面通过“HSL 基础”面板，让天空的色彩变得更浓郁。在调色前，天空的色彩如图 7-21 所示。下面介绍调色的步骤。

❶ 选中视频轨道后，点击右上角的“调节”按钮，再点击 HSL 按钮。将红色的饱和度提高到 19，亮度降低到-44，如图 7-22 所示，这样可以让天空的红色变得更浓郁，如图 7-23 所示。

图 7-21

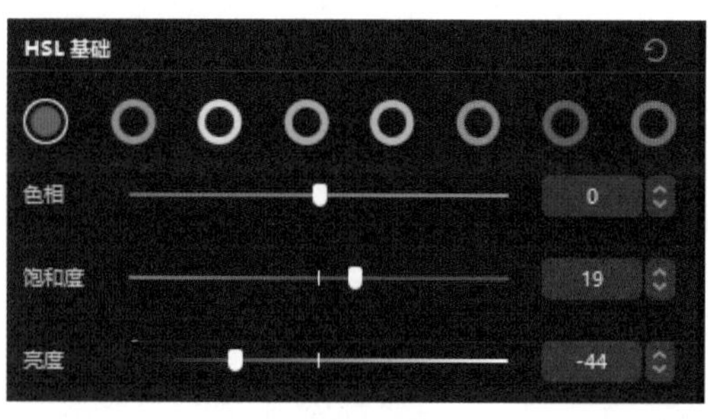

图 7-22

图 7-23

❷ 选择橙色，将色相调整为 18，从而让天空的层次感更突出，避免画面过于平淡；将饱和度提高至 30，让色彩更浓郁；最后将亮度降低至-17，如图 7-24 所示，让画面更有落日时分的氛围。最终效果如图 7-25 所示，与图 7-21 相比，视觉上的提升较为明显。

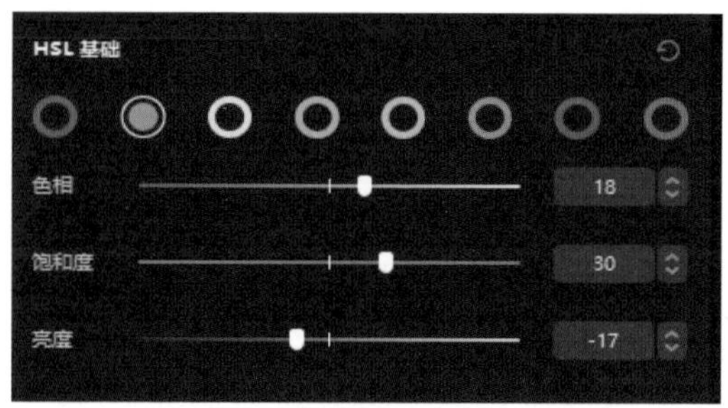

图 7-24

图 7-25

7.2.5 了解专业版剪映独有的曲线功能

选中视频片段，点击界面右上角的“调节”按钮，再点击“曲线”按钮，如图 7-26 所示，即可看到专业版剪映中提供的两种曲线，一种是“亮度曲线”，还有一种是“RGB 曲线”。

认识亮度曲线

无论是亮度曲线，还是RGB曲线，曲线的横坐标，从左到右分别对应着画面中的阴影区、中间调和高光区；曲线的纵坐标，则代表像素数量。

而亮度曲线，则意味着可以有针对性地调整画面中不同影调区域的亮度。点击曲线上的一点向上拖动，即可增加该区域的亮度；向下拖动，即可降低该区域的亮度，如图7-27所示。

图7-26

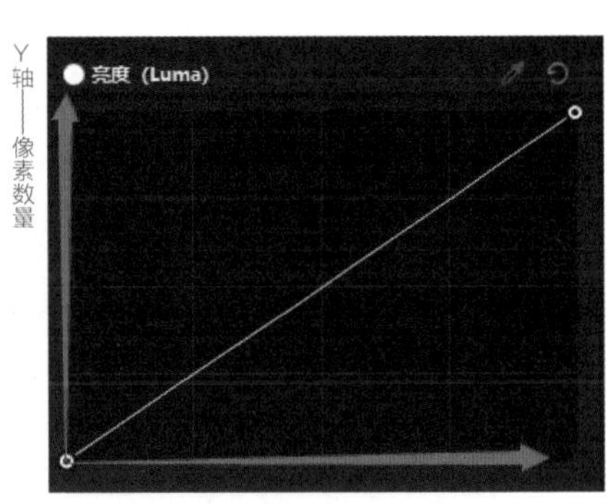

图7-27

同时曲线的形状也会随之发生变化，并形成顺滑的曲线。所以，在用曲线调整画面亮度时有一个特点，那就是在调整亮度后，画面的明暗过渡会相对更加自然。

认识RGB曲线

RGB曲线中的R代表红色（Red），G代表绿色（Green），B代表蓝色（Blue），通过这3条曲线，可以针对画面中不同亮度的区域进行色彩调整。

其中，向上拖动R曲线，可以为指定亮度区域增加红色，向下拖动，即可增加青色；向上拖动G曲线，可增加绿色，向下拖动，可增加洋红；向上拖动B曲线，可增加蓝色，向下拖动，可增加黄色，如图7-28～图7-30所示。

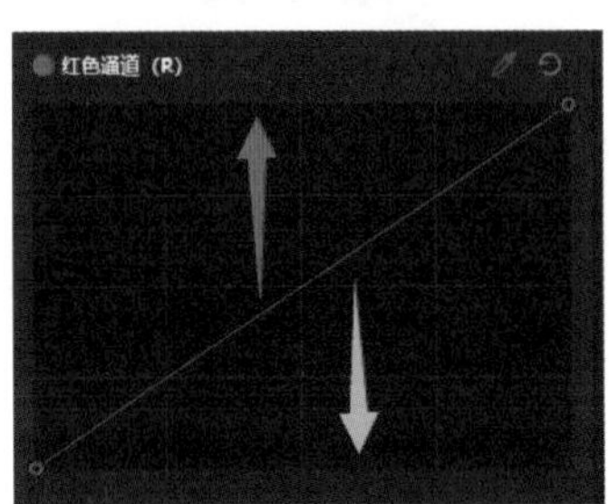

图7-28

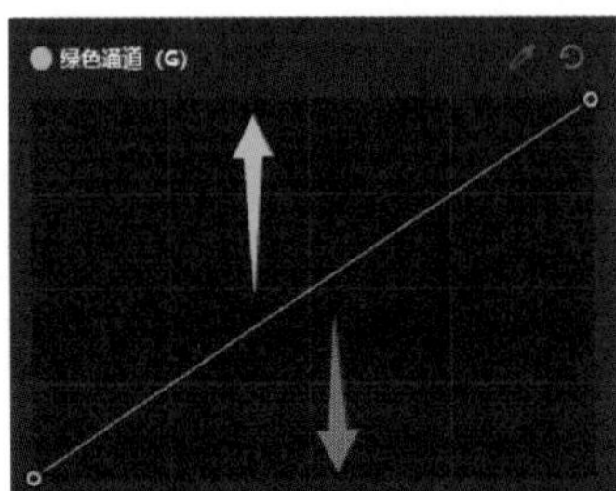

图7-29

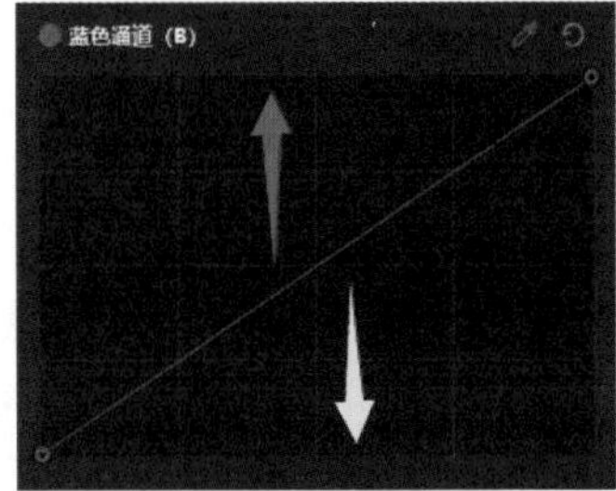

图7-30

7.2.6 利用曲线营造电影色调

接下来将通过专业版剪映中的“亮度曲线”和“RGB曲线”，调出电影感色调的视频效果，原始画面如图7-31所示。

为了让观众可以长时间观看，几乎所有影视剧，即使是白天，画面亮度也不会太高。因此将画面的高光、中间调和阴影均适当降低，从而让画面显得更柔和，更有质感，如图 7-32 所示。

图 7-31

图 7-32

不同的电影，其色调是不同的。但大多数电影画面都有较多的青色，故适当拉低红色曲线，为画面添加青色，如图 7-33 所示。

图 7-33

除了青色，绿色也是电影画面中稍多的颜色，此处适当提高中高调区域的绿色曲线，让画面更柔和的同时，树木的颜色也更浓郁。另外，阴影区域稍微加一些洋红，画面就不那么“冷”了，所以在阴影区稍微向下拖动曲线，如图 7-34 所示。

图 7-34

最后，将蓝色曲线稍微向下拖动，增加一些黄色，让画面的色彩显得更厚重，更有韵味，如图 7-35 所示。至此，就通过曲线完成了电影感色调的调整，与图 7-31 相比，色彩更有质感了。

图 7-35

7.3 通过示波器判断画面色彩

“示波器”是专业版剪映才有的功能。通过该功能，可以准确判断画面的色彩构成。点击预览界面下方的“示波器”按钮，即可看到从左至右依次排列的 RGB 示波器、RGB 叠加示波器和矢量示波器，如图 7-36 所示。

图 7-36

7.3.1 RGB示波器的查看方法

在讲解“曲线”时已经了解到，R、G、B 分别代表三原色——红、绿、蓝。我们所看到的任何一种颜色都是由这三种颜色混合而成的。因此，一个画面中所包含的任意色彩，都可以用其中有多少红、多少绿以及多少蓝来表现。而 RGB 示波器的作用，就是将一个画面中含有的红色、绿色和蓝色分别表示出来，如图 7-37 所示。

其中每一种色彩的 X 轴与预览画面的 X 轴在位置上是一一对应的，Y 轴则代表亮度，越接近 1024 就越亮，越接近 0 就越暗。因此，一种颜色在示波器中某个位置堆积得越多，就证明该亮度下主要表现为该种色彩。如图 7-37 所示的 RGB 示波器，其亮部区域明显堆积了更多的红色，因此可以判断，该画面是以红色为主色调的，如图 7-38 所示。

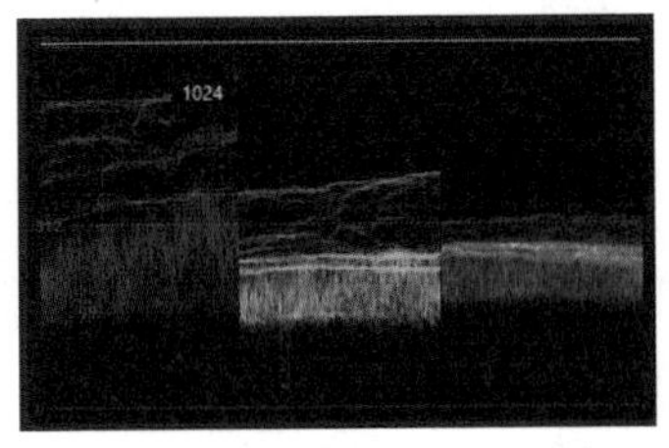

图 7-37

图 7-38

7.3.2 RGB叠加示波器的查看方法

将 RGB 示波器中 3 种颜色的波形叠加在一起，就是 RGB 叠加示波器。通过 RGB 叠加示波器可以直观地看出三原色含量的占比。当有一种色彩的波形明显比其他两种色彩更高时，说明画面偏向这种色彩。但需要注意的是，偏色未必就是错误的，这要根据画面来进行判断。有时就是需要使其偏色，才能营造出更唯美的画面效果。

例如图 7-39 所示的 RGB 叠加示波器中，红、绿、蓝的波形高度相似，并且大面积重合，其画面色彩却比较暗淡、压抑，如图 7-40 所示。

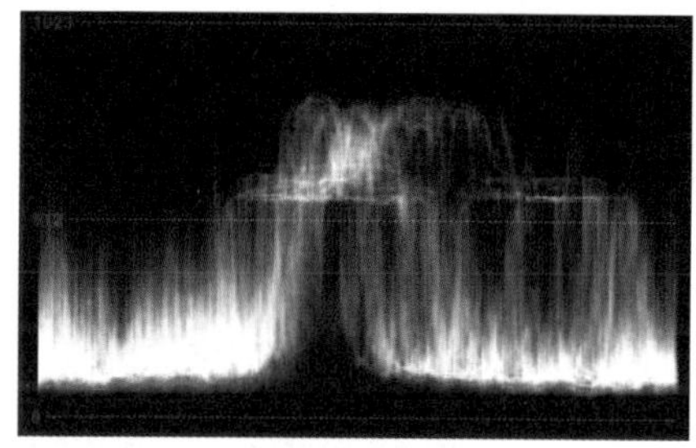

图7-39

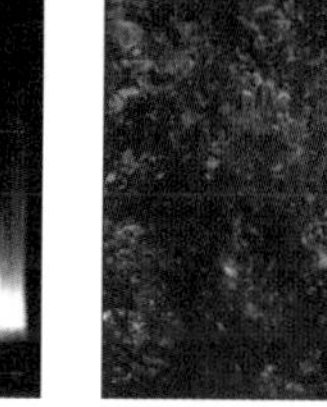

图7-40

而当对色彩进行调整，让红、绿、蓝彼此有一定的区分，同时让画面偏蓝（如图 7-41 所示），其画面色彩更容易让观众接受，也更符合人们心中所想象的蓝天白云的色彩效果，如图 7-42 所示。

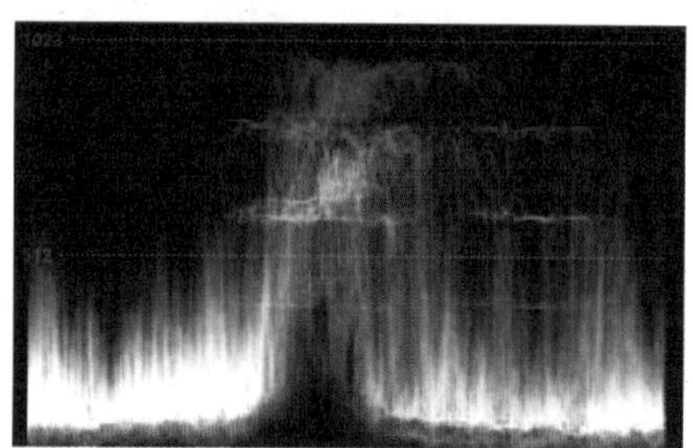

图7-41

图7-42

7.3.3 矢量示波器的使用方法

矢量示波器是一个被分成了 6 种颜色的圆盘，分别为 R（红）、G（绿）、B（蓝）以及它们的互补色 C（青）、M（洋红）和 Y（黄）。显示出的波形与圆心的距离越远，说明该颜色的饱和度越高，画面就越偏向哪种色彩。例如图 7-43 所示的波形，明显偏青色，但还有一点儿红色，其对应的画面如图 7-44 所示。

图7-43

图7-44

7.4 通过“预设”功能快速为多段视频调色

在手机版剪映中只能单独为每一段视频进行调色。因此，当需要为多段视频进行调色时，就显得有些麻烦。好在通过专业版剪映可以将调节的效果存储为“预设”，从而实现快速为多段视频调整色调的目的。

7.4.1 什么是预设

所谓“预设”，其实就是将使用“调节”工具时设置的各项参数保存起来而生成的文件。从而在对一个新视频进行调色时，不需要再次将调节工具中的那些参数依次设置一遍，而是直接添加“预设”，就可以一次性地将所有选项参数应用到视频中。

7.4.2 如何生成预设

既然将各项“调节”参数保存起来就是“预设”，那么这个保存的过程，其实就是在生成预设。该功能只在专业版剪映中才能实现，具体的操作方法如下。

❶ 依次点击界面上方的“调节”按钮，界面左侧导航栏的“调节”按钮和“自定义”按钮，然后点击⊕图标，如图 7-45 所示。

❷ 选中时间轴中的调节轨道，然后在界面右上角即可进行各项参数的调整。调整至理想效果后，点击界面右下角的“保存预设”按钮，如图 7-46 所示。

图7-45

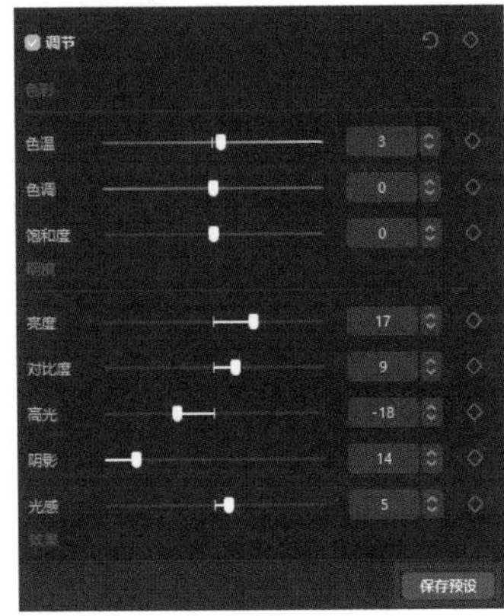

图7-46

❸ 为保存的预设命名，此处命名为“预设 1”，如图 7-47 所示。至此即生成了一个预设，在左侧面板的“我的预设”中可以找到，如图 7-48 所示。

提示

预设效果未必适合所有的视频，所以往往需要在添加预设效果后，通过图46的面板进行微调。

④ 添加该预设，可以通过调整轨道位置和覆盖范围，来确定为哪些画面添加预设效果，如图7-49所示。

图7-47

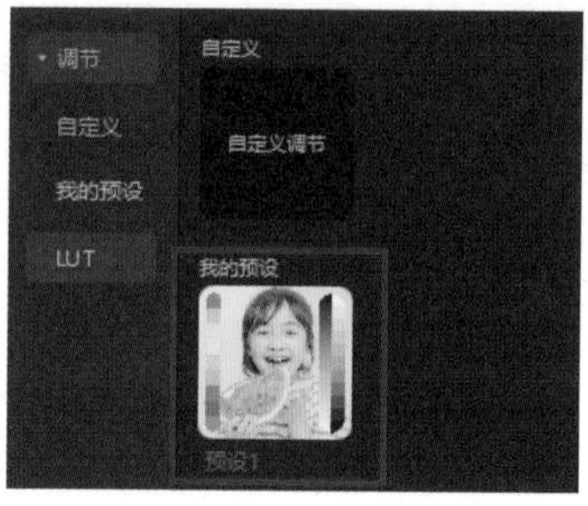

图7-48

图7-49

7.5 如何套用别人的调色风格

如果喜欢别人发布的视频的色调，但自己怎么也调不出来怎么办？这时就需要套用LUT文件，不会调色也能获得相应质感的短视频。

7.5.1 什么是LUT?

LUT是Look Up Table的首字母缩写，意思为“颜色查找表”，所以，LUT文件的作用是可以将一组RGB值输出为另一组RGB值，进而实现快速转换画面亮度与色彩的目的。因此，完全可以将LUT简单理解为“滤镜”，套用这个“滤镜”，就可以获得具有相应质感的色调。

7.5.2 LUT与滤镜有何区别

LUT虽然可以简单地理解为“滤镜”，但它绝对不仅是滤镜。它与滤镜之间的最大区别就是它是文件可以灵活地导入与导出，并且可以跨软件。为了可以更好地理解，下面举个实际的例子。

例如，通过图片后期软件进行修图时，发现了一个很好看的滤镜，但是这个滤镜在视频后期编辑软件中没有。而我们又无法将图片后期编辑软件中的滤镜添加到视频后期编辑软件中，该怎么办呢？其实在图片后期编辑软件中将这种滤镜效果导出为LUT，然后将该LUT文件导入视频后期编辑软件中，就能让视频也实现相同的效果。而且，很多LUT文件都是专门为电影剪辑设计的，所以通过LUT改变画面色彩后，就往往会有电影的质感，这也是普通滤镜所不具备的特点。

7.5.3 如何生成LUT文件

目前无论是专业版剪映还是手机版剪映均不支持生成LUT文件，所以如果想生成LUT文件，需要借助第三方软件。此处以Photoshop为例，介绍生成LUT文件的方法。

❶ 打开Photoshop，点击“图层”面板下方的◐图标，并进行调色，如图7-50所示。

❷ 调色完成后，依次执行“文件”→“导出”→“颜色查找表”命令，如图 7-51 所示。

❸ 在弹出的对话框中选中 CUBE 复选框，如图 7-52 所示。

❹ 选择存储 LUT 文件的文件夹后，点击“保存”按钮即可，如图 7-53 所示。

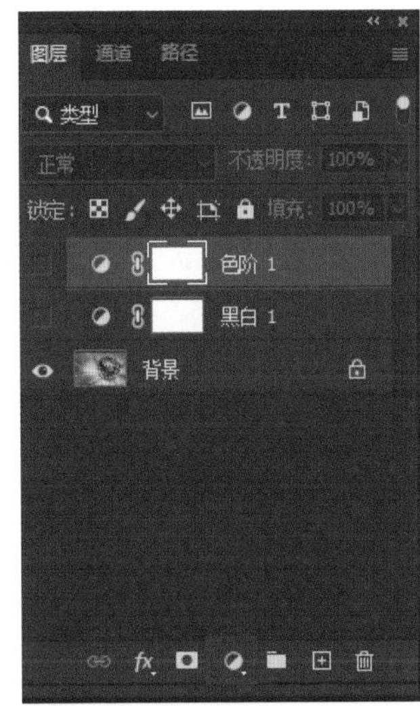

图 7-50

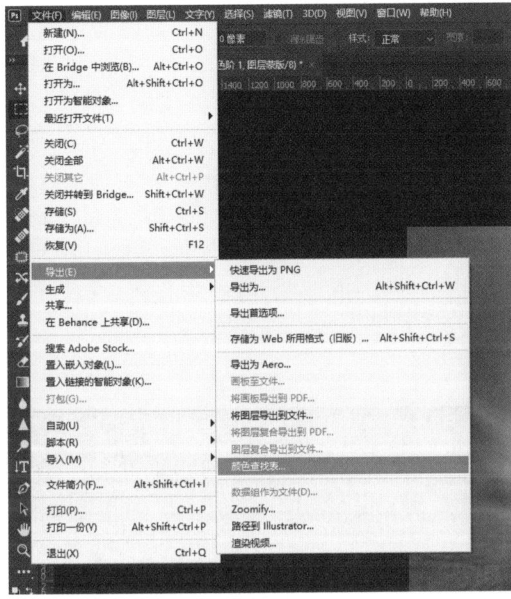

图 7-51

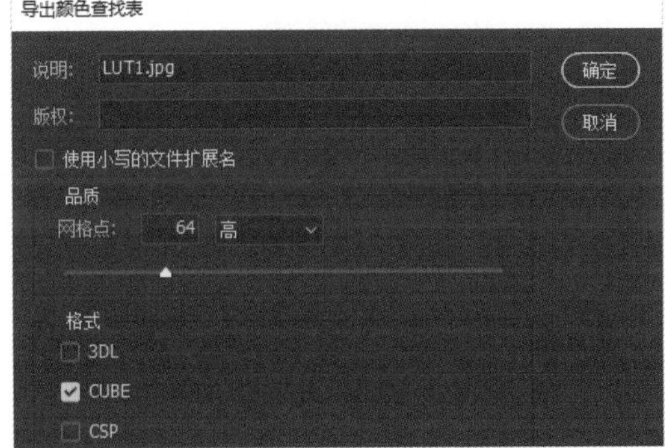

图 7-52

7.5.4　如何套用LUT文件

其实大多数人都在使用网络上下载的 LUT 文件，而且其中绝大多数都是盗版的。作者在这里建议大家尊重版权，付费购买 LUT 文件并使用。

当然，也有一些创作者提供的是免费的 LUT 文件，但很难找到。

在本小节内容中，将以导入 7.5.2 节生成的 LUT 文件为例进行讲解。

❶ 打开专业版剪映，依次点击“调节”→ LUT →“导入 LUT”按钮，如图 7-54 所示。

❷ 选择一个 LUT 文件，点击右下角的“打开”按钮，如图 7-55 所示。

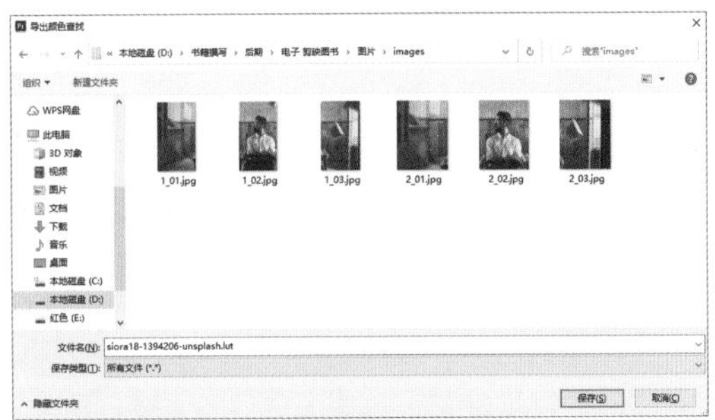

图 7-53

图 7-54

图 7-55

❸ 此时在剪映中即可看到导入的 LUT 文件，点击添加至视频即可，如图 7-56 所示。

❹ 调节轨道即可确定该效果的作用范围，如图 7-57 所示。

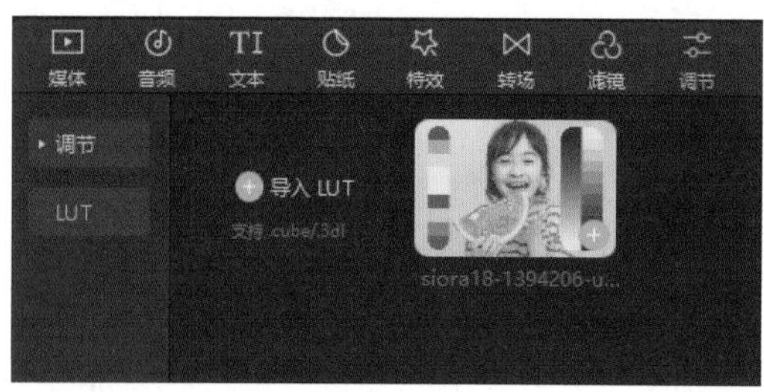

图 7-56

图 7-57

7.6 实战案例1：小清新漏光效果

在本例中，除了利用滤镜来制作小清新色调，还通过“特效”来改变画面色彩，进一步拓宽大家通过剪映调节视频色彩的思路，并学会灵活运用各种功能使画面氛围更突出，特点更鲜明。在本例中除了运用特效和滤镜，还需要使用画中画、变速等功能。

7.6.1 步骤一：导入素材并确定基本画面风格

为了制造小清新效果，为画面加白边，并选择舒缓的背景音乐，具体的操作方法如下。

❶ 首先导入准备好的素材。如果素材数量不够，可以在导入素材界面点击右上角的“素材库”按钮，并在“空镜头”分类下进行选择，其中有许多适合制作小清新类视频的片段，如图 7-58 所示。

❷ 依次点击界面下方的“音频”→“音乐”按钮，搜索 Blue，选择如图 7-59 所示中红框内的音乐即可。

❸ 选中音频轨道，点击界面下方的“踩点”按钮，然后开启左下角的“自动踩点”功能，选择“踩节拍Ⅰ”，如图 7-60 所示。

图 7-58

图 7-59

图 7-60

❹ 由于本例中使用的部分素材是有声音的，所以当该声音与背景音乐混合在一起后，就会给人有些嘈杂的感觉，因此点击时间轴左侧的“关闭原声”按钮，将素材自带的声音关闭，如图 7-61 所示。

❺ 制作画面的白色边框。依次点击界面下方的“画中画”→“新增画中画”按钮，选择“素材库”，并添加“白场”素材，如图 7-62 所示。

❻ 将“白场”素材放大，并向下移动，使其边缘出现在画面下方，从而完成下边框的制作，如图 7-63 所示。

图 7-61

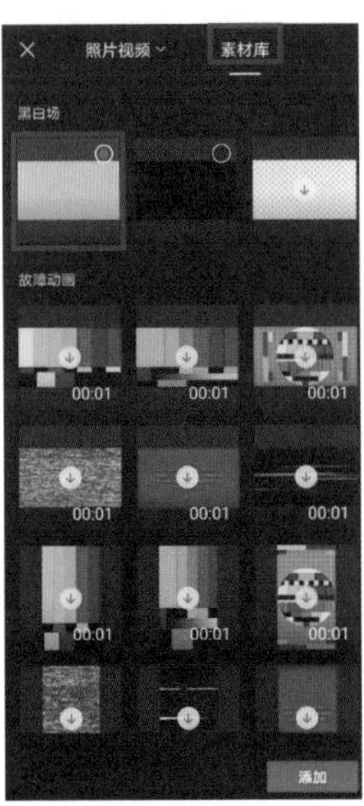

图 7-62

图 7-63

❼ 采用相同的方法，点击界面下方的“新增画中画”按钮，再次添加“白场”素材，放大并向上拖动，制作上边框。分别选中“白场”轨道，将其拉长至覆盖整个视频。这样，上下白边就会始终出现在画面中了，如图 7-64 所示。

❽ 选中第一段视频，将其结尾与第一个节拍点对齐。接下来以此类推，将每一段素材末端均与相应的节拍点对齐，如图 7-65 所示。

图 7-64

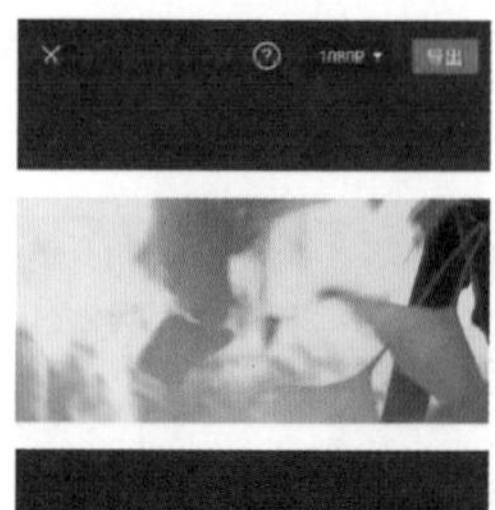

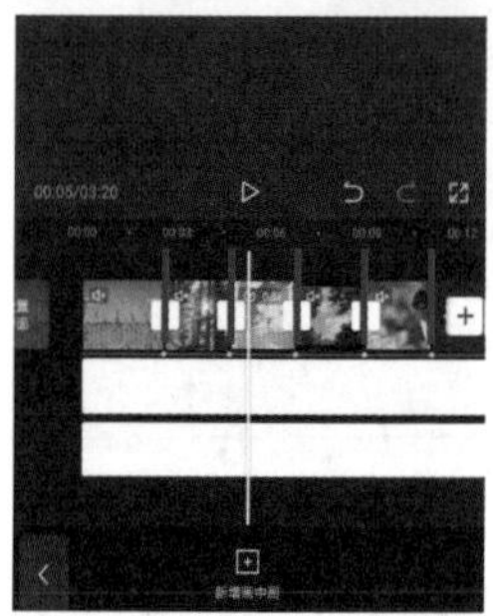

图 7-65

提示

如果发现某些视频素材过短，无法与相应的节拍点对齐，可以在选中该素材后，依次点击界面下方的“变速”→“常规变速”按钮，并适当降低播放速度，从而起到延长素材时长的作用，如图7-66所示。

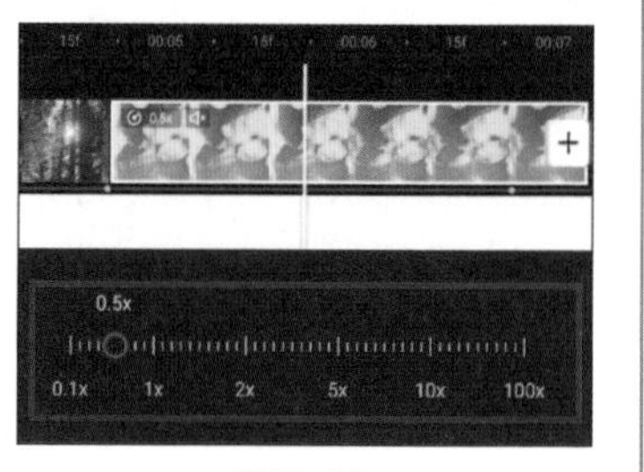

图 7-66

7.6.2 步骤二：制造“漏光”效果

接下来通过添加特效、转场等操作制造“漏光”效果，具体的操作方法如下。

❶ 点击界面下方的“特效”按钮，选择“光影”分类下的“胶片漏光”效果，如图 7-67 所示。

❷ 将时间线移至“漏光”效果亮度最高的时间点，选中该特效，拖动右侧白边至时间线的位置，如图 7-68 所示。本步骤的目的是让“漏光”特效在最亮的时候结束，与之后的转场效果衔接，从而让画面的转换更自然。

❸ 由于需要与转场效果衔接，所以将“漏光”特效的末端与节拍点对齐，如图 7-69 所示。

❹ 选中该特效，点击界面下方的“复制”按钮，并将特效移至每一段素材的下方，结尾与相应节拍点对齐，如图 7-70 所示。

图 7-67

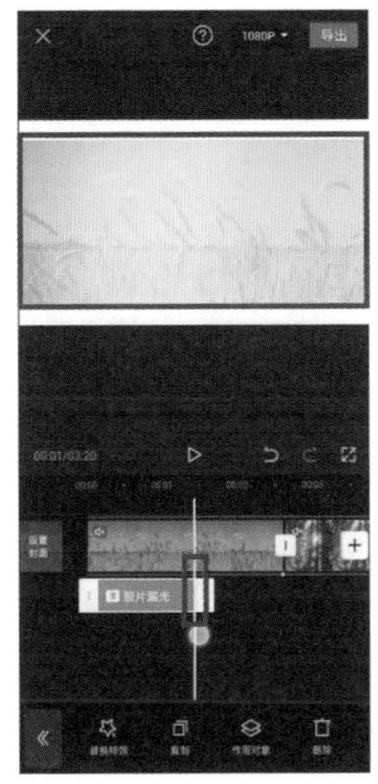

图 7-68

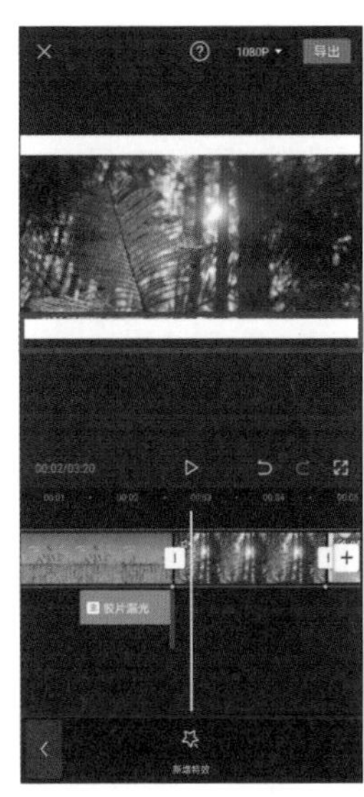

图 7-69

❺ 点击片段衔接处的图标，为其添加转场效果，让“漏光”效果出现后的画面变化更自然，如图 7-71 所示。

❻ 选择“特效转场”分类下“炫光”效果，并将“转场时长”设置为 0.5 秒，点击界面左下角的“应用到全部”按钮，如图 7-72 所示。

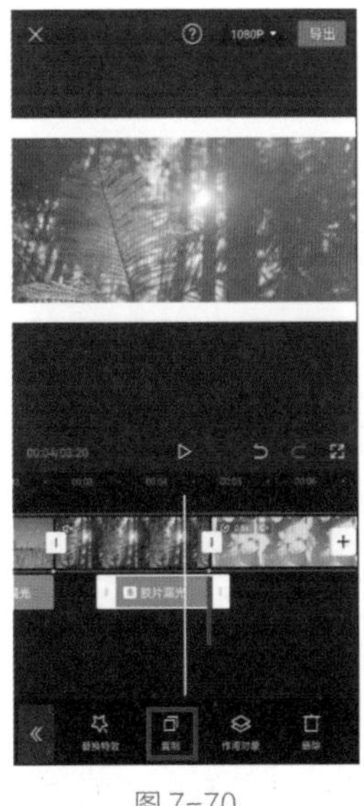

图 7-70

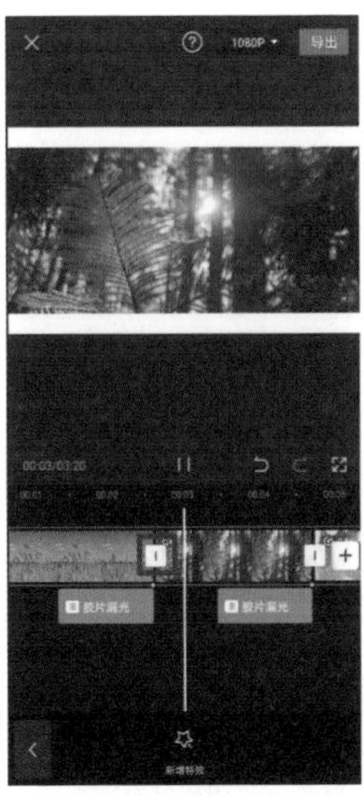

图 7-71

图 7-72

❼ 在添加转场效果后，画面的转换变成了一个过程，所以需要微调片段的长度，使节拍点与转场效果中间位置对齐，从而维持之前的“踩点”效果，如图 7-73 所示。

❽ 在微调片段长度时，如果出现部分素材时长不够，无法使转场效果中间位置与节拍点对齐的情况，则需要依次点击界面下方的“变速”→“常规变速”按钮，适当降低播放速度，如图 7-74 所示。

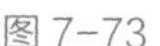

图 7-73

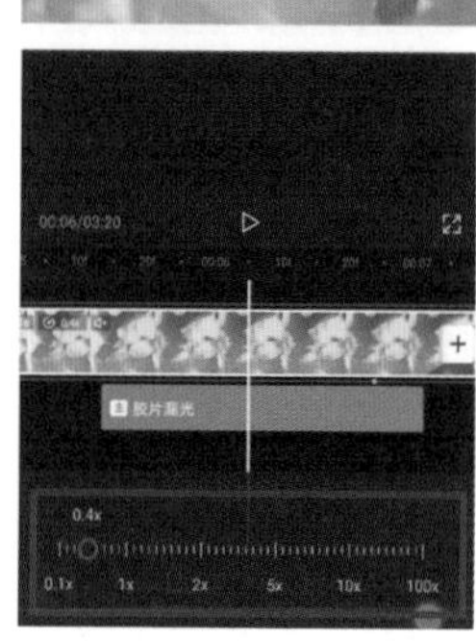

图 7-74

7.6.3 步骤三：利用滤镜和文字等润饰画面

在“漏光”效果制作完成后，再通过滤镜和文字等对画面进行润饰，具体的操作方法如下。

❶ 由于此时视频时长已经确定，所以将时间线移至音频片段的末端，使其稍稍比主视频轨道短一点儿。选中音频轨道，点击界面下方的“分割”按钮，并将后半段音频删除，如图 7-75 所示。这样可以避免出现只有声音没有画面的情况。而用于形成上下白色边框的白场素材的时长则调整至与主视频轨道末端对齐的状态。

❷ 点击界面下方的“贴纸”按钮，如图 7-76 所示。

❸ 选择“旅行”分类下的 Travel Vlog 贴纸，这样不仅与视频的主题相吻合，还能够营造文艺感，如图 7-77 所示。

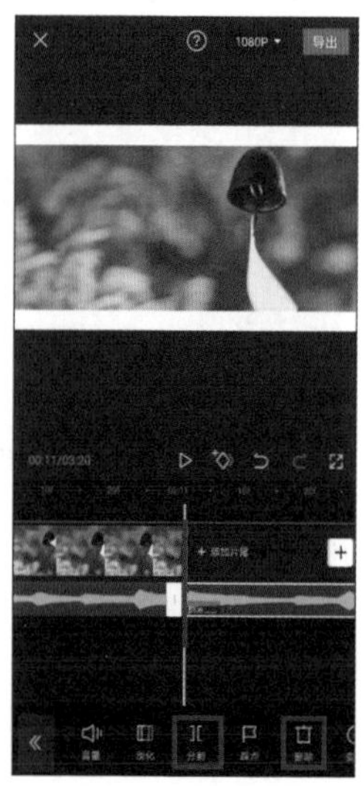

图 7-75

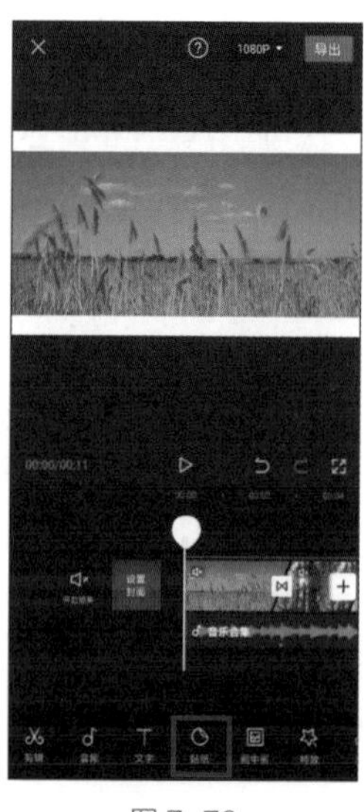

图 7-76

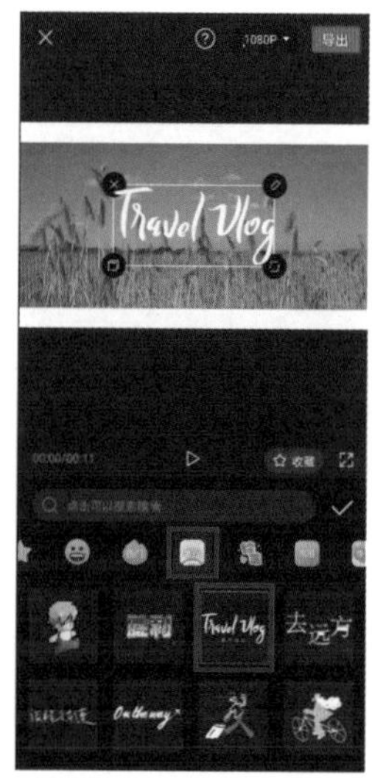

图 7-77

❹ 选中贴纸轨道，即可调整其大小和位置。将贴纸轨道末端与节拍点对齐，从而在“漏光”亮度最高时让其自然消失，如图 7-78 所示。

❺ 继续选中贴纸轨道，点击界面下方的“动画”按钮，为其添加“入场动画”分类下的“放大”效果，然后适当增加动画时长，如图 7-79 所示。

❻ 为了让视频开场更自然，所以点击界面下方的“特效”按钮，添加“基础”分类下的“模糊”效果，并将其首尾分别与视频开头和第一个节拍点对齐，如图 7-80 所示。

❼ 在不选中任何素材的情况下，点击界面下方的“滤镜”按钮，添加“清新”分类下的“潘多拉”滤镜，并将滤镜轨道覆盖整个视频，如图 7-81 所示。

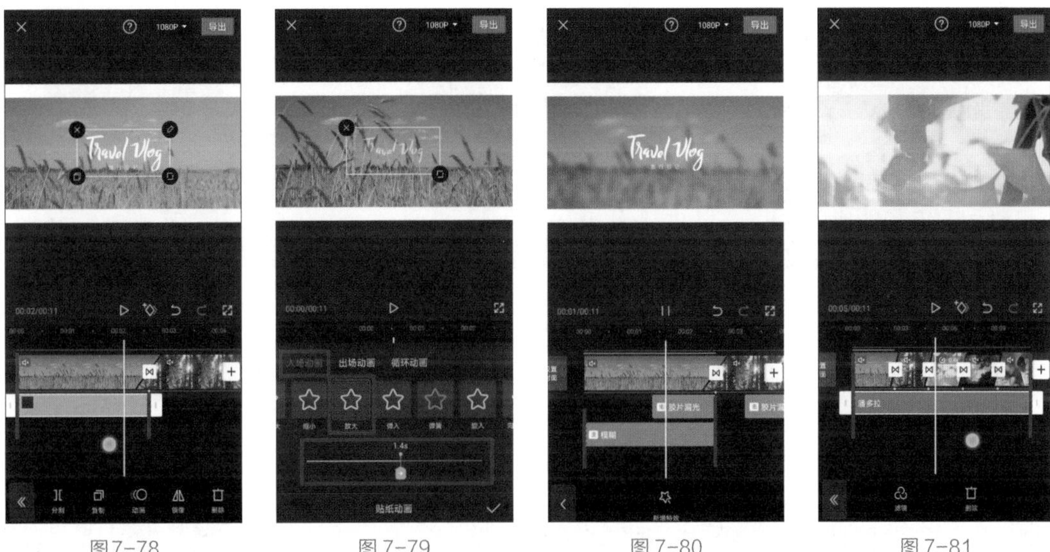

图 7-78　图 7-79　图 7-80　图 7-81

7.7　实战案例2：唯美渐变色

本例将介绍两种制作渐变色效果的方法。在这两种方法中，“调节”“滤镜”和“动画”功能都起到了重要作用。但除这 3 个功能外，还需用到“关键帧”和“蒙版”功能。

7.7.1　步骤一：制作前半段渐变色效果

本例分为两个部分，其中前半段，也就是第一部分的渐变色效果是整体缓慢变色。而后半段，也就是第二部分的渐变色效果是局部推进式渐变色。首先来制作前半段的整体渐变色效果，具体的操作方法如下。

❶ 导入素材，视频长度只保留 6 秒左右即可。点击界面下方的“比例”按钮，并设置为 9:16，再点击“背景”按钮，设置为“画布模糊”，得到如图 7-82 所示的效果。

❷ 选中视频轨道，点击界面下方的“滤镜”按钮，选择“风景”分类下的“远途”滤镜效果，如图 7-83 所示。

❸ 点击界面下方的“调节”按钮，并适当增加画面的色温，可以让画面更偏暖调，从而营造秋天的视觉感，如图 7-84 所示。

图 7-82

图 7-83

图 7-84

❹ 选中视频轨道，将时间线移至视频开头，点击◇图标添加关键帧，如图 7-85 所示。

❺ 继续移动时间线至视频末端，依然点击◇图标，再添加一个关键帧，如图 7-86 所示。

❻ 将时间线移回视频开头的关键帧位置，如图 7-87 所示，点击界面下方的“滤镜”按钮，将滤镜强度调整为 0，如图 7-88 所示。至此，前半段的整体渐变色效果制作完成。

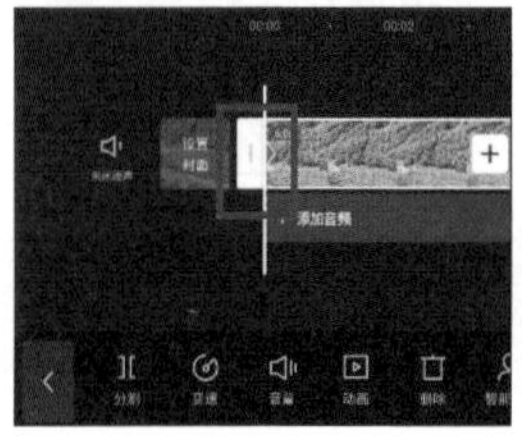

图 7-85

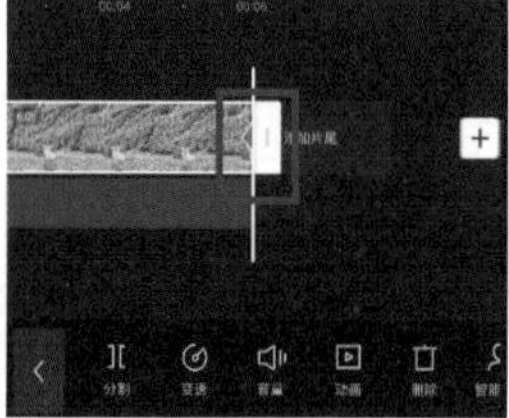

图 7-86

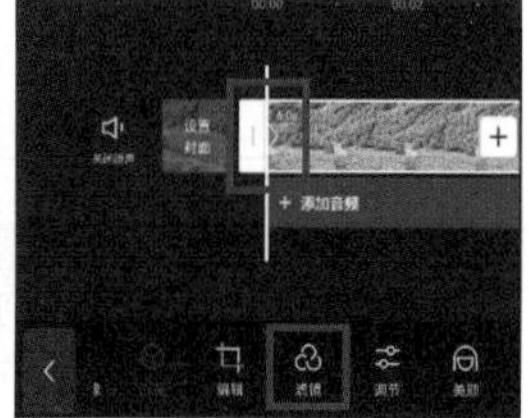

图 7-87

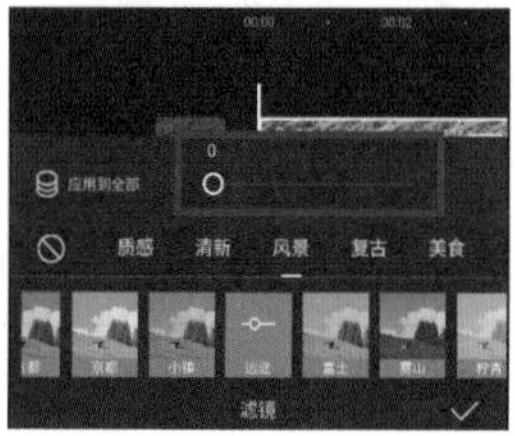

图 7-88

7.7.2 步骤二：制作后半段渐变色效果

后半段渐变色效果需要利用“蒙版”功能，难度也相对较高，但却可以实现局部渲染式变色效果，具体的操作方法如下。

❶ 先退出制作前半段渐变色效果的编辑界面，导入后半段的素材，调节“比例”为 9:16，“背景”为模糊效果。点击界面下方的“滤镜”按钮，依旧选择“风景”分类下的“远途”滤镜，实现秋天效果，如图 7-89 所示。

❷ 点击界面下方的“调节”按钮，提高“色温”值，使其暖调色彩更明亮和浓郁，如图 7-90 所示，然后将该段视频导出。

❸ 打开之前制作的前半段渐变色效果视频的草稿，点击视频轨道右侧的+图标，将没有变色的、原始的后半段素材添加到剪映中，如图 7-91 所示。

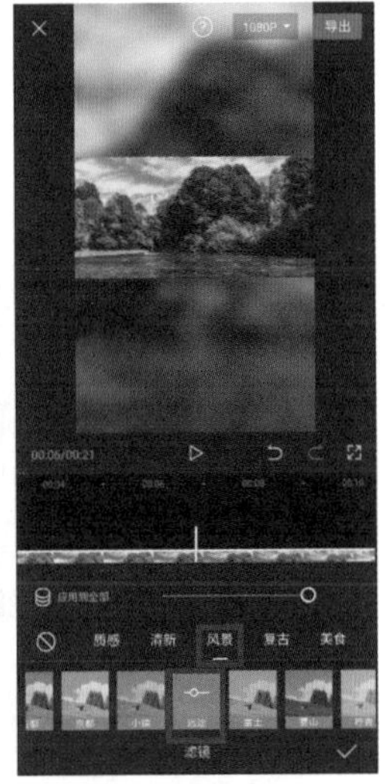

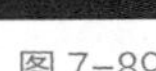
图 7-89

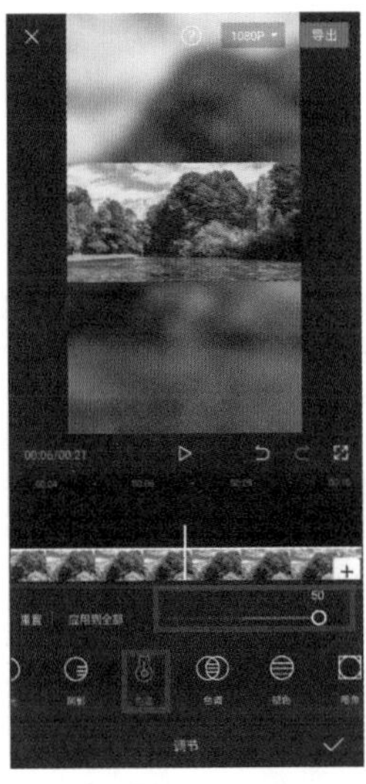

图 7-90

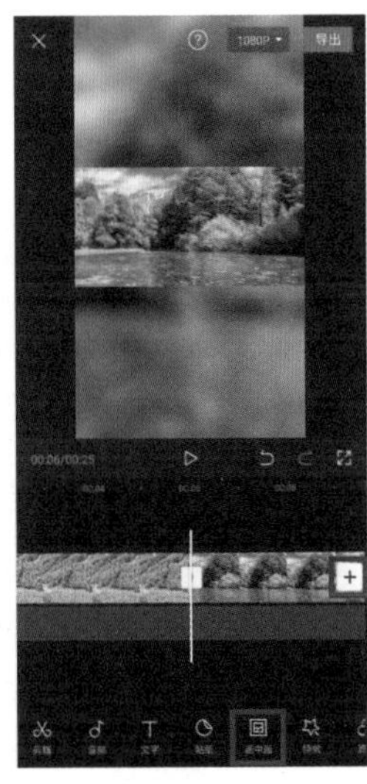

图 7-91

❹ 点击如图 7-91 所示的界面下方的“画中画”按钮，继续点击“新增画中画”按钮，将之前导出的后半段变色后的视频添加至剪辑中，如图 7-92 所示。

❺ 将画中画轨道中变色后的视频片段与变色前的视频片段首尾相接，并让变色后的画面刚好填充整个画面，如图 7-93 所示。

❻ 点击界面下方的“音频”按钮，添加背景音乐，并截取需要的部分，然后将视频末端以及画中画末端与音乐结尾对齐，如图 7-94 所示。这一步的目的是确定视频长度，为接下来添加关键帧打下基础。

❼ 选中画中画视频，点击界面下方的“蒙版”按钮，选择线性蒙版并旋转 90°，向右拖动»图标，增加羽化效果，如图 7-95 所示。

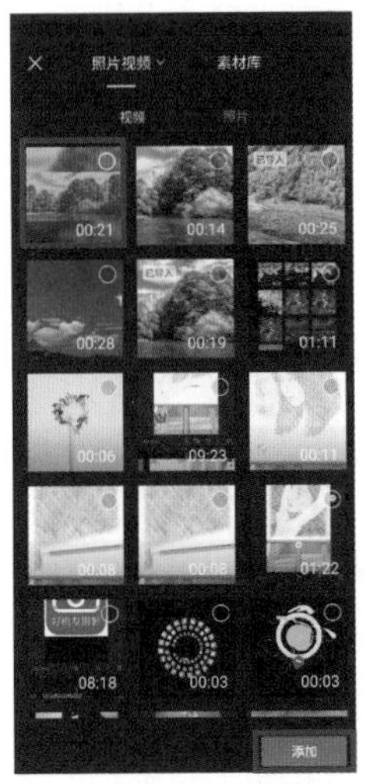

图 7-92

图 7-93

图 7-94

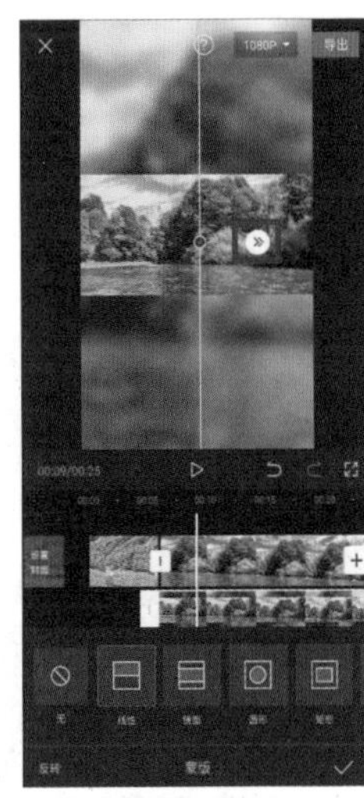

图 7-95

❽ 将线性蒙版拖至最左侧，如图 7-96 所示。

❾ 将时间线移至画中画轨道素材的最左侧，点击◇图标添加关键帧，如图 7-97 所示。

❿ 将时间线移至视频的末端，点击◇图标添加关键帧，如图 7-98 所示。

⓫ 不要移动时间线，点击界面下方的“蒙版”按钮，将线性蒙版从最左侧拖至最右侧，如图 7-99 所示。至此，局部渲染式的渐变色效果就制作完成了。

图 7-96

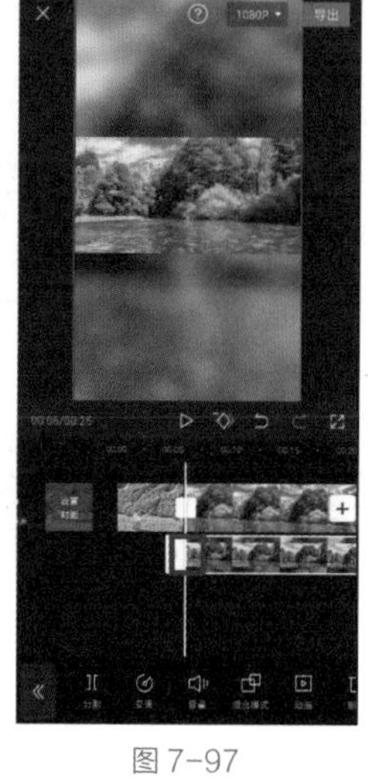

图 7-97

图 7-98

图 7-99

7.7.3 步骤三：添加转场、特效、动画，让视频更精彩

单纯展示渐变色效果的视频会比较生硬，因此仍然需要添加转场、特效、动画等对视频进行打磨，具体的操作方法如下。

❶ 为前后两段渐变色画面添加转场效果，此处选择“运镜转场”分类下的“向左”效果，如图 7-100 所示。

❷ 选中前半段视频，点击界面下方的“动画”按钮，为其添加“入场动画”中的“轻微放大”效果，并将“动画时长”滑块拖至最右侧，从而让视频的开场更自然，如图 7-101 所示。

❸ 点击界面下方的“特效”按钮，为后半段视频末端添加“自然”分类下的“落叶”效果，从而强化秋天的感觉，并增加画面的动感，如图 7-102 所示。

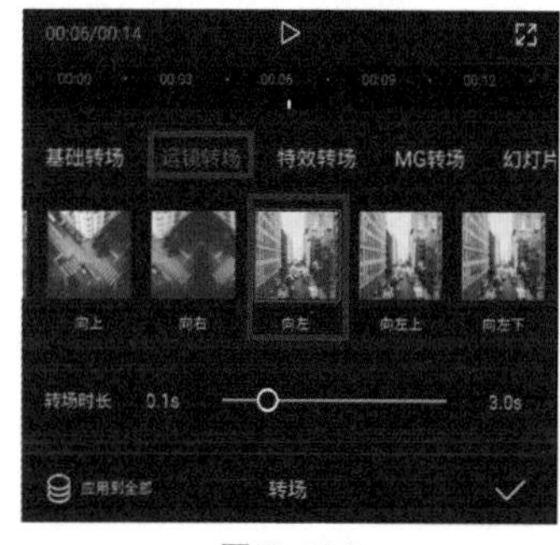

图 7-100

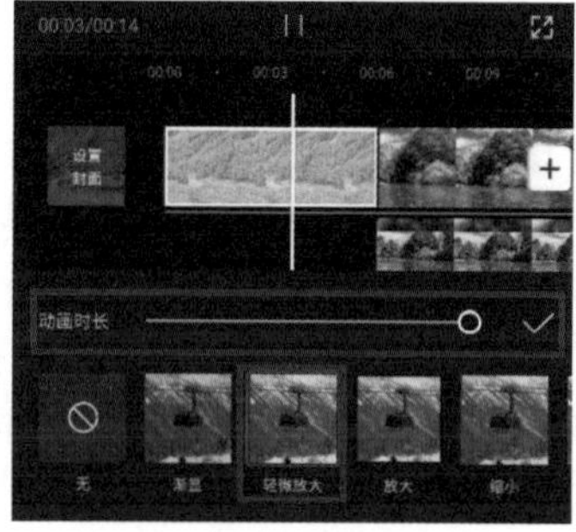

图 7-101

图 7-102

❹ 选中添加的特效，点击界面下方的“作用对象”按钮，并将其设置为“全局”，从而让“落叶”特效出现在整个画面中，如图7-103所示。

❺ 点击界面下方的“新增特效”按钮，为视频结尾处添加“基础”分类下的“闭幕”特效，如图7-104所示。按照上一步的方法，使其作用到“全局”，从而让视频不会结束得太过突兀。

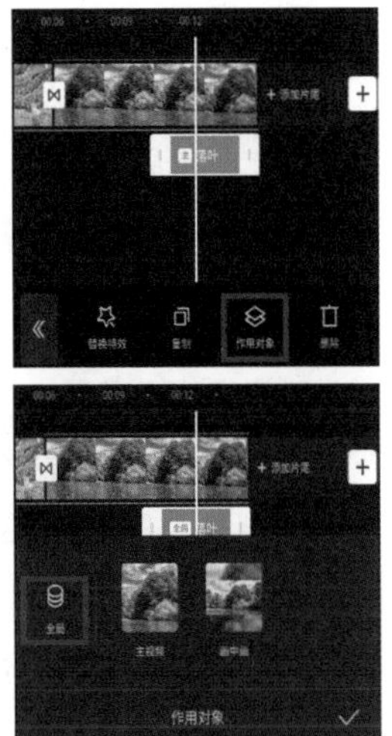
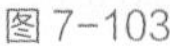

图 7-103

图 7-104

提示

本例的后期编辑方法还可以实现多种效果，例如，“老照片上色”“10年前后人物对比”等。其实，这些效果的核心都是利用“画中画”+“线性蒙版”+“关键帧”功能，让一个画面逐渐变化为另一个画面。因此，大家在学习之后，一定要举一反三，这样才能灵活利用剪映的各项功能，实现想象中的效果。

7.8 实战案例3：克莱因蓝色调

“克莱因蓝”是以艺术家克莱因的名字命名的一种蓝色。由于这种蓝色运用在几乎任何场景上都能体现出一种高级感，故被广泛应用。当为视频赋予克莱因蓝色调后，原本普通的画面会形成一种深邃感和神秘感。本例则将介绍此色调的调节方法，并为了配合该色调，加入一些文字，让画面内容更丰富。

7.8.1 步骤一：准备素材并确定画面转换时间点

为了让视频素材与克莱因蓝这种深邃的色调相匹配，所以尽量选择一些具有一定想象空间的、场景较大的画面，然后再利用音乐，确定画面转换时间点，具体的操作方法如下。

❶ 为本例准备的 6 段视频素材分别表现了天、水、山、动物、植物和人，从而可以制作出一段不止追求视觉效果，而且有主题的视频。按照上述顺序选中这 6 段素材，并点击“添加”按钮，如图 7-105 所示。

❷ 为了让各个画面转换的时间点与音乐节拍匹配，依次点击界面下方的“音频”→“音乐”按钮，搜索并使用《再会片尾音乐（舌尖上的中国）》音频，如图 7-106 所示。

❸ 选中音频轨道，将开头没有声音的部分删除。先点击界面下方的“分割”按钮，然后选中前半段音频，再点击“删除”按钮即可，如图 7-107 所示。

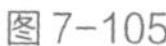
图 7-105

图 7-106

图 7-107

提示

为了更快速地找到合适的音频，大家要先在脑海中想象出整个视频的大致效果，然后根据该效果，选择能够烘托画面气氛的音乐。例如本例，最终呈现的效果会是平缓的、静谧的，那么就要寻找同样平缓、静谧的音乐，所以在“舒缓”和“古风”等分类下就更容易找到合适的音乐。

❹ 让每个片段持续 3 秒左右，并将时间线移至附近的节拍点处，点击界面下方的“分割”按钮，再选中后半段点击“删除”按钮，确定一段素材的时长，如图 7-108 所示。

❺ 将之后的 5 段素材均按此步骤处理，即可完成音乐与视频的匹配，如图 7-109 所示。

❻ 最后一段视频可以让其持续时间长一些，让画面的节奏更缓慢，然后将音乐末端与视频末端对齐即可，如图 7-110 所示。

图 7-108

图 7-109

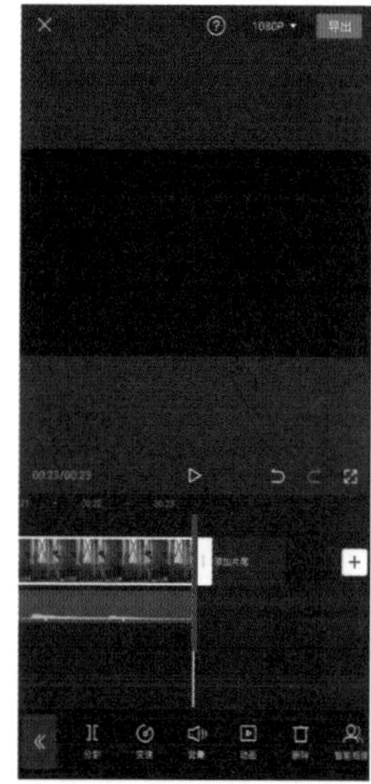
图 7-110

7.8.2 步骤二：调整克莱因蓝色调

接下来则对视频色调进行调整，使其呈现克莱因蓝，具体的操作方法如下。

❶ 依次点击界面下方的“画中画”→“新增画中画”按钮，选中已经准备好的克莱因蓝纯色图片并导入，如图 7-111 所示。

❷ 将纯色图片填充整个画面，并将该画中画轨道覆盖整个主视频轨道，如图 7-112 所示。

❸ 选中画中画轨道，点击“混合模式”按钮，设置为“正片叠底”，如图 7-113 所示。

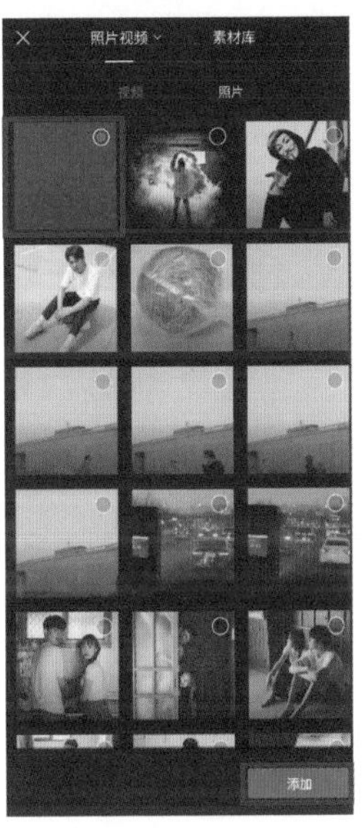

图 7-111

图 7-112

图 7-113

❹ 选中画中画轨道，点击“不透明度”按钮，并设置为 90，如图 7-114 所示。

❺ 选择主视频轨道的第 1 段素材，点击界面下方的“调节”按钮，如图 7-115 所示。

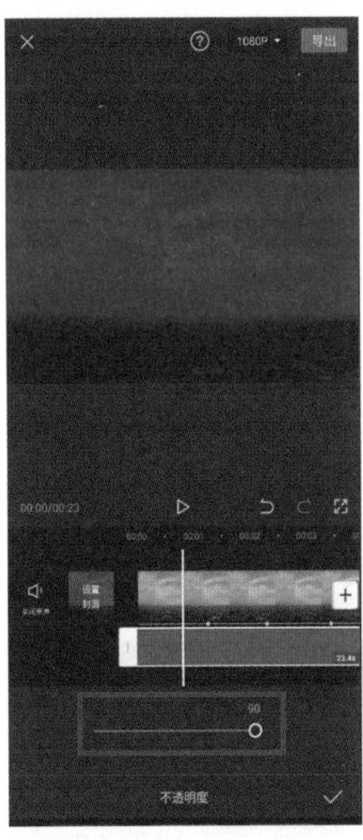

图 7-114

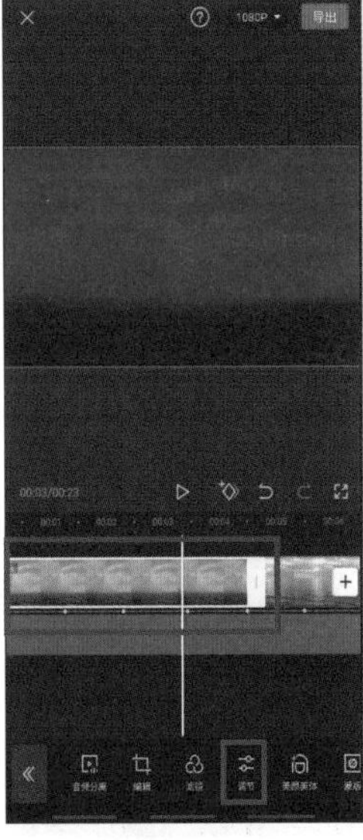

图 7-115

❻ 将“亮度”值设置为 12，并点击“应用到全部”按钮，如图 7-116 所示。

❼ 由于此时画中画轨道的“亮度”值也被提高了 12，但并不希望看到的，故再次选中画中画轨道，点击“调节”按钮，将“亮度”值恢复为 0，如图 7-117 所示。

❽ 接下来，对每一个片段单独进行色彩调整。首先选中第 1 段素材，点击“调节”按钮，将“对比度”值增加至 6，如图 7-118 所示。

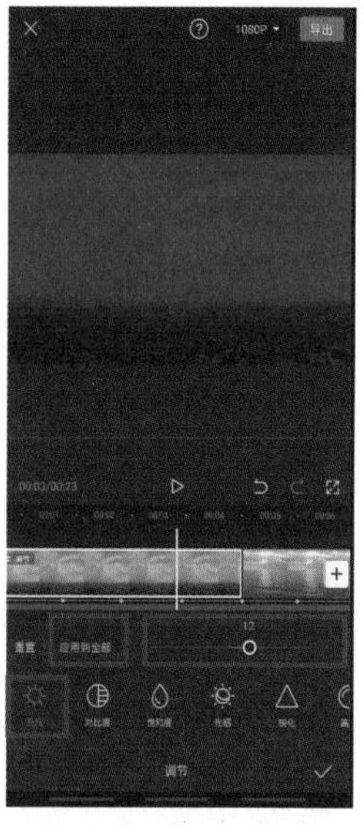

图 7-116

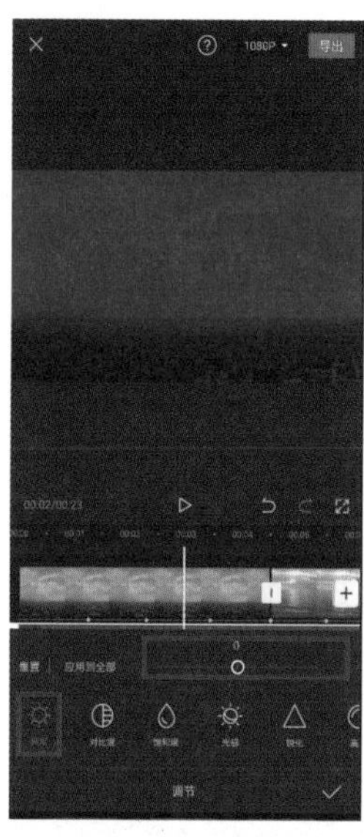

图 7-117

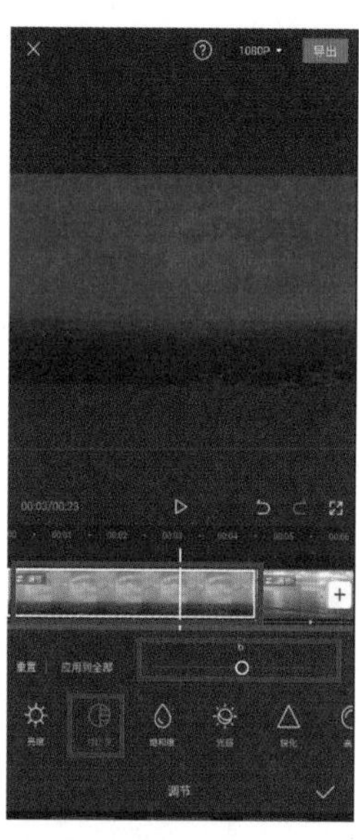

图 7-118

❾ 提高“光感”值至 7，适当增加画面的亮度，如图 7-119 所示。

❿ 选择第 2 段素材，点击界面下方的“调节”按钮，降低“光感”值至-4，如图 7-120 所示。

⓫ 降低“高光”值为-10，让画面出现更多细节，如图 7-121 所示。

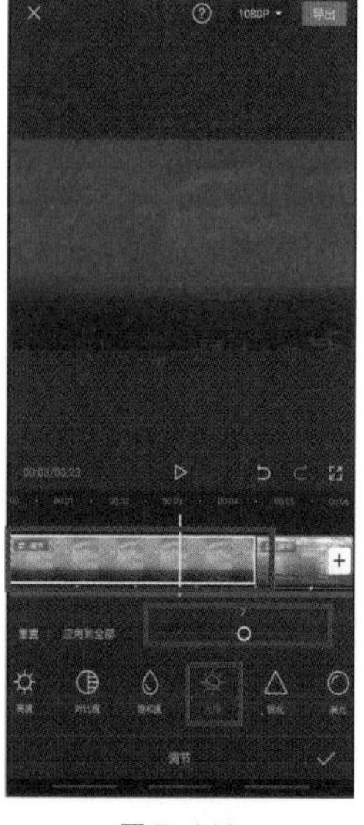

图 7-119

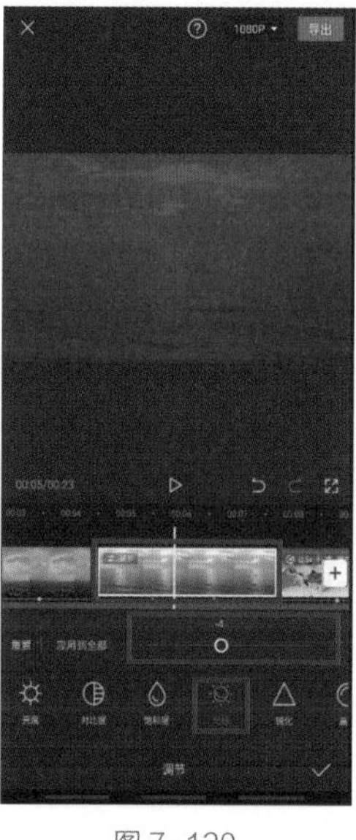

图 7-120

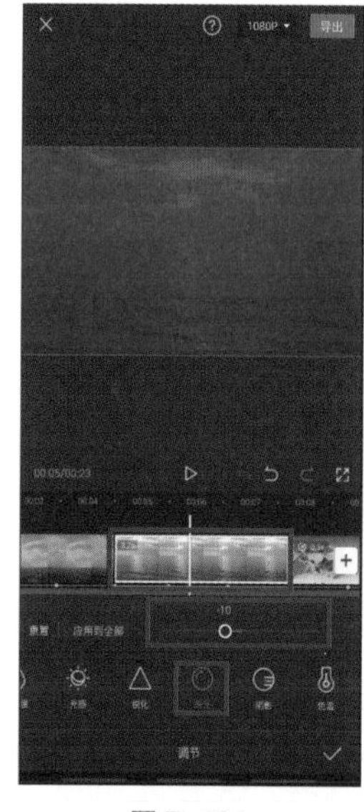

图 7-121

⑫ 选择第 3 段素材，将“对比度”值提高至 12，让画面更有质感，如图 7-122 所示。

⑬ 将“锐化”值调至 12，让画面看起来更清晰，如图 7-123 所示。

⑭ 将“光感”值调至-6，让蓝色更深沉一些，如图 7-124 所示。

图 7-122

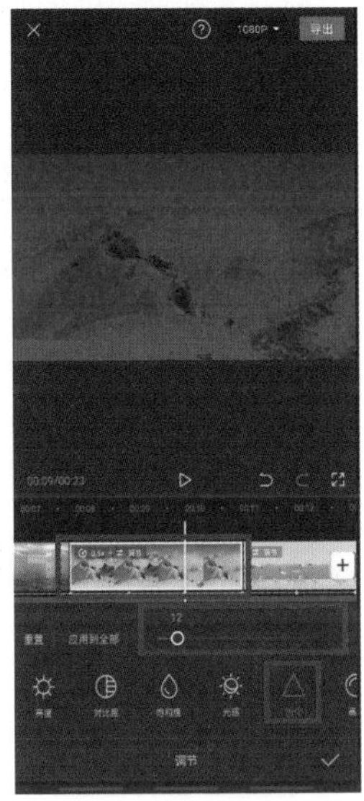
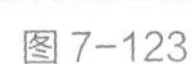

图 7-123

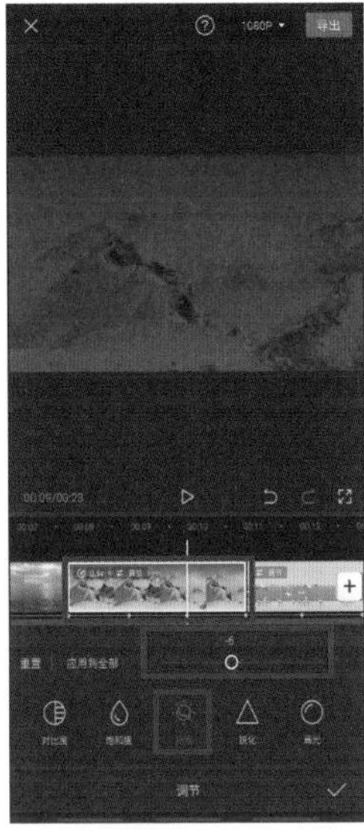

图 7-124

⑮ 选择第 4 段视频，将“对比图”值调至-10，让画面更柔和一些，如图 7-125 所示。

⑯ 将“光感”值调至-7，让蓝色更浓郁，如图 7-126 所示。

⑰ 降低“高光”值至-9，同样是为了让蓝色更浓郁，如图 7-127 所示。

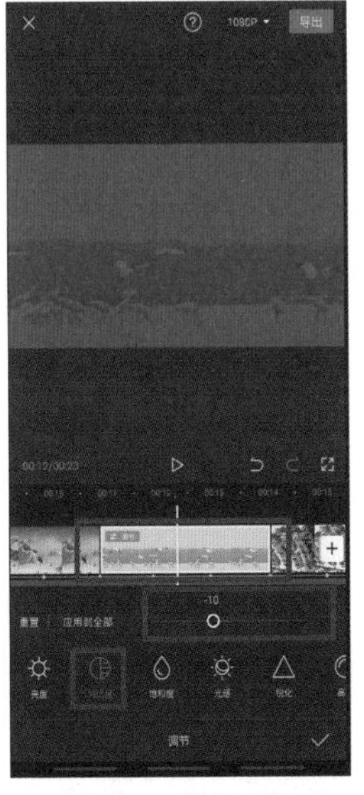

图 7-125

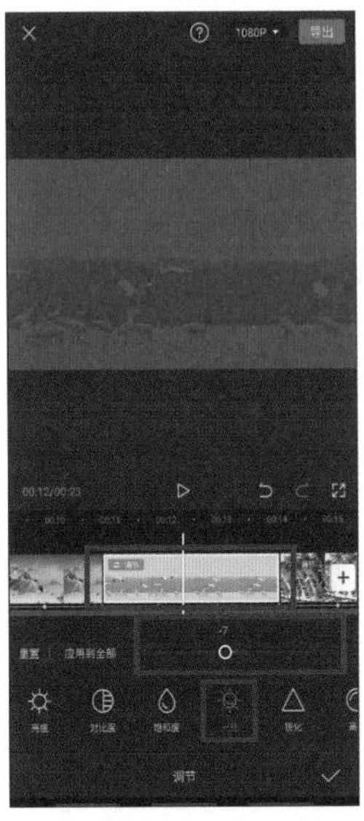

图 7-126

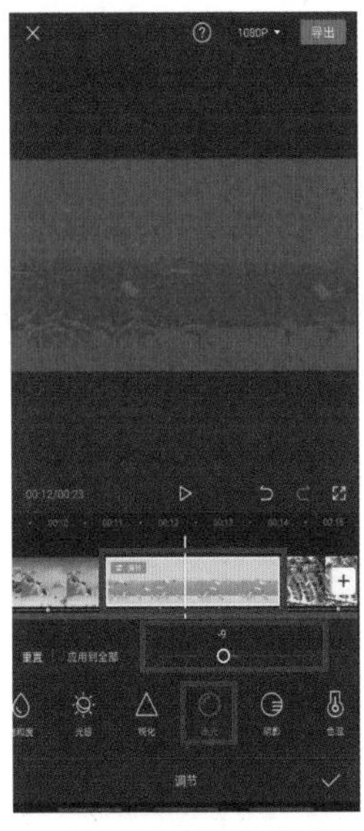

图 7-127

⑱ 由于第 5 个片段的色彩和细节比较合适，所以无须调节。选中第 6 个片段，增加“光感”值至 38，从而大幅提亮场景，如图 7-128 所示。

⑲ 将“对比度”值提高至 22，让画面更有质感，如图 7-129 所示。

至此，6 段素材的色调就确定了。需要注意的是，大家无须设置成与本例完全相同的参数，可以根据预期效果，进行个性化调整。但因为每段视频素材本身的亮度与细节表现情况不同，所以单独进行调整是有必要的。

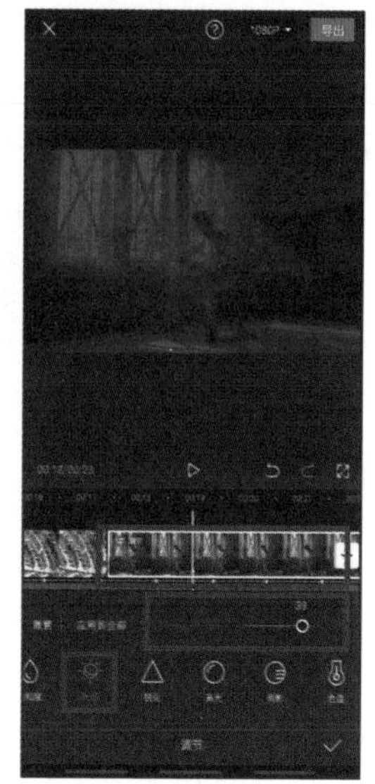

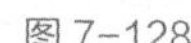

图 7-128

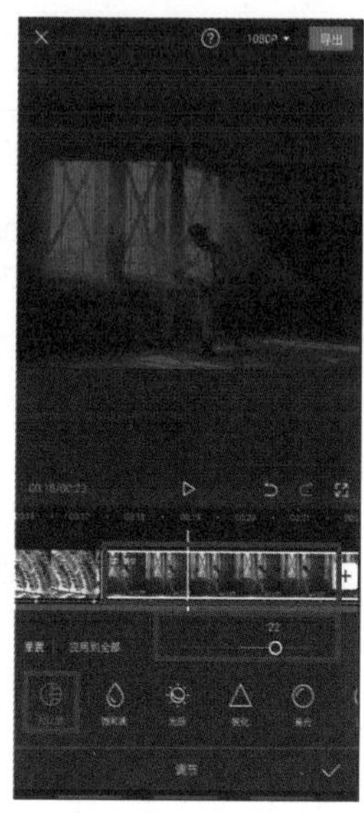

图 7-129

7.8.3 步骤三：营造电影感和渐变色效果

为了让视频更有电影感，将增加上下黑边，然后添加渐变色效果，让视频更具看点，具体的操作方法如下。

❶ 点击界面下方的“特效”按钮，添加“基础”分类下的“电影感”效果，如图 7-130 所示。

❷ 将特效轨道覆盖整个视频，并点击界面下方的“作用对象”按钮和“全局”按钮，如图 7-131 所示。

❸ 选中第 1 个视频片段，点击界面下方的“复制”按钮，如图 7-132 所示。

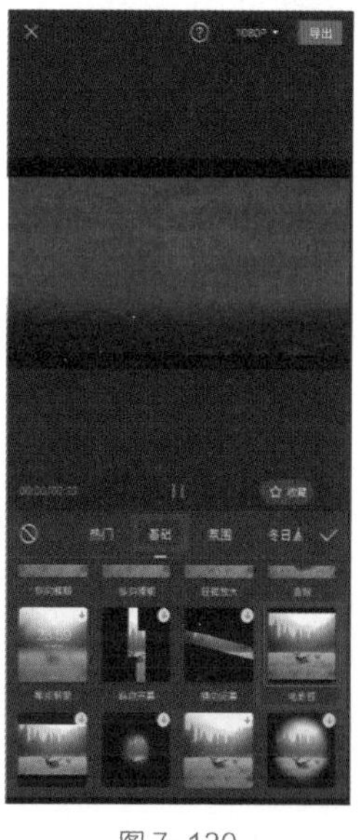

图 7-130

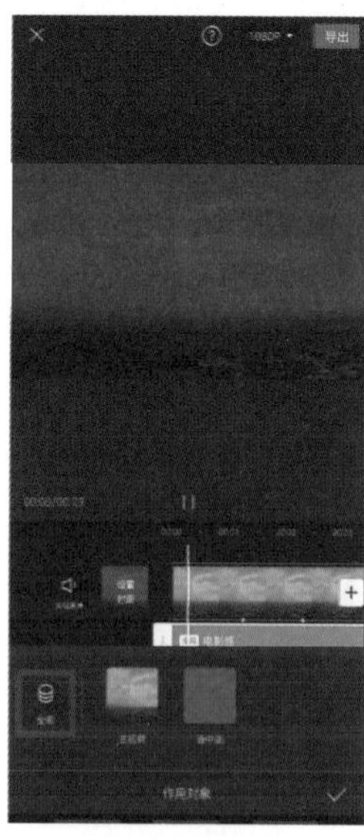

图 7-131

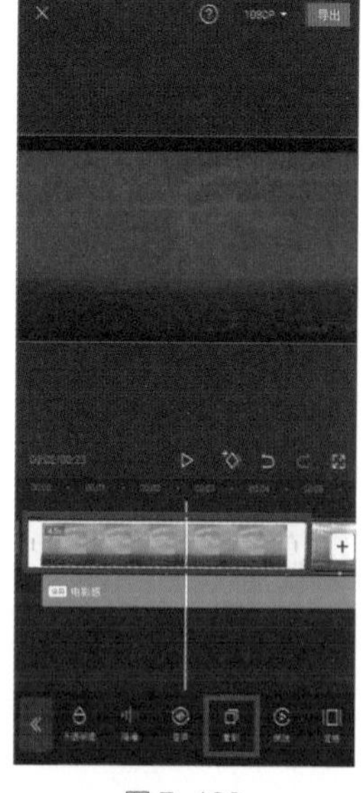

图 7-132

❹ 选中复制的视频片段，点击界面下方的“切画中画”按钮，如图 7-133 所示。

❺ 将刚复制的素材移至第 2 层画中画轨道，并与主视频轨道的第 1 段素材首尾对齐，如图 7-134 所示。

❻ 选中第 2 层画中画轨道素材，点击界面下方的“蒙版”按钮，为其添加“线性”蒙版，旋转 90° 后将其拖至画面的最左侧，如图 7-135 所示。

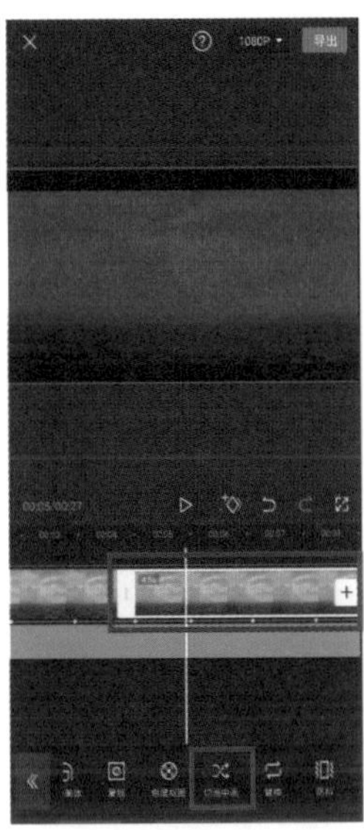

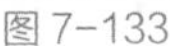
图 7-133

图 7-134

图 7-135

❼ 选中第 2 层画中画轨道，将时间线移至最左侧，点击图标添加关键帧，如图 7-136 所示。

❽ 将时间线移至第 1 段画面结束前的一个节拍点上，点击界面下方的“蒙版”按钮，如图 7-137 所示。

❾ 将蒙版拖至画面的最右侧，点击√按钮确认即可，如图 7-138 所示，完成渐变色效果的制作。

图 7-136

图 7-137

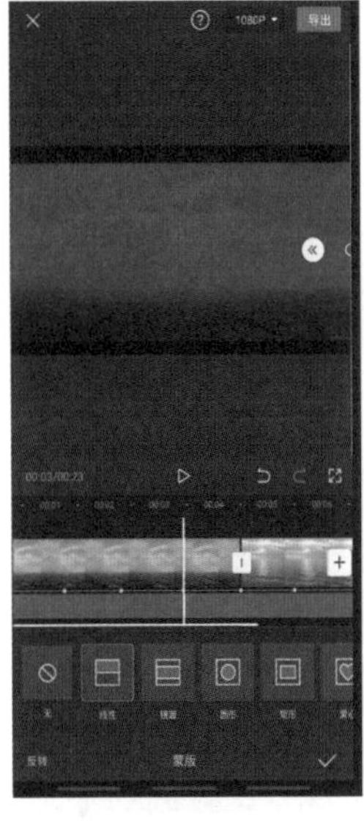
图 7-138

7.8.4 步骤四：添加文字突出视频主题

为视频添加文字，增加文艺气息，并突出视频主题，具体的操作方法如下。

❶ 依次点击界面下方的“文字”→“新建文本”按钮，输入“天”文本，如图 7-139 所示。

❷ 选中文字轨道，点击“样式”按钮，设置字体为“古典体”，如图 7-140 所示。

❸ 将文字轨道的首尾与第 1 段视频素材首尾对齐，如图 7-141 所示。

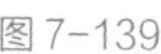
图 7-139

图 7-140

图 7-141

❹ 按照相同的方法，为视频添加“tian”文本，其轨道与“天”的文字轨道首尾对齐，位置与大小如图 7-142 所示。

❺ 分别选中“天”与 tian，为其添加“入场动画”分类下的“渐显”效果，并设置最长的动画时间，如图 7-143 所示。

❻ 重复以上步骤，为接下来的片段分别添加“水”“山”“生”“植”“人”文字即可。为了提高后期效率，可以直接将做好的“天”复制，然后修改文字和轨道长度即可，如图 7-144 所示。至此，本例制作完成。

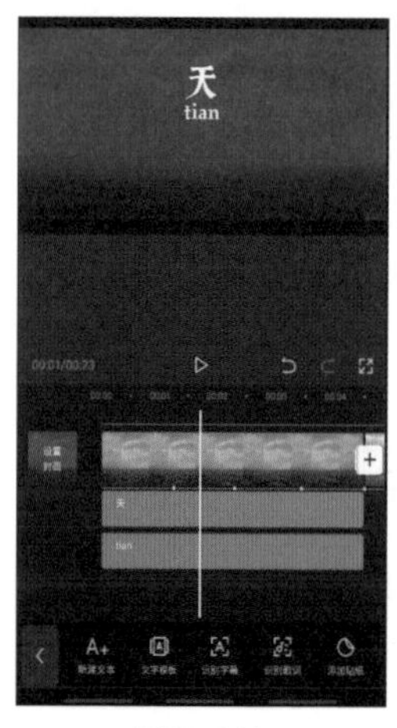

图 7-142

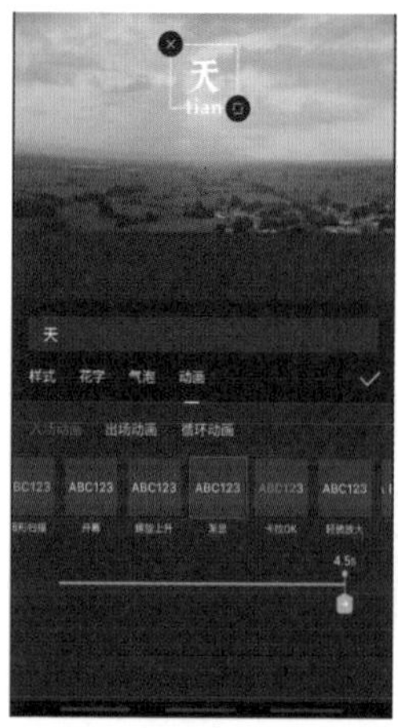

图 7-143

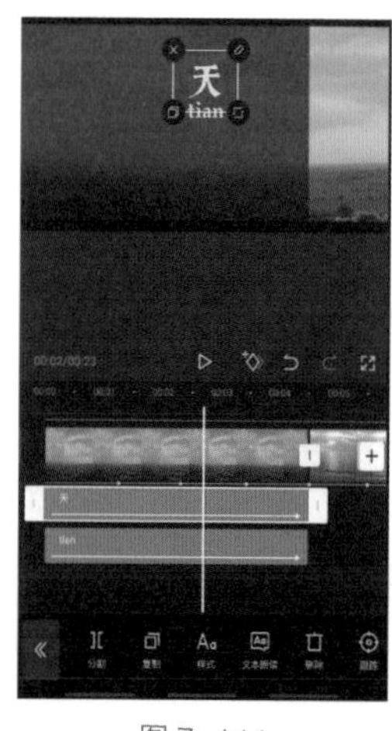

图 7-144

7.9　实战案例4：利用色彩突出画面中的人物

本例将通过定格、智能抠像、画中画、滤镜等功能制作很有综艺感的人物出场效果。为了让该效果中的人物更突出，需要对画面进行色彩处理。除此之外，建议各位准备的人物视频素材尽量具有简洁的背景，并且人物轮廓清晰，从而让剪映的“智能抠像”功能可以准确抠出画面中的人物。

7.9.1　步骤一：确定背景音乐并实现人物定格效果

在本例中，人物出场会伴随着明显的画面变化，所以为了让这种变化更有节奏感，需要卡音乐的节拍点，具体的操作方法如下。

❶ 导入一段视频素材，依次点击界面下方的“音频”→“音乐”按钮，选择*Sold Out*作为背景音乐，如图7-145所示。

❷ 选中音频轨道后，点击界面下方的“踩点”按钮，开启“自动踩点”功能，因为本例不需要很密集的节拍点，所以选择“踩节拍Ⅱ”。在试听过程中，发现个别节拍点位置稍有偏差，所以将时间线移至该节拍点，并点击界面下方的“删除点”按钮，如图7-146所示。

❸ 经过试听确定节拍点的正确位置后，点击界面下方的“添加点”按钮，手动增加节拍点，如图7-147所示。

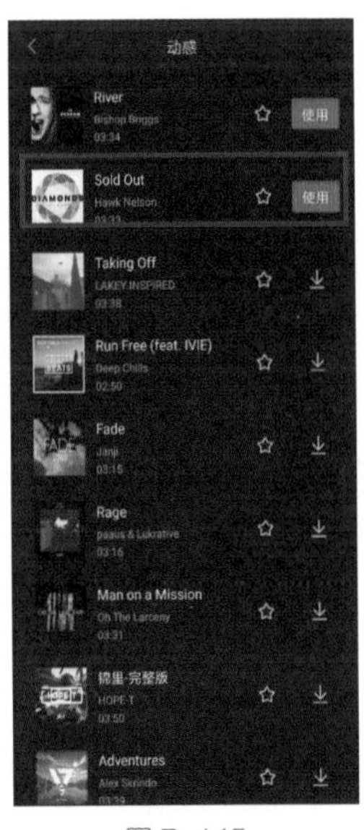

图7-145

图7-146

图7-147

提示

剪映中提供的大部分音乐都有“自动踩点”功能，但作者在使用过程中发现，其中会有一些音乐的自动踩点并不准确。所以，就需要在自动添加节拍点后试听，检验其是否准确。如果不准确，则需要进行手动调整，避免根据错误的节拍点对片段时长进行调整。

❹ 移动时间线，找到人物姿态、表情出色的时间点，并点击界面下方的“定格”按钮，生成定格画面，如图 7-148 所示。

❺ 选中定格画面之后的片段，将其删除即可，如图 7-149 所示。

❻ 选中定格画面之前的片段，拖动其左侧的白框，使该片段与定格画面的衔接处与节拍点对齐，如图 7-150 所示。

图 7-148

图 7-149

图 7-150

7.9.2 步骤二：营造色彩对比并抠出画面中的人物

接下来需要营造定格画面与之前动态画面的反差，从而突出画面中的人物，具体的操作方法如下。

❶ 选中定格画面并点击界面下方的“复制”按钮，如图 7-151 所示。

❷ 将复制的定格画面切换到画中画轨道，但如果直接选中该片段进行操作，会发现“切画中画”按钮是灰色的，无法使用。所以需要点击界面下方的“画中画”按钮，随意导入一段素材，然后再选中复制得到的定格画面，并点击界面下方的“切画中画”按钮，如图 7-152 所示。

❸ 将之前随意添加至画中画轨道中的素材删除，并长按画中画轨道中的定格画面，使其与主视频轨道的定格画面首尾对齐，如图 7-153 所示。

提示

只有当剪映中没有添加任何画中画时，选择主视频轨道的素材才会出现“切画中画”按钮是灰色的现象，所以在随意添加一个画中画后，“切画中画”按钮就会变为可用状态。另外，作者在后续的使用过程中发现，其实只要点击一下“画中画”按钮，然后不要点击“新增画中画”按钮，而是选中希望“切画中画”的素材，此时“切画中画”按钮依然会变为可用状态。

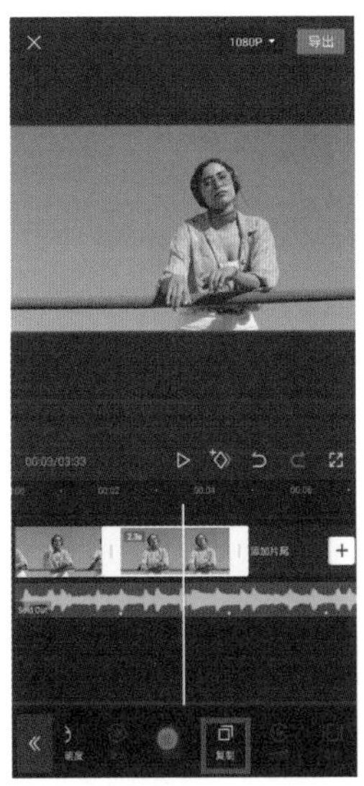
图 7-151

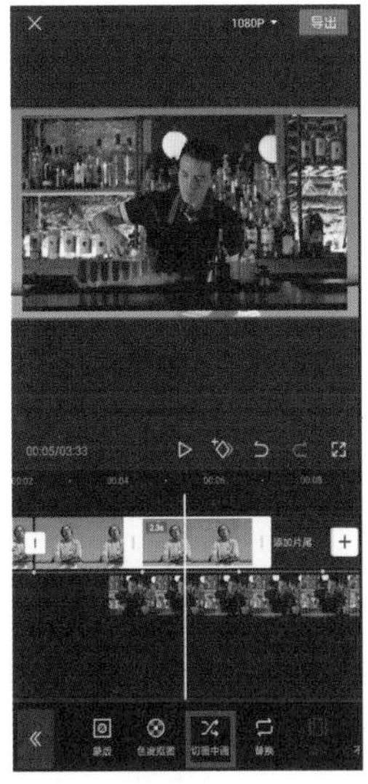
图 7-152

图 7-153

❹ 选中主视频轨道的定格画面，点击界面下方的“滤镜”按钮，为其添加“风格化”分类下的“牛皮纸”效果，如图 7-154 所示。

❺ 选中画中画轨道的定格画面，点击界面下方的“智能抠像”按钮，此时画面背景变为黑白，而人物依然为彩色，如图 7-155 所示。

❻ 选中画中画轨道素材，将时间线移至片段开头位置，点击◇图标，创建一个关键帧，如图 7-156 所示。

❼ 移动时间线至画中画轨道素材中间偏右的位置，并选中该素材，将画面中的人物适当放大，最好可以遮住背景处的黑白人物，如图 7-157 所示。此时剪映会自动在放大人物画面的地方创建一个关键帧。

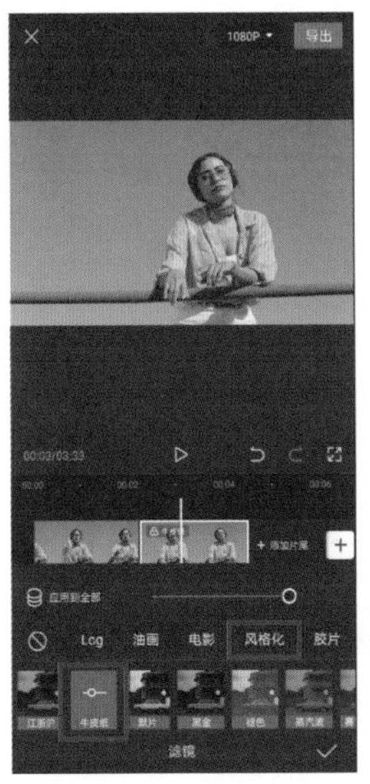

图 7-154

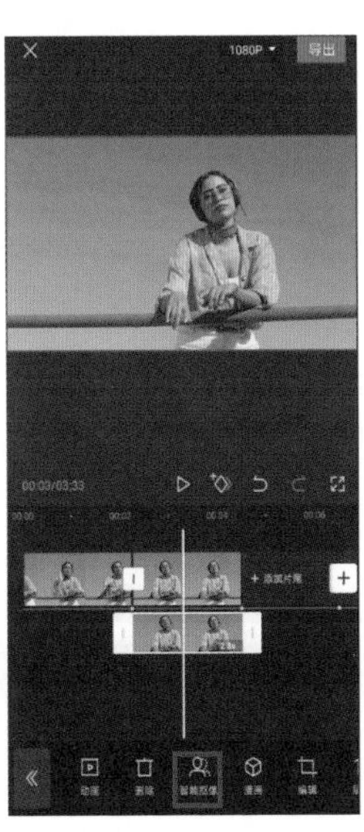
图 7-155

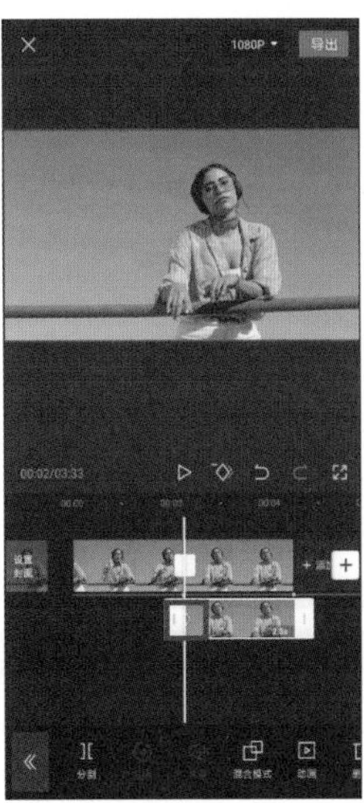
图 7-156

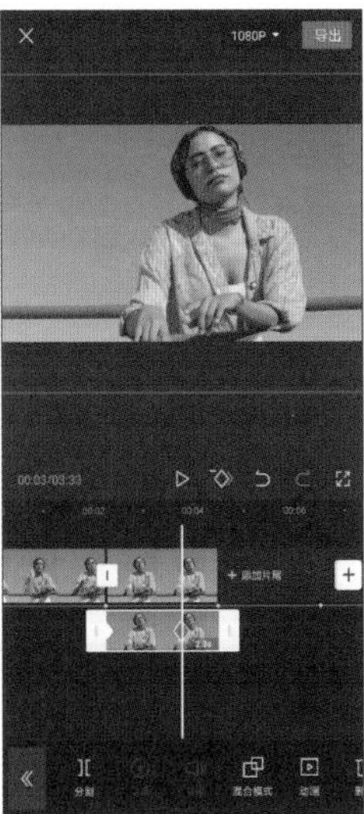
图 7-157

7.9.3 步骤三：输入介绍文字并强化视频效果

人物定格后，画面中会显示该人物的相关信息，所以需要添加文字。另外，为了让视频效果更出色，需要利用动画以及特效进行修饰，具体的操作方法如下。

❶ 依次点击界面下方的“文字”→“新建文本”按钮，并输入介绍性文字，如图 7-158 所示。

❷ 选中文字后，点击界面下方的“样式”按钮，设置字体为“新青年体”，再点击“排列”按钮，适当增加字间距，如图 7-159 所示。

❸ 确定文字的大小和位置，并调整文字轨道的首尾位置，使其与定格画面首尾对齐，如图 7-160 所示。

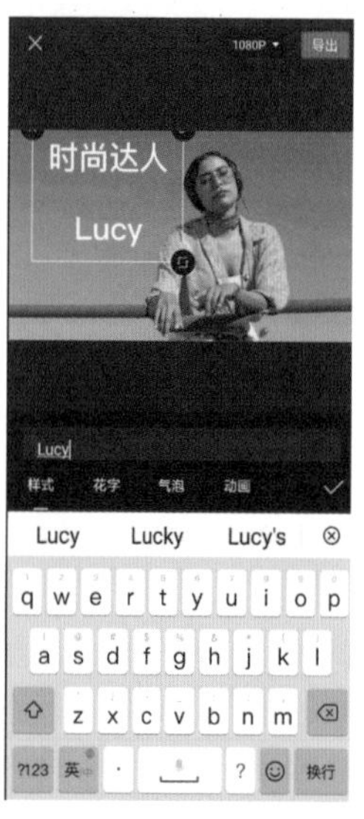

图 7-158

图 7-159

图 7-160

❹ 选中文字轨道，点击界面下方的“动画”按钮，为其添加“入场动画”中的“弹入”效果，如图 7-161 所示。

❺ 选中画中画轨道，点击界面下方的“动画”按钮，为其添加“入场动画”中的“轻微抖动”效果，并适当增加动画时长，如图 7-162 所示。

❻ 点击界面下方的“特效”按钮，选择“漫画”分类下的“冲刺”效果，如图 7-163 所示。

❼ 调整特效轨道的位置，使其首尾与定格画面对齐，如图 7-164 所示。

❽ 至此，一个人物的综艺感出场效果就制作完成了。接下来就是重复以上操作，将另外两个人物素材也处理为类似的效果即可。

提示

在制作另两个人的出场效果时，文字及画中画轨道素材的动画可以有所变化，从而让效果更丰富。但特效则建议均选择“漫画”分类下的“冲刺”系列效果，让几个人物的出场在不同中又有一定的联系。

图 7-161

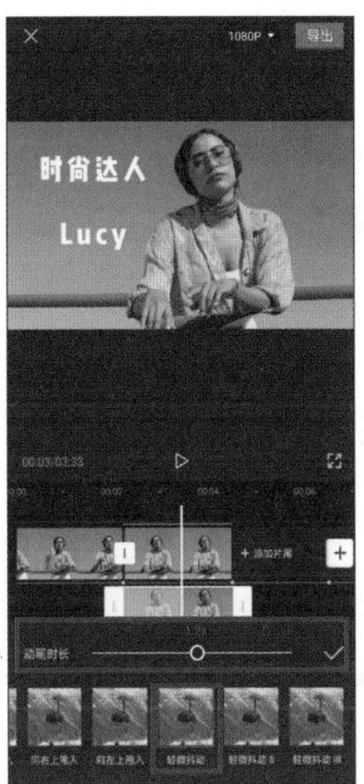

图 7-162

图 7-163

图 7-164

第8章

掌握转场，让画面衔接更自然

8.1 认识转场

一个完整的视频，通常是由多个镜头组合而来的，而镜头与镜头之间的衔接，就被称为“转场”。

一个合适的转场效果可以令镜头之间的衔接更流畅、自然。同时，不同的转场效果也有其独特的视觉语言，从而传达出不同的信息。另外，部分“转场”方式还能形成特殊的视觉效果，让你制作的视频更吸引人。

8.1.1 认识技巧性转场

对于专业的视频制作而言，如何转场是应该在拍摄前就确定的。如果两个画面之间的转场需要通过前期的拍摄技术来实现，那么就被称为“技巧性转场”。

淡入淡出

“淡入淡出”转场即上一个镜头的画面由明转暗，直至黑场；下一个镜头的画面由暗转明，逐渐显示为正常亮度。淡出与淡入过程的时长一般各为 2 秒，但在实际编辑时，可以根据视频的情绪和节奏灵活掌握。部分影片中在淡出淡入转场之间还有一段黑场，可以表现剧情告一段落，或者让观众陷入思考，如图 8-1 所示。

淡入淡出转场形成的由明到暗再由暗到明的转场过程

图 8-1

叠化转场

“叠化”转场指将前后两个镜头在短时间内重叠，并且前一个镜头逐渐模糊到消失，后一个镜头逐渐清晰，直到完全显现。叠化转场主要用来表现时间的消逝、空间的转换，或者在表现梦境、回忆的镜头中使用。

值得一提的是，由于在叠化转场时，前后两个镜头会有几秒比较模糊的重叠，如果镜头质量不佳，可以用这段时间掩盖镜头缺陷，如图 8-2 所示。

叠化转场会出现前后场景模糊重叠的画面

图 8-2

划像转场

“划像”转场也被称为“扫换”转场，可以分为划出与划入。前一画面从某一方向退出屏幕称为“划出”；下一个画面从某一方向进入屏幕称为“划入”。根据画面进出屏幕的方向不同，可分为横划、竖划、对角线划等，通常在两个内容意义差别较大的镜头转场时使用，如图 8-3 所示。

画面横向滑动，前一个镜头逐渐划出，后一个镜头逐渐划入

图 8-3

白化转场

“白化”转场也被称为“闪白”转场，其效果为，第一个画面逐渐变白，然后从白场逐渐显影至第二个画面。该转场效果通常预示着“死亡”。在如图 8-4 所示的场景中，就是在前期拍摄时有意让高光逐渐覆盖画面，形成白场，再转换为另一个画面。需要注意的是，所谓“白场”，不一定非是纯白色的，只要不是暗色调即可称为“白化”转场。

图 8-4

黑化转场

了解了“白化”转场的效果，“黑化”转场的效果就不言而喻了。该转场通常应用在两个毫无关系的画面之间，用来淡化画面的跳跃感。如图 8-5 所示为从火车到城堡的衔接，就是由“黑化”转场完成的。

图 8-5

黑场

“黑场”与“黑化”转场的区别在于，“黑场”是直接剪切至黑色，然后再直接显示下一个画面，不会存在过渡的效果。也正因如此，“黑场”具有更强的突然性，适合在激烈、紧张的画面中插入，以营造一种跌宕起伏的画面效果。在如图 8-6 所示的场景中，一个“黑场”的变形应用，利用战争中的浓烟形成的短暂黑场，让观众不仅处于紧张的情绪中，还营造了一种未知感，进一步吸引了观众的注意力。

图 8-6

8.1.2　认识非技巧性转场

如果两个画面之间的转场仅依靠其内在的或外在的联系，而不使用任何拍摄技术，则被称为“非技巧性转场”。

利用相似性进行转场

当前后两个镜头具有相同或相似的主体形象，或者在运动方向、速度、色彩等方面具有一致性时，即可实现视觉连续、转场顺畅的目的。

如上一个镜头是果农在果园里采摘苹果，下一个镜头是顾客在菜市场挑选苹果的特写，利用上下镜头中都有苹果这一相似性内容，将两个不同场景下的镜头联系起来，从而实现自然、顺畅的转场效果，如图 8-7 所示。

利用夕阳的光线这一相似性进行转场的 3 个镜头

图 8-7

利用思维惯性进行转场

利用人们的思维惯性进行转场，往往可以造成联系上的错觉，使转场流畅而有趣。

例如上一个镜头，孩子在家里和父母说：“我去上学了。”然后下一个镜头切换到学校大门的场景，整个场景转换过程就会比较自然。究其原因在于观众听到“去上学”3 个字后，脑海中会自然呈现学校的情景，所以此时进行场景转换就会比较顺畅，如图 8-8 所示。

通过语言等其他方式让观众脑海中呈现某一景象，从而进行自然、流畅的转场

图 8-8

两级镜头转场

利用前后镜头在景别、动静变化等方面的巨大反差和对比，形成明显的段落感，这种方法被称为“两级镜头”转场。

由于此种转场方式的段落感比较强，可以突出视频中的不同部分。例如前一段落大景别结束，下一段落小景别开场，就有种类似写作中“总分”的效果。也就是大景别部分让观众对环境有了一个大致的了解，然后在小景别部分细说其中的故事。让观众在观看视频时，有更清晰的思路，如图 8-9 所示。

先通过远景表现日落西山的景观，然后自然地转接两个特写镜头，分别表现日落和山

图 8-9

声音转场

用音乐、音响、解说词、对白等和画面相配合的转场方式被称为“声音转场”。声音转场的方式主要有以下两种。

（1）利用声音的延续性自然转换到下一段落。其中，主要方式是同一旋律或声音的提前进入、前后段落声音相似部分的叠化。利用声音的吸引作用，弱化了画面转换、段落变化时的视觉跳动。

（2）利用声音的呼应关系实现场景转换。上下镜头通过两个连接紧密的声音进行衔接，并同时进行场景的更换，让观众有一种穿越时空的视觉感受。例如上一个镜头，男孩在公园里问女孩：“你愿意嫁给我吗？”下一个镜头，女孩回答：“我愿意！”但此时的场景已经转到了婚礼的现场。

空镜转场

只拍摄场景的镜头称为“空镜头”。这种转场方式通常在需要表现时间或者空间巨大变化时使用，从而起到过渡和缓冲的作用，如图 8-10 所示。

利用空镜头来衔接时间和空间发生大幅跳跃的镜头

图 8-10

除此之外，空镜头也可以实现借物抒情的效果。例如上一个镜头是女主角向男主角在电话中提出分手，然后接一个空镜头，是雨滴落在地面的景象，然后再接男主角在雨中接电话的景象。其中“分手”这种消极情绪与雨滴落在地面的镜头是有情感上的内在联系的。而男主角站在雨中接电话，由于空镜头中的“雨”有空间上的联系，从而实现了自然并且富有情感的转场效果。

主观镜头转场

主观镜头转场是指上一个镜头拍摄主体在观看的画面，下一个镜头接转主体观看的对象，这就是主观镜头转场 。主观镜头转场是按照前后两个镜头之间的逻辑关系来处理转场的，主观镜头转场既显得自然，同时也可以引起观众的探究心理，如图 8-11 所示。

主观镜头通常会与描述所看景物的镜头连接在一起

图 8-11

遮挡镜头转场

当某物逐渐遮挡画面，直至完全遮挡，然后再逐渐离开，显露画面的过程就是遮挡镜头转场。这种转场方式可以将过场戏省略，从而加快画面节奏。

其中，如果遮挡物距离镜头较近，阻挡了大量的光线，导致画面完全变黑，再由纯黑色的画面逐渐转变为正常的场景，这种方法叫作“挡黑转场”。挡黑转场还可以在视觉上给人以较强的冲击力，同时制造视觉悬念，如图 8-12 所示。

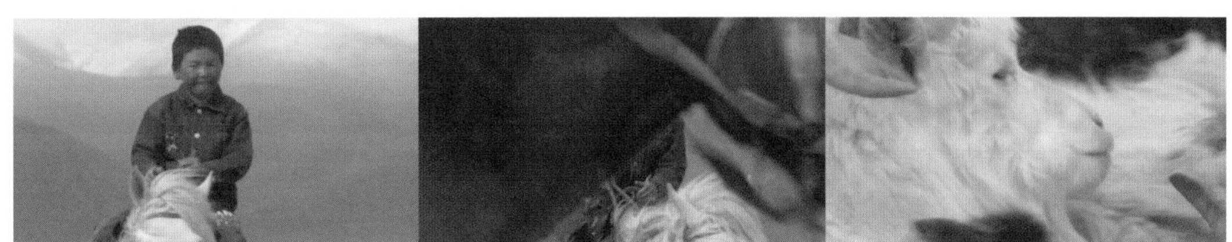
当马匹完全遮挡住骑马的孩子时，镜头自然地转向了羊群

图 8-12

8.2 添加技巧性转场

上文提到技巧性转场需要在前期拍摄时就计划好转场的方式，并在拍摄时进行一定的处理。但在使用剪映进行后期处理时，可以直接添加技巧性转场效果，例如“淡入淡出”“叠化转场”以及“运镜转场”等，具体的操作步骤如下。

❶ 将多段视频导入剪映后，点击每段视频之间的 I 图标，即可进入转场编辑界面，如图 8-13 所示。

❷ 由于第一段视频的运镜方式为推镜，为了让衔接更自然，所以选择一个具有相同方向的“推近”转场效果。

❸ 通过拖动界面下方的“转场时长”滑块，可以设定转场的持续时间，并且每次更改设定时，转场效果都会自动在界面上方显示。

❹ 转场效果和时间都设定完成后，点击右下角的√按钮；若点击左下角的“应用到全部”按钮，即可将该转场效果应用到所有视频的衔接部分，如图 8-14 所示。

❺ 由于第二段视频是向左移镜（景物向右移动）拍摄的，所以为了让转场效果看起来更自然，此处选择“向右”转场。点击“运镜转场”按钮，然后选择“向右”效果，并适当调整“转场时长”，如图 8-15 所示。

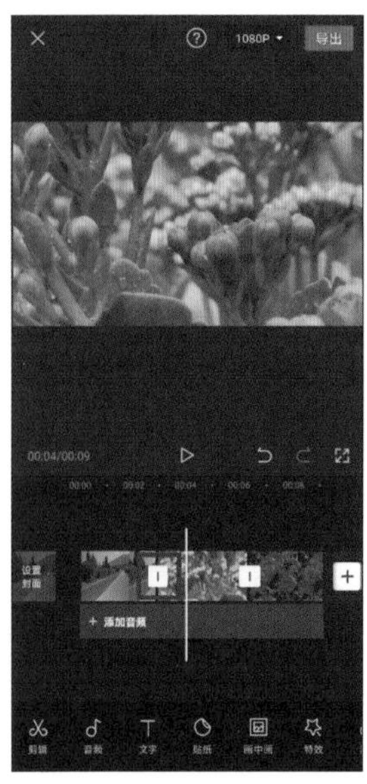

图 8-13

图 8-14

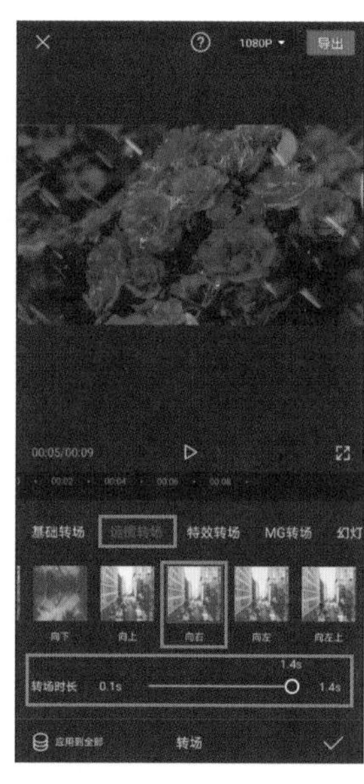

图 8-15

提示

在添加转场时，要注意转场效果与视频风格是否相符。对于一些运镜拍摄的视频，可以根据运镜方向添加“运镜转场”效果；对于节奏偏慢，文艺感较强的视频，则可以考虑添加“基础”分类下的转场。一旦转场效果与视频风格不符，会给观众一种画面分裂、不连贯的视觉感受。

8.3 使用专业版剪映添加技巧性转场

专业版剪映与手机版剪映相比的一个很大的区别在于，手机版剪映中，视频素材之间的图标在专业版剪映中消失了。那么在专业版剪映中，该如何添加转场效果呢？下面解决这个问题。

❶ 首先移动时间线至需要添加转场的位置，如图 8-16 所示。

❷ 点击界面上方的“转场”按钮，并从右侧列表中选择转场类别，再从素材区中选择合适的转场效果，如图 8-17 所示。

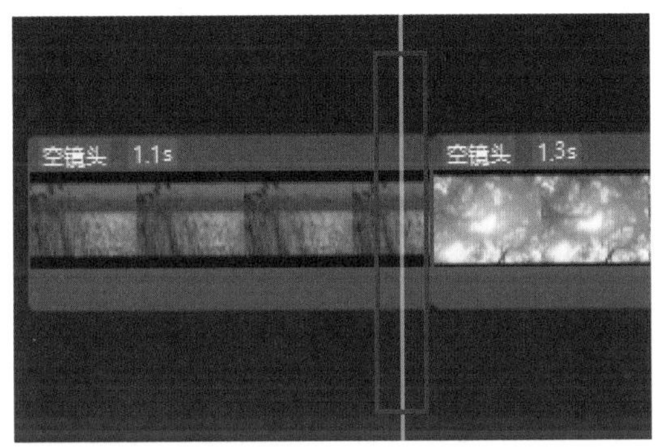

图 8-16

图 8-17

❸ 点击转场效果右下角的 + 图标，即可在距离时间线最近的片段衔接处添加转场效果，如图 8-18 所示。

❹ 选中片段之间的转场效果，拖动图 8-18 中，左右两边的白框即可调节转场时长，也可以选中转场效果后，在细节调整区设置“转场时长”，如图 8-19 所示。

需要注意的是，当选中视频片段时，转场在轨道上会暂时消失，但这只是为了便于调整片段的位置和时长，所添加的转场效果依然存在，如图 8-20 所示。

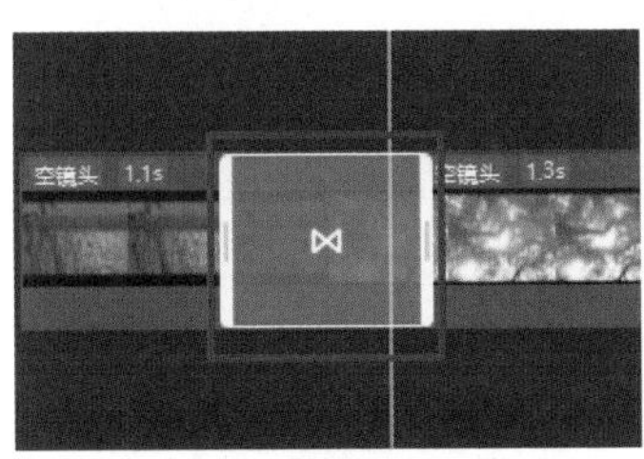

图 8-18

图 8-19

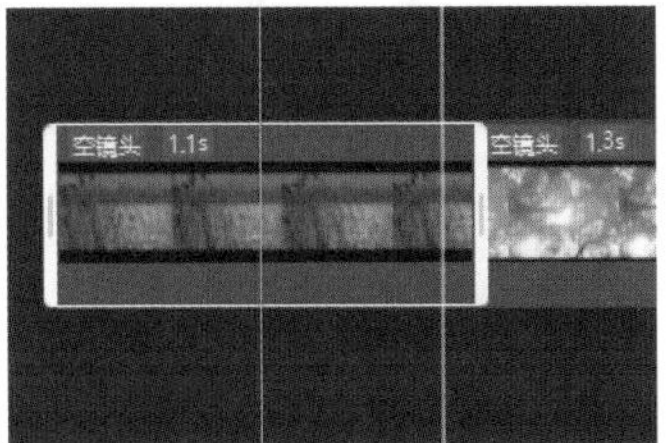

图 8-20

提示

由于转场效果会让两个视频片段在衔接处的画面出现一定的过渡效果，因此，在制作音乐卡点视频时，为了让卡点的效果更明显，往往需要将转场效果的起始端对齐音乐节拍点。

8.4 实战案例1：破碎消散转场效果

本例将通过绿幕素材制作“破碎消散”转场效果，从而营造柔美、浪漫的视觉效果。为了让整个视频的风格统一，并且画面内容与“破碎消散”效果有关联，所以特意选择了一首与风相关的背景音乐，从而让“破碎消散”效果去营造“吹落”的视觉感受。在制作过程中将使用到色度抠图、画中画、玩法、定格等功能。

8.4.1 步骤一：制作“破碎消散”的前半段效果

“破碎消散”效果的素材是由绿色与蓝色两块区域构成的，并且通过该效果将两个画面自然衔接在一起。所以在“步骤一”中，先将前半段画面与“破碎消散”效果合成，具体的操作方法如下。

❶ 点击“开始创作”按钮，导入准备好的第 1 段素材，如图 8-21 所示。需要注意的是，由于之后会利用“色度抠图”功能抠掉蓝色和绿色区域，所以素材中最好不要出现含有蓝、绿两种颜色的元素。

❷ 由于“破碎消散”效果会衔接两个不同的画面，也就是起到转场的作用。而此处希望画面的转场是在音乐节拍点处进行的，故需要先添加背景音乐，并确定该节拍点。依次点击界面下方的“音频”→“音乐”按钮，添加“舒缓”分类下的《北风北》作为背景音乐，如图 8-22 所示。

❸ 因为只需要添加一个节拍点，所以此处手动添加节拍点。在背景音乐的第一句歌词结束后，会出现一个重音，在该重音处点击界面下方的“添加点”按钮，如图 8-23 所示。

图 8-21

图 8-22

图 8-23

❹ 将时间线移至节拍点处，点击界面下方的“画中画”按钮，如图 8-24 所示。

❺ 点击“新增画中画”按钮，将“破碎消散”素材导入，如图 8-25 所示。

❻ 将时间线移至“破碎消散”素材有蓝色区域的部分，并放大该素材至填充整个画面，再点击界面下方的“色度抠图”按钮，如图 8-26 所示。

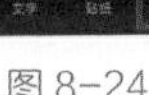

图 8-24

图 8-25

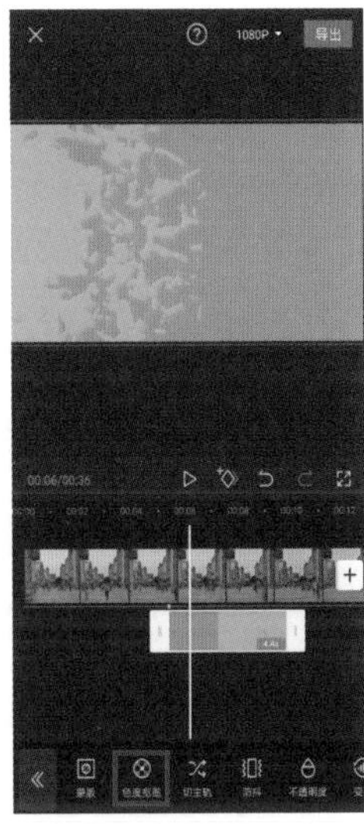

图 8-26

❼ 将取色器移至蓝色区域，然后点击界面下方的“强度”按钮，先将其设置为较小的数值，此处设置为 6，如图 8-27 所示。

❽ 放大素材画面，再次点击“色度抠图”按钮，慢慢移动取色器至蓝色边缘，从而尽量削减蓝边的面积，如图 8-28 所示。

❾ 点击“强度”按钮，增大该数值，直到蓝边几乎完全消失。本例中将“强度”值调整为 10，如图 8-29 所示。

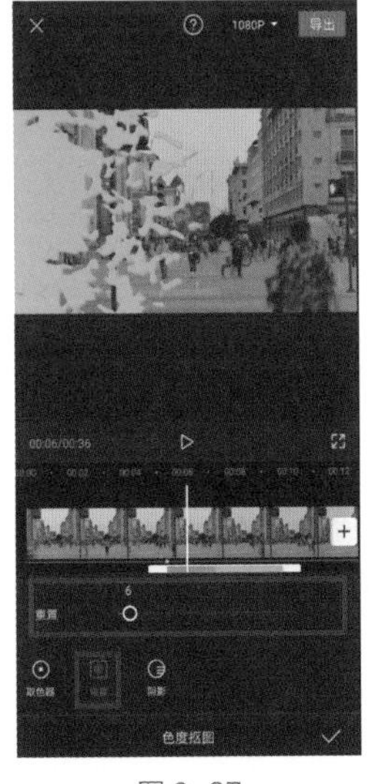

图 8-27

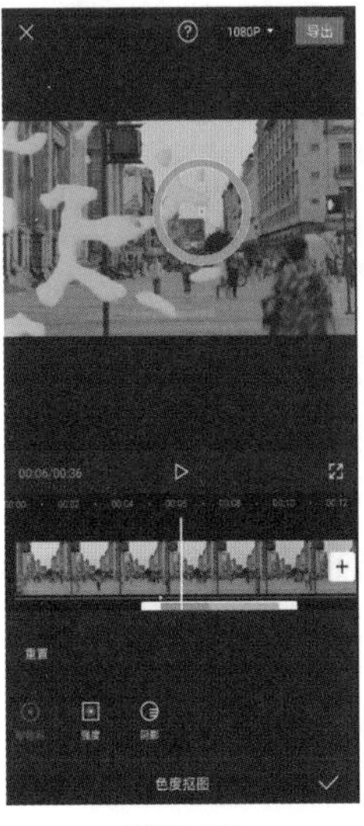

图 8-28

图 8-29

⑩ 点击界面下方的“阴影”按钮，适当增大数值，使其边缘更平滑。本例中，“阴影”值设置为53，如图 8-30 所示。

⑪ 选中“破碎消散”素材，将素材画面缩小至刚好充满整个画面，如图 8-31 所示。

⑫ 将时间线移至画面完全为绿色的区域，此处即为该段视频的结尾，并将主视频轨道与“破碎消散”素材轨道对齐，如图 8-32 所示。

图 8-30

图 8-31

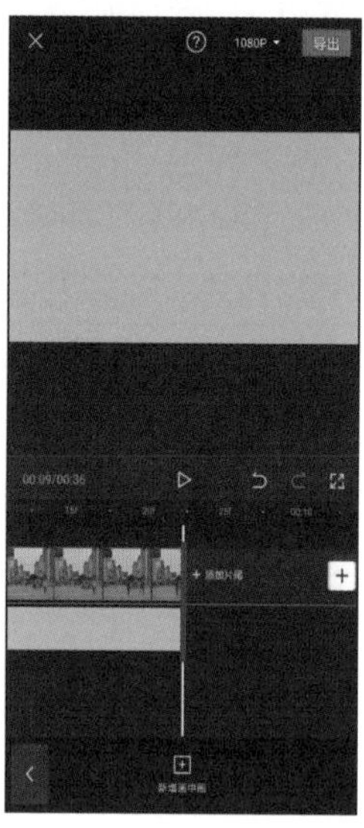

图 8-32

⑬ 选中音频轨道，点击界面下方的“删除”按钮，如图 8-33 所示。之所以要删除该音乐，是因为该步骤无法确定最终音乐的时长，所以在接下来的操作中势必还要再添加一次背景音乐。两个背景音乐即使是相同的，也有可能影响后期制作，故直接在此步骤将背景音乐删除。

⑭ 点击界面右上角的“导出”按钮，完成前半段“破碎消散”效果的制作，导出界面如图 8-34 所示。

图 8-33

图 8-34

8.4.2 步骤二：制作“破碎消散”的后半段效果

经过“步骤一”的处理，画面在消散后呈现绿色区域，接下来就是将绿色区域与第2段视频素材合成，具体的操作方法如下。

❶ 点击“开始创作”按钮，将准备好的第 2 段视频素材导入，如图 8-35 所示。

❷ 依次点击界面下方的“画中画”→“新增画中画”按钮，将“步骤一”中处理好的视频导入，并使其填充整个画面，如图 8-36 所示。

❸ 依次点击界面下方的“音频”→“音乐”按钮，再次选择“舒缓”分类下的《北风北》作为背景音乐，如图 8-37 所示。

图 8-35

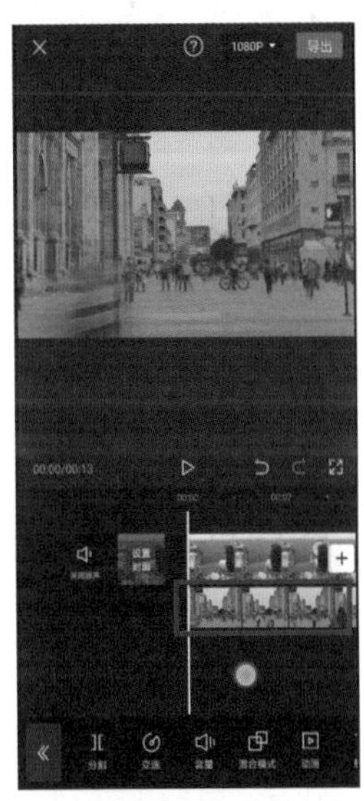

图 8-36

图 8-37

❹ 选中音频轨道，点击界面下方的“踩点”按钮，再次标出“破碎消散”效果出现时的节拍点，如图 8-38 所示。

❺ 将时间线移至出现绿色区域的部分，点击界面下方的“色度抠图”按钮，移动取色器至绿色区域，并适当增大“强度”数值，此处将其设置为 12，如图 8-39 所示。

❻ 将“破碎消散”素材放大，再次点击“色度抠图”按钮，并仔细调节取色器的位置，使绿边更细。然后将“强度”值设置为 94，如图 8-40 所示。

❼ 点击界面下方的“阴影”按钮，提高该数值至 74，让“碎片”边缘更平滑，如图 8-41 所示。

❽ 选中“画中画”轨道素材，再将其缩小至刚好填充整个画面，如图 8-42 所示。至此，“破碎消散”效果就制作完成了。但其消散后呈现的画面，也许并不是素材中最精彩或者我们想让其呈现的片段，因此依然要进行调整。

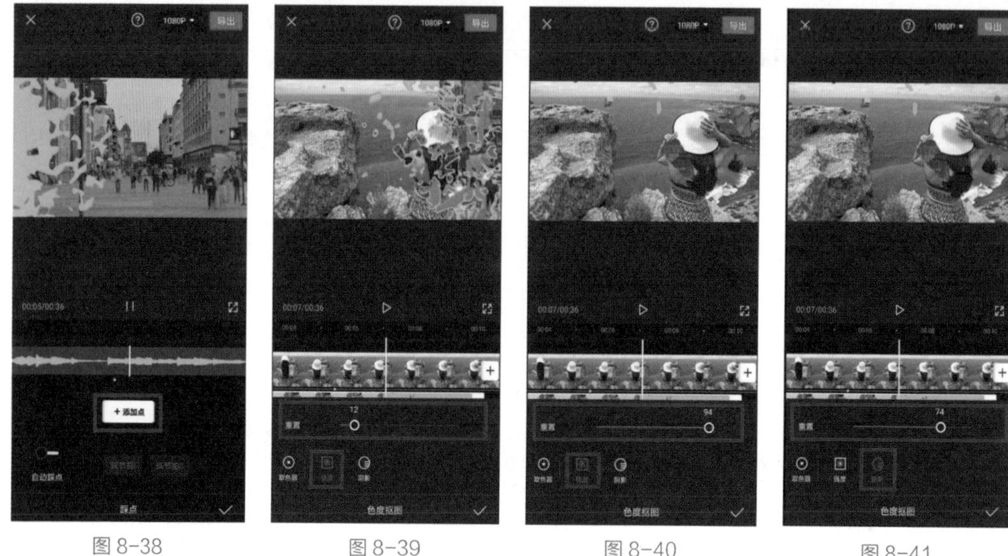
图 8-38　图 8-39　图 8-40　图 8-41

❾ 在本例中，作者希望消散后的画面刚好是人物戴帽子的场景，因此，需要将时间线移至节拍点前的任意位置，点击界面下方的“定格”按钮，如图 8-43 所示。这样操作可以让原本在节拍点之前的戴帽子画面向后移动，并且通过调整定格画面的长度，即可实现在节拍点处正好开始戴帽子动作的效果。而因为节拍点之前的画面完全被画中画轨道素材遮挡，所以节拍点之前的主轨道画面完全不会显示在视频中。那么，只要定格画面的结尾不要处于节拍点的右侧就不会穿帮。

❿ 选中定格画面，拖动其右侧边框，长度不要超过节拍点，并且让戴帽子的动作出现在“破碎消散”效果的绿色区域即可，如图 8-44 所示。

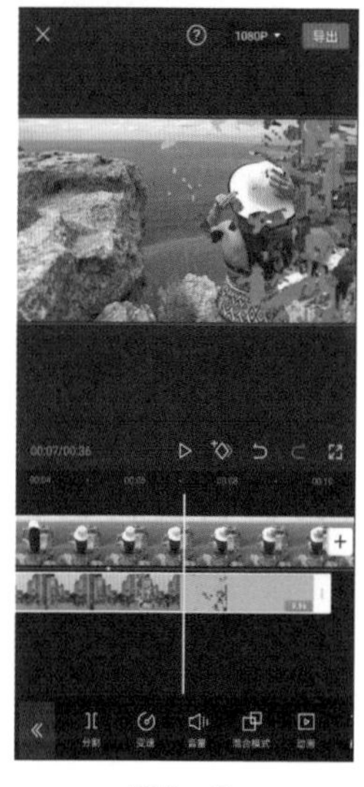
图 8-42

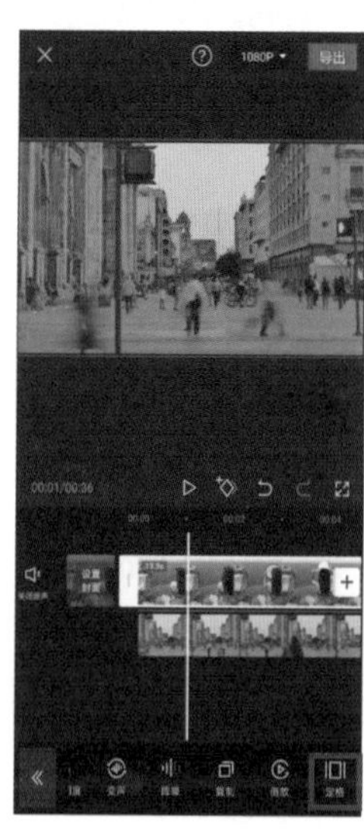
图 8-43

图 8-44

8.4.3　步骤三：营造漫画变身效果并添加特效

最后为视频营造漫画变身效果并添加特效丰富其看点，具体的操作方法如下。

❶ 选中音频轨道，点击界面下方的“踩点”按钮。手动标出变身漫画效果的节拍点，如图 8-45 所示。该节拍点位于第 2 句歌词后的一个重音。

❷ 将时间线移至第 2 个节拍点处，点击界面右下角的“定格”按钮，如图 8-46 所示。

❸ 选中定格画面，点击界面下方的“玩法”按钮，如图 8-47 所示。

图 8-45

图 8-46

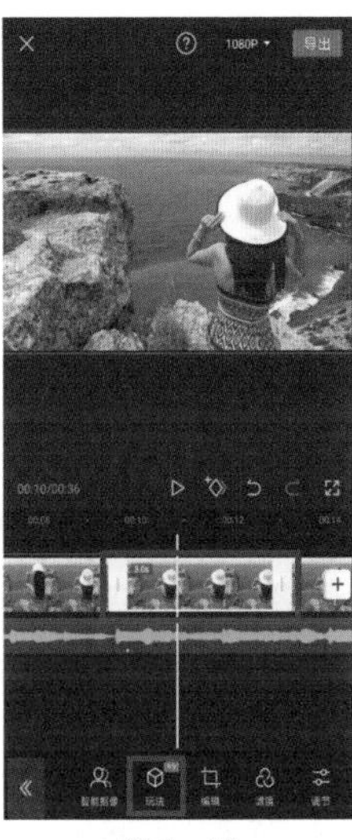

图 8-47

❹ 选择“潮漫”效果，如图 8-48 所示。

❺ 选中定格后的画面，点击界面下方的“删除”按钮，如图 8-49 所示。

❻ 通过试听背景音乐，确定视频结束的位置。将时间线移至第 3 句歌词唱完后的时间点，并让主视频轨道素材、画中画轨道素材以及音乐均在此处结束，如图 8-50 所示。

图 8-48

图 8-49

图 8-50

⑦ 依次点击界面下方的“文字”→“识别歌词”按钮，让歌词出现在画面中，如图 8-51 所示。

⑧ 调整字幕在画面中的位置、大小、字体、颜色等，增加画面的美感。本例所选字体为“后现代细体”，并调整了“透明度”“阴影”等参数，如图 8-52 所示。

⑨ 选中第一段字幕，将其结尾与第一个节拍点对齐，然后点击界面下方的“动画”按钮，分别添加“入场动画”分类下的“模糊”效果和“出场动画”分类下的“渐隐”效果，并适当增加动画时长，如图 8-53 所示。剩余的两段字幕按照相同的方法处理即可。

⑩ 选中“破碎消散”效果中人物部分的片段，点击界面下方的“滤镜”按钮，添加“清新”分类下的“潘多拉”滤镜，如图 8-54 所示。

图 8-51

图 8-52

图 8-53

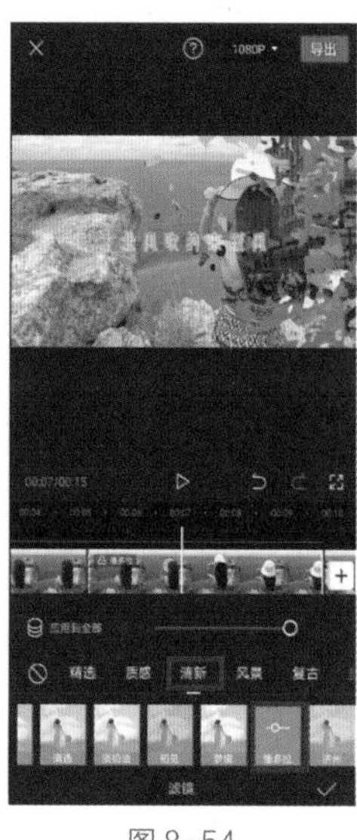

图 8-54

⑪ 在视频开始处添加“基础”分类下的“模糊开幕”滤镜，并在选中该特效后，点击界面下方的“作用对象”按钮，将其设置为“全局”，如图 8-55 所示。

⑫ 点击人物动态画面与漫画画面之间的 I 图标，添加“基础转场”分类下的“叠加”效果，并将转场时长拉至最长，如图 8-56 所示。添加转场效果后，视频时长会发生变化，所以需要重新选中漫画画面，将视频时长恢复到添加转场前的状态。

⑬ 最后为漫画部分添加“光影”分类下的“彩虹光晕”特效，即完成整个案例的制作。

图 8-55

图 8-56

8.5　实战案例2：抠图转场

抠图转场效果也是无法在剪映中“一键添加”的，需要通过后期制作才能实现。该转场的特点在于视觉冲击力强，而且即使是两个完全没有关联的画面也可以用该转场很顺畅地衔接。本例将使用到画中画、自动踩点、动画以及特效等功能。

8.5.1　步骤一：准备抠图转场所需素材

在“抠图转场”效果中，每一次转场都是以下一个素材第一帧的局部抠图画面作为开始，继而过渡到下一个场景，实现转场的目的。所以，在制作抠图转场效果之前，除了要准备多个视频片段，还要准备其第一帧的抠图画面，具体的操作方法如下。

❶ 在手机中打开准备好的视频素材，并将“播放进度条”拖至最左侧然后截图，如图 8-57 所示。

❷ 将截取的图片在 Photoshop 中打开，使用“快速选择工具”，将图片中的部分区域抠出，如图 8-58 所示。

图 8-57

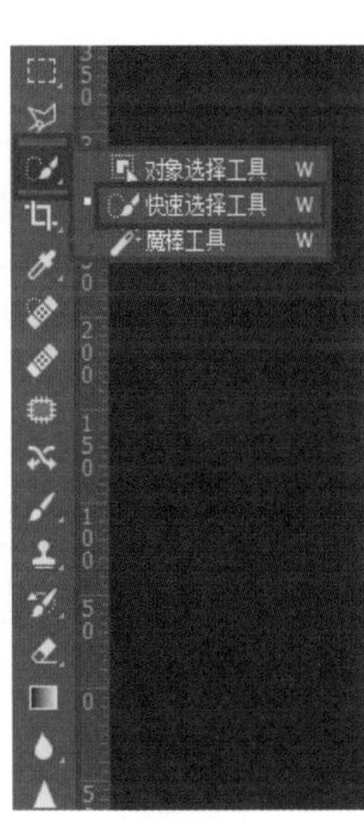

图 8-58

❸ 将抠取的图片保存为 PNG 格式，从而保留透明区域，得到如图 8-59 所示的画面。

❹ 其他的视频片段均按以上步骤进行操作。需要注意的是，在剪辑中作为第一个出现的视频片段不需要做此操作。因为第一个视频片段不需要从其他画面转场至该画面。

图 8-59

提示

由于抠图转场效果重点在于营造一种平面感，所以抠图不需要非常精细。另外，选择一些轮廓分明的视频画面进行抠图会得到更好的效果，并且抠图速度也更快。

8.5.2 步骤二：实现抠图转场基本效果

准备好素材之后，就可以在剪映中进行“抠图转场”效果的制作了，具体的操作方法如下。

❶ 将准备好的视频素材导入剪映，并点击界面下方的“画中画”按钮，如图 8-60 所示。

❷ 点击“新增画中画”按钮，将之前抠取的下一个视频的第一帧局部图片导入，如图 8-61 所示。虽然此时图片的背景显示为黑色，但添加至剪映中后就是透明背景了。

❸ 选中导入的抠图素材，并将时间线移至转场后的视频片段开头的位置，然后调整抠图素材的位置和大小，使其与画面完全重合，如图 8-62 所示。

图 8-60

图 8-61

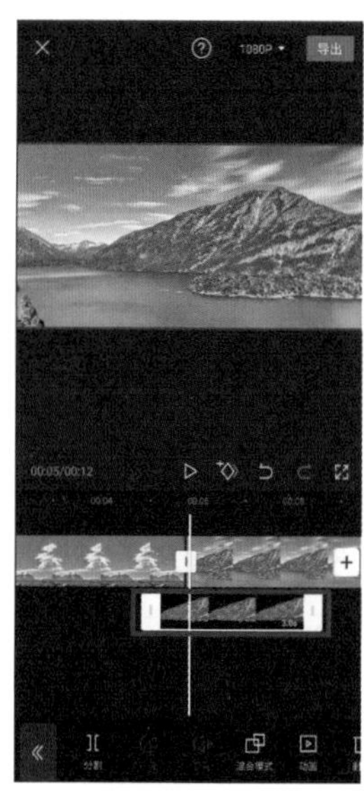

图 8-62

❹ 缩短抠图素材时长至 0.5 秒左右，所选片段时长会在其右下角显示，如图 8-63 所示。

❺ 将抠图素材的末端与两个视频片段衔接处对齐，如图 8-64 所示。

图 8-63

图 8-64

❻ 将其他需要制作转场效果的 3 个视频片段导入后，按照相同的方法制作“抠图转场”效果即可，如图 8-65 所示。

图 8-65

提示

将抠图素材控制在0.5秒并不是一个固定值，之所以建议将其调整为0.5秒，是因为经过作者反复尝试，发现0.5秒既可以让观众意识到图片的出现，又不至于被与当前画面毫不相干的景物所干扰。当然，也可以根据自己的需求对该时间进行调整。

8.5.3　步骤三：加入音乐实现卡点抠图转场

为了让转场的节奏感更强，需要选择合适的背景音乐，并在音乐节拍处进行抠图转场，具体的操作方法如下。

❶ 依次点击界面下方的“音频”→“音乐”按钮，选择“我的收藏”，并使用 *Man on a Mission* 这首音乐，如图 8-66 所示。也可以直接搜索歌名来添加该背景音乐。

❷ 选中音频轨道后，点击界面下方的“踩点”按钮，如图 8-67 所示。

❸ 点击界面左下角的“自动踩点”按钮，并选择“踩节拍Ⅰ”，如图 8-68 所示。之所以选择“踩节拍Ⅰ”是因为其节拍点比较稀疏，适合节奏稍慢的视频风格使用。

图 8-66

图 8-67

图 8-68

❹ 点击如图 8-69 所示中红框内的图标，查看画中画轨道。

❺ 选中画中画轨道中的第一个素材，将其开头与第一个节拍点对齐。再将主视频轨道中的素材（转场前的视频片段）末端与画中画轨道中的抠图素材的末端对齐，如图 8-70 所示。这样就实现了在节拍点处进行抠图转场的效果。

❻ 之后的 3 个视频片段的抠图转场均按照上述方法进行处理，即可实现每次转场均在节拍点上，也就是所谓的“音乐卡点”效果，如图 8-71 所示。

图 8–69

图 8–70

图 8–71

提示

在将主视频轨道素材与画中画轨道中的抠图素材末端对齐时，由于没有吸附效果，所以几乎不可能完全对准。此时切记，主视频轨道的视频长度比抠图素材的长度“宁短勿长”。也就是要确保在每个主视频素材衔接的时间点，均会出现抠图素材画面。只有这样才能正确实现抠图转场效果。

8.5.4 步骤四：加入动画和特效让转场更震撼

此时的抠图转场效果依旧比较平淡，所以需要增加转场和特效来强化其视觉效果。

❶ 选中画中画轨道中的抠图素材，并点击界面下方的“动画”按钮，如图 8-72 所示。

❷ 点击界面下方的“入场动画”按钮，选择“向下甩入”效果，如图 8-73 所示。也可以选择自己喜欢的效果进行添加。但为了更好地表现抠图转场效果的优势，建议选择“甩入”类的动画，从而营造更强的视觉冲击力。

❸ 按照上述方法，为每一个抠图素材都添加一个入场动画效果。

❹ 点击界面下方的“特效”按钮，并选择“漫画”分类下的“冲刺”效果。然后将该效果的首尾与抠图素材对齐，如图 8-74 所示。同样，以相同方法，在每个抠图素材登场时都添加一个特效。

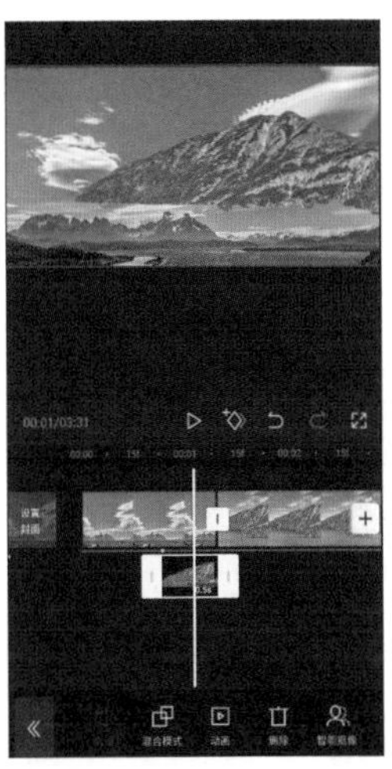
图 8-72

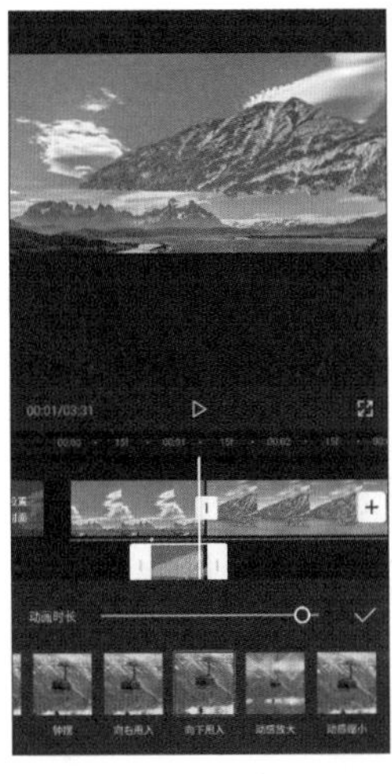
图 8-73

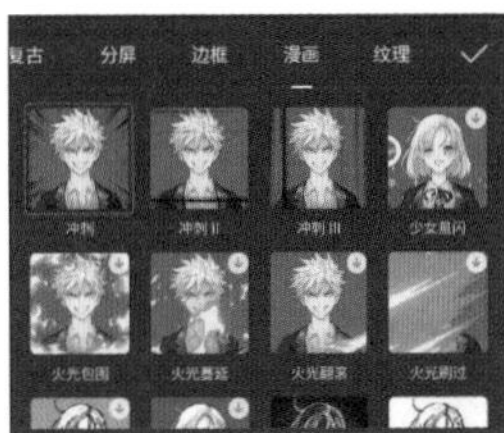

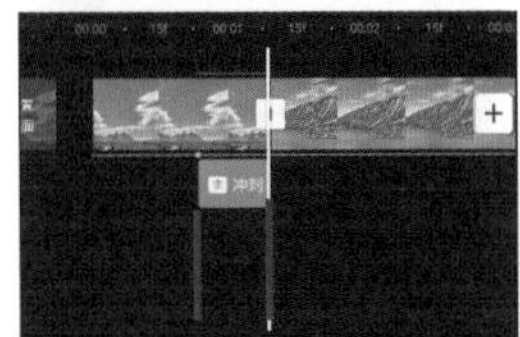
图 8-74

8.6　实战案例3：日记本翻页转场

本例主要是利用背景样式以及转场来营造日记本翻页的效果，非常适合用来展示外出游玩所拍摄的多张照片，并且充满文艺气息。

8.6.1　步骤一：制作日记本风格画面

首先来营造日记本的画面风格，具体的操作方法如下。

❶ 将准备好的图片素材导入剪映，并将每一张图片素材的时长调整为 2.7 秒，如图 8-75 所示。

❷ 点击界面下方的“比例”按钮，并设置为 9:16，如图 8-76 所示。该比例的视频更适合在抖音或快手平台进行播放。

❸ 点击界面下方的“背景”按钮，选择“画布样式”，如图 8-77 所示。

图 8-75

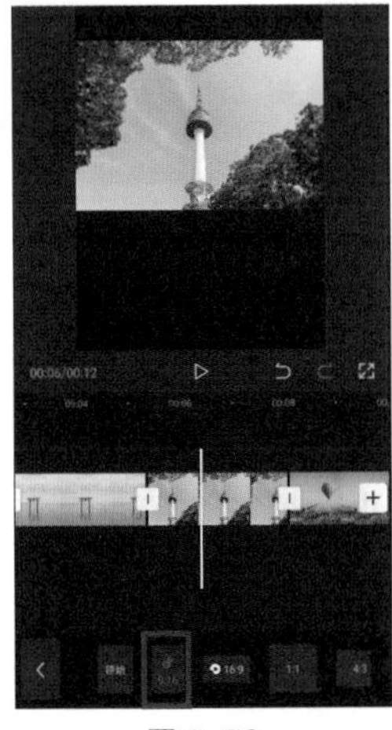
图 8-76

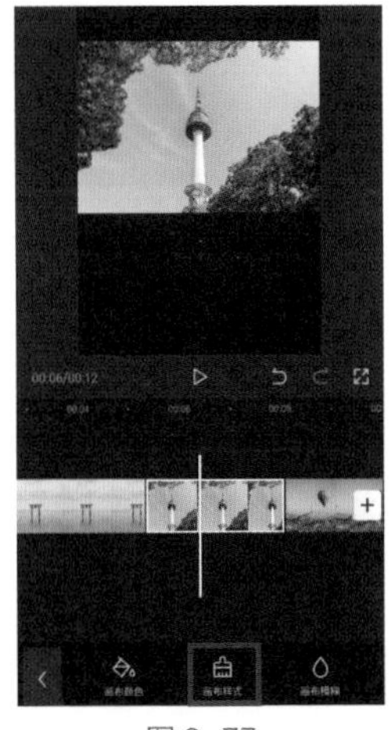
图 8-77

❹ 在“画布样式”中找到如图 8-78 所示的有很多小格子的背景，并点击“应用到全部”按钮。

❺ 选中第一张图片素材，然后适当缩小图片，使其周围出现背景的格子，并适当向画面右侧移动，从而为将来的文字留出一定的空间，并且当四周均出现小格子图案的时候，就有了将照片贴在日记本上的感觉，如图 8-79 所示。

❻ 将其他所有照片都缩小至与第一张相同的大小，并放置在相同的位置上，如图 8-80 所示。

图 8-78

图 8-79

图 8-80

提示

如何让每一张图片的大小和位置都基本相同呢？对于本例而言，先缩小照片，然后记住左右空出了多少个格子。再向右移动照片，记住与右侧边缘间隔多少个格子。这样，每张照片都严格按照先缩小，再向右移动的步骤，并且缩小后空出的格子与移动后和右边间隔的格子都保证相同，就可以实现位置和大小基本相同了。当然，前提是导入的照片比例需要是一样的。

❼ 依次点击界面下方的“文字”→“新建文本”按钮，输入每张图片的拍摄地，并将字体设置为“新青年体”，然后点击界面下方的“排列”按钮，继续点击图标，将文字竖排，如图 8-81 所示。

❽ 点击“颜色”按钮，将文字颜色设置为灰色，如图 8-82 所示。否则白色文字与背景难以分辨。

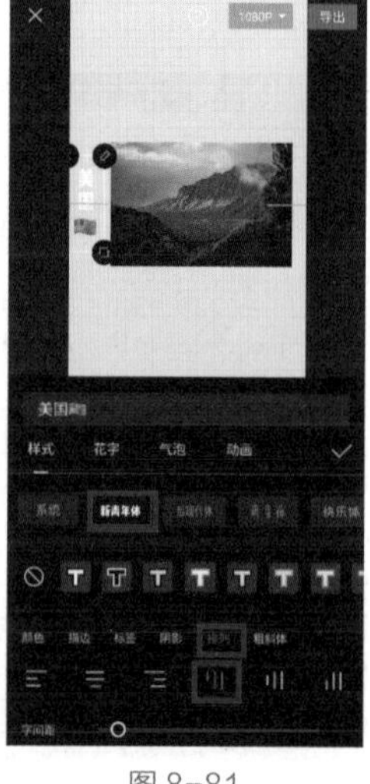

图 8-81

图 8-82

❾ 将文字安排在图片左侧居中的位置，文字轨道与对应的图片轨道首尾对齐，如图 8-83 所示。

❿ 复制制作好的文字，根据拍摄地点更改文字后，将其与视频素材轨道对齐，如图 8-84 所示。

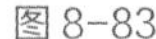
图 8-83

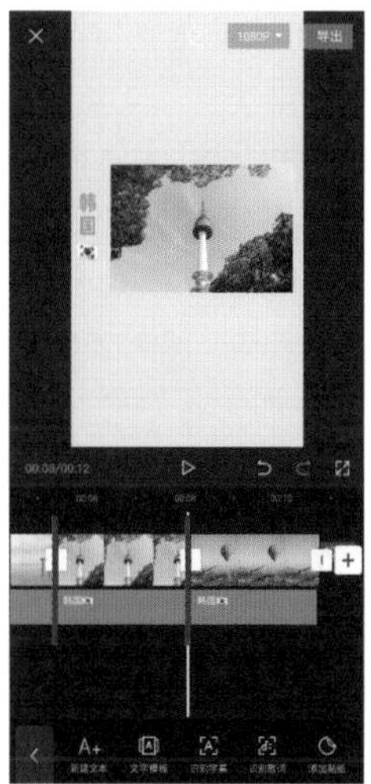

图 8-84

8.6.2　步骤二：制作日记本翻页效果

接下来将通过添加转场实现日记本翻页的效果，具体的操作方法如下。

❶ 点击视频片段之间的 图标，选择“幻灯片”分类下的“翻页”转场效果，将时长设置为 0.7 秒，并点击“应用到全部”按钮，如图 8-85 所示。

❷ 添加转场效果后，文字与图片素材就不是首尾对齐的状态了。所以，需要适当拉长图片素材，使转场刚开始的位置（有黑色斜线表明转场的开始与结束）与上一段文字的末端对齐，如图 8-86 所示。

❸ 按照此方法，将之后的每一张图片素材均适当拉长，使其与对应的文字末端对齐，如图 8-87 所示。

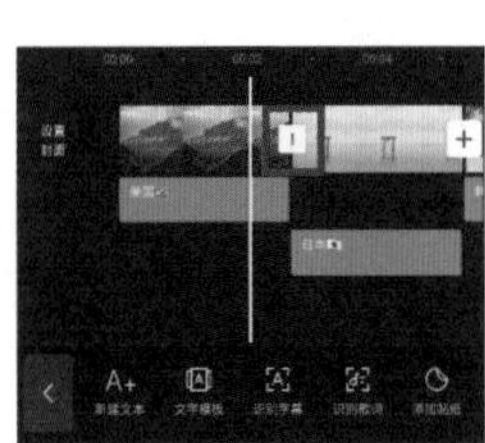
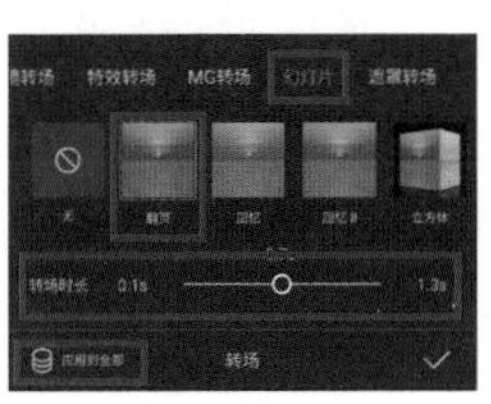

图 8-85

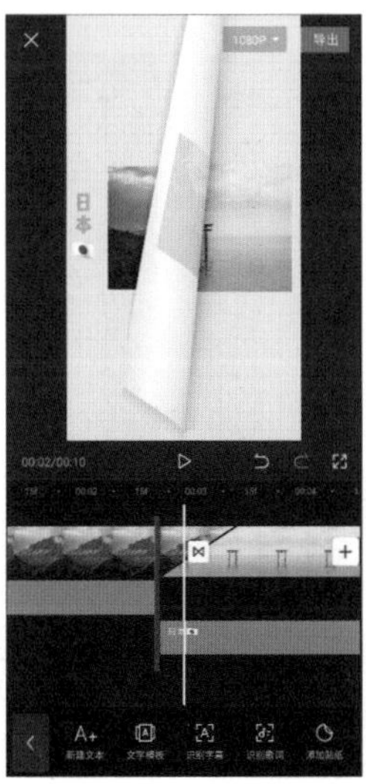

图 8-86

图 8-87

❹ 选中对应第二张图片的文字，点击界面下方的“动画”按钮，如图 8-88 所示。

❺ 选择“入场动画”中的“向左擦除”动画，并将时长设置为 0.7 秒，如图 8-89 所示。为文字添加动画是为了让其更接近翻页时，文字逐渐显现的效果。需要注意的是，第一张照片的对应文字不用添加动画，因为第一页是直接显示在画面中的，而不是翻页后才显示的。

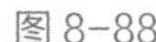

图 8-88

图 8-89

8.6.3　步骤三：制作好看的画面背景

下面为日记本添加一些好看的图案，让画面更精彩，具体的操作方法如下。

❶ 依次点击界面下方的“画中画”→“新增画中画”按钮，选中准备好的素材图片并添加。适当放大该图片，使其图案覆盖画面，如图 8-90 所示。

❷ 点击界面下方的“编辑”按钮，再点击“裁剪”按钮，如图 8-91 所示。

❸ 裁掉图片中需要的部分，并将其移至画面上方作为背景，如图 8-92 所示。

❹ 重复以上 3 步，为界面下方也添加背景图片，并且让这两个画中画轨道覆盖整个视频轨道，如图 8-93 所示。

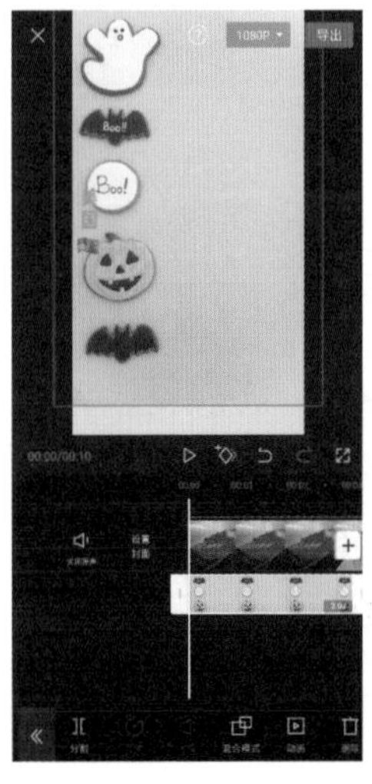

图 8-90

图 8-91

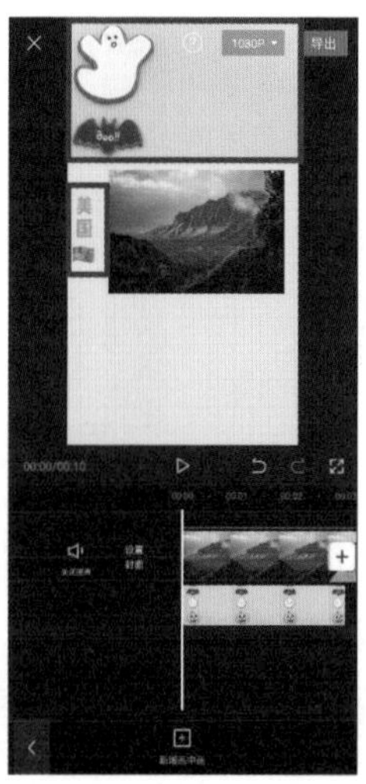

图 8-92

图 8-93

❺ 依次点击界面下方的“文字”→“新建文本”按钮，在画面中添加“旅行日记”标题，让该轨道覆盖整个视频，如图 8-94 所示。

❻ 点击界面下方的“贴纸”按钮，添加[图标]分类下的动态小熊贴纸，并让其覆盖整个视频轨道，如图 8-95 所示。

最后，添加一首自己喜欢的背景音乐，即完成日记本翻页效果的后期制作。

图 8-94

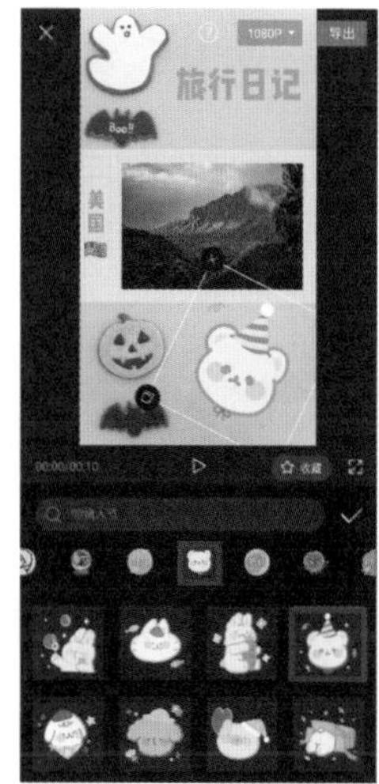

图 8-95

8.7　实战案例4：冲击波扩散转场

冲击波扩散转场效果的核心是将冲击波素材与视频素材合成，然后营造画面随冲击波扩散形成从无色到有色，以及从一个画面切换到另一个画面的效果。由于冲击波动画本身具备一定的视觉冲击力，再加上色彩的对比以及各种特效的润饰，可以让视频具有一定的爆发力。本例主要使用剪映中“混合模式”“蒙版”“关键帧”以及“画中画”等功能完成，效果截图如图 8-96 和图 8-97 所示。请按本书前言所述方法，观看本例完整教学视频。

图 8-96

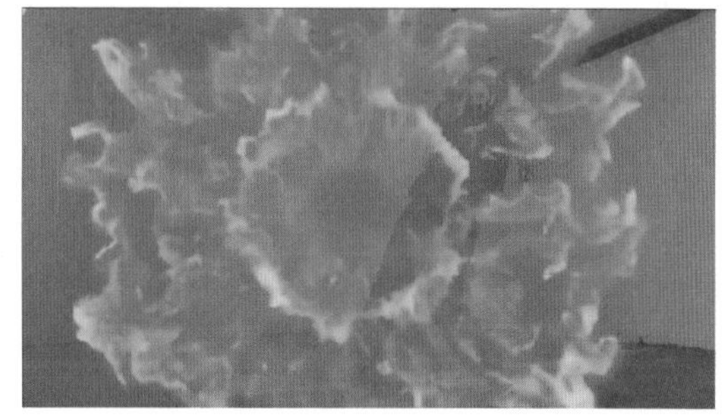

图 8-97

第9章
掌握剪辑思路，
让视频更连贯

9.1 “看不到”的剪辑

对于短视频而言，由于时间很短，所以对剪辑的要求是比较低的。而对于长视频，例如影视剧、综艺节目等，要想让观众长时间观看却不觉乏味、单调，剪辑的作用至关重要。流畅、优秀的剪辑，会让观众在看完视频后，完全感觉不到剪辑的存在，正所谓“看不到的剪辑，才是好的剪辑”。

9.1.1 剪辑的5个目的

剪辑可以说是视频制作中不可或缺的一个部分。因为如果只依赖前期拍摄，那么势必在跨越时间和空间的画面中出现很多冗余的部分，也很难把握画面的节奏与变化。所以，就需要利用剪辑来重新组合各个视频片段的顺序，并剪掉多余的画面，令画面的衔接更紧凑，结构更严密。

去掉视频中多余的部分

剪辑最基本的目的在于将不需要的部分删除。例如，视频片段的开头与结尾，往往会有些无实质内容，会影响画面节奏的部分，将这部分删除就可以令画面更紧凑。同时，在录制过程中也难免会受到干扰，导致一些画面有瑕疵、不可用，也需要通过剪辑将其删除。

除此之外，一些画面没有问题，但是在剪辑过程中发现与视频主题有偏差，或者很难与其他片段衔接的内容，也可以将其剪掉，如图 9-1 所示。

从汽车行驶的过程，到停在加油站，再到下车交谈，这几个画面之间势必会有一些无关紧要或者拖慢画面节奏的内容。将这些多余的内容删掉后，画面衔接就比较紧凑了

图 9-1

自由控制时间和空间

在很多影视剧中经常会看到前一个画面还是白天，后一个画面就已经是深夜了。或者前一个画面在一个国家，下一个画面就到了另外一个国家。之所以在视频中可以呈现这种时间和空间上的大幅跨越，就是剪辑在发挥作用。

通过剪辑可以自由控制时间和空间，从而打破物理限制，让画面内容更丰富的同时也省去了在转换时间和空间时的无意义内容。另外，在一些视频中，通过衔接不同的时间和空间的画面，可以让故事情节更吸引观众，如图 9-2 所示。

从黑夜到白天，从山庄到火车站，通过剪辑可以实现时间与空间的快速交替

图 9-2

通过剪辑控制画面节奏

之所以大多数视频的画面都是在不断变化的，是因为一旦画面静止不动，就很容易让观众感觉到枯燥，并转而观看其他视频，从而导致视频的流量降低。

而剪辑可以控制视频片段的时长，使其不断发生变化，从而利用观众的好奇心将整个视频看完。另外，对于不同的画面，也需要利用剪辑营造不同的节奏。例如，打斗的画面就应该提高画面节奏，让多个视频片段在短时间内快速播放，营造紧张的氛围；而温馨、抒情的画面则应该降低画面节奏，让视频中包含较多的长镜头，从而营造平静、淡然的氛围，如图 9-3 所示。

为了表现比赛的紧张刺激，画面节奏会非常快

图 9-3

值得一提的是，由于抖音、快手等短视频平台的观众大多在碎片时间进行观看，所以尽量发布画面节奏较快，时长较短的视频，往往可以获得更高的播放量。

通过剪辑合理安排各画面的顺序

在观看影视剧时，虽然画面不断在发生变化，但我们却依然感觉很连贯，不会感到是断断续续的。其原因在于，通过剪辑将符合心理预期以及逻辑顺序的画面衔接在一起后，由于画面彼此存在联系，因此每一个画面的出现都不会让观众感到突兀，自然会形成流畅、连贯的视觉感受。

而所谓的“心理预期”即为在看到某一个画面后，根据视觉惯性本能地对下一个画面产生联想。如果视频画面与观众脑海中联想的画面有相似之处，即可形成连贯的视觉感受，如图 9-4 所示。

当男子吃惊地看向某个景物时，观众的心理预期自然是“他在看什么”，所以接下来的镜头就对准了他所看到的鞋子。而当画面中出现从药盒取药的画面时，根据逻辑顺序，自然接下来要喝水吃药

图 9-4

而逻辑顺序可以理解为现实场景中，一些现象的自然规律。例如，一个玻璃杯从桌子上滑落到地上打碎的画面。该画面既可以通过一个镜头表现，也可以通过多个镜头表现。如果通过多个镜头表现，那么当杯子从桌子上滑落后，其下一个画面理应是摔到地上并打碎，因为这符合自然规律，也就符合正常的逻辑。通过逻辑关系衔接的画面，哪怕镜头数量再多，也会给观众一种连贯的视觉感受。

值得一提的是，如果想营造悬念感，则可以不按常理出牌，将不符合心理预期及逻辑顺序的画面衔接在一起，从而引发冲突，让观众思考这种“不合理”出现的原因。

对视频进行二次创作

剪辑之所以能够成为独立的艺术门类，主要在于它是对镜头语言和视听语言的再创造。既然提到“创造”，就意味着即使是相同的视频素材，通过不同的方式进行剪辑，可以形成画面效果、风格甚至是情感都完全不同的视频。

而剪辑的本质，其实也是对视频画面中的人或物进行解构再到重组的过程，也就是所谓的“蒙太奇”。

对于同样的视频素材，经过不同的剪辑师进行剪辑，其最终呈现的效果往往不尽相同，甚至是天差地别的。这也从侧面证明了，剪辑不是机械性劳动，而是需要发挥剪辑人员主观能动性，蕴含着对视频内容理解与思考的二次创造，如图 9-5 所示。

一段电影中的舞蹈画面，不同的剪辑师对于不同取景范围的素材选择以及画面交替时的节点，包括何时插入周围人的窃窃私语与表情都会有所不同

图 9-5

9.1.2 “剪辑”与“转场”的关系

其实剪辑的目的无非就是为了塑造故事，再一个是为了让画面连贯紧凑。而转场的作用也是为了让画面之间更连贯，这就与剪辑的作用产生了重合。

事实上，剪辑是包含转场的，或者说，转场是剪辑工作中的一部分。转场仅涉及两个画面的衔接，而剪辑不但要处理衔接的问题，更重要的是对多个画面进行组合，并控制每个画面的持续时间。

因此，在下文对剪辑的讲解中，会避免出现与本书第 8 章中转场内容重复的部分，但会对通过剪映无法直接实现的剪辑效果进行介绍。

9.2 剪辑的5种基本方法

一些特定的画面相互连接会自然形成连贯的视觉感受，再根据不同的素材灵活地进行使用，就具备了基本的剪辑效果。但需要强调的是，剪辑没有公式，任何两个画面都可以衔接，所以下文所讲解的只是常规方法，不是只有按照这些方法去剪辑才是对的。

9.2.1 反拍剪辑

两个拍摄方向相反的画面衔接，被称为“反拍剪辑”。这两个画面可以是针对同一主体的，也可以是分别拍摄人物以及他所处的环境的。这种剪辑方式通常应用在人物面对面的场景，例如两人的交谈、在公众场所讲话等。例如图 9-6 所示的两个画面，第一个画面是正在说话的人，第二个画面则是他所面对的那个人，故形成“反拍剪辑”并营造出对话的场景。

图 9-6

9.2.2　主视角剪辑

在人物画面后衔接这个人物的第一视角画面，即为“主视角剪辑”。这种剪辑方式具有强烈的“代入感”，可以让观众进入角色，仿佛感受到角色的喜怒哀乐。如图 9-7 所示的第一个画面中的人物正看向伤害他的人，紧跟着以第一视角画面表现他所看到的景象，从而让观众感受到他的无力反抗。

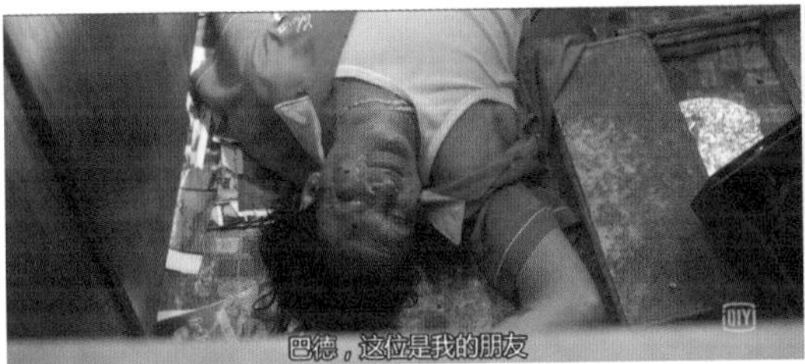

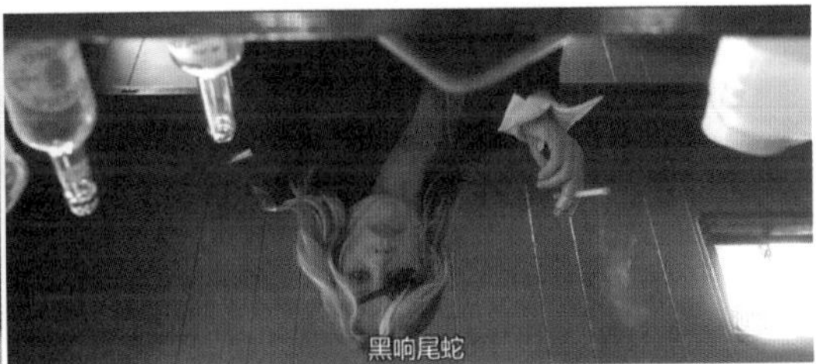

图 9-7

9.2.3　加入人们的“反应”

在某个画面之后衔接别人的“反应”，可以营造画面的情绪和氛围。例如图 9-8 所示的第一个画面展示了男孩的父母正在训斥他，而第二个画面则紧接着表现其未来的丈人和丈母娘的反应，顿时情绪变得严肃起来。有时还会衔接好几个表现人物表情、反应的画面，用来刻画某一重大事件造成的影响。

图 9-8

9.2.4 插入关键信息

加入表现画面中关键信息的画面就被称为“插入”，也被称为“切出”。这种画面往往起到推动情节发展或者起到引入、切换画面的作用。例如图 9-9 所示的第一个画面表现人物正在仔细观察着什么，接下来则出现跟踪器的特写画面，以此“插入”正在跟踪的这一关键信息，推动了故事的发展。

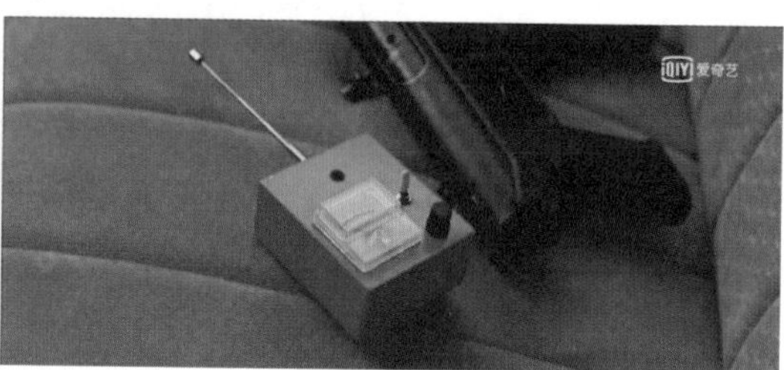

图 9-9

9.2.5 通过声音进行剪辑

声音是对画面进行剪辑的主要动机之一。例如，人物说话的声音、激烈打斗中出现的声音、从教堂中传出的声音等，不同的声音带给观众不同的感受，所以需要将素材剪辑为与之匹配的效果。例如图 9-10 所示中展示的是一个男孩回忆起的悲惨经历，其中夹杂着或愤怒或凄惨的尖叫声，还有火焰燃烧的声音，这些声音的快速切换串联起了多个画面。

图 9-10

9.3 8个让视频更流畅的关键点

通过“剪辑的 5 种方法”，我们了解了在常规情况下，哪些画面可以衔接在一起。虽然这些画面相互连接时并不会让观众感到突兀，但要想做到“看不到剪辑”，还要注意一些可以让画面衔接更自然的细节。

而让画面间衔接更自然的本质，就是将两个有联系，有相同点、相似点，互相匹配的画面衔接。由于剪辑与转场的关系，此部分内容也可以看作是“非技术性转场”的扩展。

9.3.1　方向匹配

当两个画面中的景物运动方向一致时，往往可以让衔接更自然。另外，当景物移出画面时，如果下一个画面表现该景物以相同的方向移入画面，那么画面会显得非常连贯。例如图 9-11 所示的第一个画面中两个奔跑的“人”从画面左侧移出，接下来第二个画面则从画面右侧出现，符合“方向匹配”的规则。举一反三，如果景物是静止的，而镜头是移动的，那么两个镜头移动方向一致的画面依然符合“方向匹配”。

图 9-11

9.3.2　视线匹配

两个画面中人物的视线是相向而视的，就属于“视线匹配”的规则。但有时剪辑者会故意让视线不匹配，以此表现人物眼神的躲避或漠视。

例如图 9-12 所示中男人的视线并没有看向女人，就形成了视线不匹配的效果，表现了双方的隔阂。

图 9-12

而随着谈话继续进展，当双方视线匹配时，则表现出他们开始感受到对方的痛苦与挣扎，画面的衔接也更连贯了，如图 9-13 所示。

图 9-13

9.3.3 角度匹配

当前后两个画面的拍摄角度基本相同时，就称为“角度匹配”。角度匹配通常应用在人物之间对话的场景，来降低拍摄方向改变所造成的“变化”，让画面更流畅。例如图 9-14 所示中展示的对话场景持续了近 5 分钟，画面多次在二人之间切换。由于拍摄角度在相反方向上几乎完全相同，所以让这一系列画面变得十分紧凑。另外，一些特殊角度的匹配，也可以用来营造画面氛围，例如多个画面采用倾斜角度，表现惊悚、紧张、激烈等。

图 9-14

9.3.4 构图匹配

当多个画面的构图存在相似之处时，依然会起到让视频更连贯的目的。而一些影片由于会多次使用同一种构图方式，甚至会形成独特的风格，例如《布达佩斯大饭店》这部电影就大量使用了中央构图，并以此作为标志。但这对摄影师的要求非常高，毕竟需要让一种构图方式贯穿整部电影。因此，我们常见的是类似图 9-15 所示的样子，通过相似的构图来衔接个别画面。

图 9-15

9.3.5 形状匹配

利用前后两个画面中相似的形状让场景变化更平滑被称为“形状匹配”。这种方式并不常见，却可以实现时间或空间的大范围变化，并且不让观众感到突兀。例如图 9-16 所示中的第一个画面地上的圆形图案就与下一个画面中的唱片相呼应，完成不同场景的衔接。

图 9-16

9.3.6 光线和色调匹配

连接在一起的画面不一定是同一时间拍摄的。而为了让观众认为两个画面的时间没有改变，就需要让光线和色调匹配，必要时需要进行调色，并营造光感。例如图 9-17 所示中展示的影片，其夜晚的色调全部高度统一，势必要进行调色处理，从而实现色调匹配。另外，一些影视剧的色调会根据故事进展而变化，以此来暗示故事的不同阶段，或者为影视剧想要营造的氛围提供帮助。

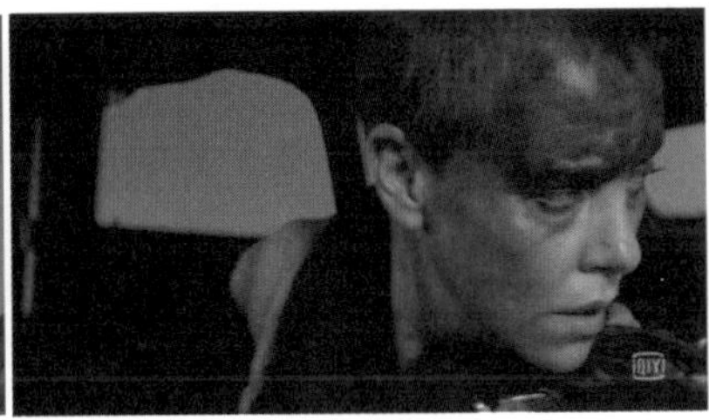

图 9-17

9.3.7 动作匹配

两个画面中的动作如果是连贯的就形成了“动作匹配”。在大多数情况下，都是对“一个动作”，以不同景别或者角度拍摄的画面进行匹配。但也有少数情况，可以通过不同空间，不同人物做出的“连续动作”实现空间或者时间的转换。例如图 9-18 所示中的第一个画面，是人与狗在跳舞，而第二个画面则通过匹配类似的动作，转换到马戏团的跳舞场景。

图 9-18

9.3.8 想法匹配

所谓“想法匹配”，其实就是将多个引导观众产生类似想法的画面衔接在一起。例如，看到时钟停摆就想到死亡；看到绿芽萌发就想到新生；看到海浪猛烈地击打在岩石上，就会想到激烈的冲突或者碰撞等。因为能够产生类似想法的景象可以有很大的跨度，所以非常适合将两个场景上具有较大差异的画面相连接。如图 9-19 所示的第一个画面是两个孩子在玩枪，第二个画面则切至另一个孩子嬉戏的画面，就是抓住了观众思维上的惯性。

图 9-19

9.4 在恰当的时刻进行画面交替

在剪辑过程中，知道什么样的画面可以流畅衔接在一起还不够，还要了解什么样的时间点适合衔接画面，才能够让视频一气呵成。

9.4.1 人物表情突变的时间点

观众对于人物表情的信息获取是很快的，尤其当人物的表情产生明显变化时，很容易被观众注意到。而就在注意到这个表情的瞬间，就是一个好的剪切点。当接下来的画面显示为何会产生这种表情的原因时，就会非常自然。例如图 9-20 所示，人物的表情突然出现了变化，并焦急地看向一边，紧接着给出他狂奔出门追画面中客车的情景，从而解释了他表情突变的原因。

图 9-20

9.4.2 人物动作转折点

无论是全身还是肢体动作，每当一个动作刚开始出现时，都可以作为一个剪切点。配合其他景别或者不同拍摄角度的画面，就可以在将一系列动作完整表现出来的同时还让画面更丰富。例如图 9-21 所示中的“点火”动作其实分成了多个画面，整个动作是连贯的，但却分成不同景别和不同角度来表现。

图 9-21

9.4.3 动作和表情结合的转折点

画面中人物的表情和动作往往是同时进行的，但表情一定会先于动作出现。那么在剪辑时，如果人物表情变化后紧接着开始某种行动，就可以等动作刚开始出现时再接之后的画面，而不是在出现表情后。例如图 9-22 所示的人露出愤怒的表情，并随后殴打另外一人，这时第一个画面就是“刚要动手”的画面，紧接着第二个画面出现“殴打”的动作，但调整了取景范围和景别后，画面就生动起来了。

图 9-22

9.5 用剪辑“控制”时间

一部电影可能只有两小时的长度，但却可以讲述真实时间一天、一月甚至一年间发生的故事。同样，一些本来转瞬即逝的画面，也有可能通过几秒甚至十几秒的时间来表现。所以，通过剪辑来“控制”时间，在视频创作中是很常见的。

9.5.1 时间压缩剪辑

通过缩短片段时长、使用叠化转场（见第 8 章的内容）等方法，让多个同一空间，但不同时间的画面依次出现，从而表现出时间的流逝感，就被称为“时间压缩”剪辑。例如图 9-23 所示的连续 3 个人物奔跑的画面，环境是统一的，动作是连续的，但人物的着装、状态却随着时间推移在不断发生变化，这样就将可能需要较长时间才会发生的“蜕变”，压缩在了短短几秒之内。

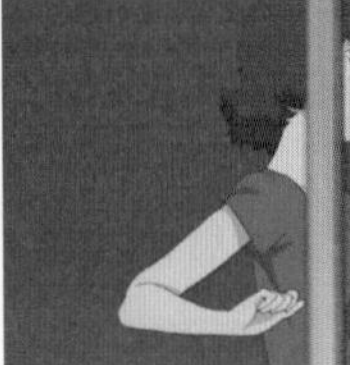

图 9-23

除此之外，还有一种“快闪剪辑”属于“时间压缩”的另一种形式。上文所述的时间压缩剪辑方法，通常用于压缩较长的时间范围。而“快闪剪辑”则用于压缩本身就很短暂的瞬间。剔除任何无用的画面，只保留关键“动作”，就是快闪剪辑的核心思路，而这通常会用于打斗画面的剪辑，以进一步营造急促、紧张、激烈的氛围。例如图 9-24 所示的第一个画面表现女人吃惊的表情，第二个画面就直接是人物飞踹过来，没有任何拖泥带水。

图 9-24

9.5.2 时间扩展剪辑

通过延长片段的时长，放缓画面交替的节奏，或者反复、多角度表现同一动作等，给观众一种时间被延长的视觉感受，就属于“时间扩展剪辑”。如图 9-25 所示的画面，为了表现出拿筷子吃饭的艰难，一个镜头持续了近 15 秒，是典型的通过放缓画面交替节奏实现时间扩展的案例。

图 9-25

需要注意的是，当通过多角度表现同一动作时，如果该动作在画面中是连贯的，为了让“时间扩展”更明显，往往需要配合慢动作进行呈现。

9.5.3 时间停滞剪辑

时间停滞剪辑也可以被理解为时间扩展剪辑的另一种形式。往往以在充满紧张感的画面中，突然出现一个相对平静的画面来表现时间停滞的效果。所以，时间停滞剪辑并不是真的加入一个静止的画面，而仅是让快节奏的画面突然有一个缓冲，让观众悬着的心放下来一会儿，从而为之后的高潮做铺垫。例如图 9-26 所示的战斗场景，明明节奏很快，但突然插入了相对平稳的指挥官与副官对话，并看了眼怀表的场景，给了观众缓冲心情的机会，但预示着接下来会有更激烈的画面。

图 9-26

9.6 通过调整画面播放速度影响“时间”

调整画面的播放速度也是剪辑的一部分。利用定格、慢动作、快动作、倒放这 4 种播放效果，可以让画面对时间的表现更灵活。

9.6.1　定格

图 9-27

顾名思义，定格画面其实就是静止画面。静止画面可以让一种氛围或者情绪保持一小段时间不会改变。往往用来塑造情绪异常强烈的时刻，例如夺冠的胜利时刻或者爱人离世的痛苦时刻等。如图 9-27 所示就是通过定格，来突出坏人被打倒在地的场景。

9.6.2　慢动作

图 9-28

速度正常的画面被减速播放，则属于“慢动作”。慢动作效果经常用在体育视频或者激烈的打斗画面中，从而突出表现某个瞬间，让观众可以看到更多精彩的细节。例如图 9-28 所示的场景中，就是通过慢动作来表现老者的腾空动作。

9.6.3　快动作

速度正常的画面被加速播放则属于“快动作”。快动作效果的应用相比慢动作要少很多，通常用于表现人物记忆恢复，或者戏剧效果等才会使用。有时也会为了压缩时间，而采用快动作效果。在如图 9-29 所示的场景中，为了表现人物在时间紧迫情况下“背答案”所导致的大脑超负荷运转，所以将不断晃动镜头拍摄的素材进行了加速处理，形成快动作，将“大脑快速运转”形象化。

图 9-29

9.6.4　倒放

顾名思义，“倒放”就是反向播放的画面，通常用来表现时间倒退的效果。在一些需要还原事物本来面貌的画面中会经常用到。例如图 9-30 所示的当男子轻吻女子脸上的伤疤时，他所回忆的画面是以“倒放”的方式表现的，直至该女子的脸上还没有疤痕的时间点。

图 9-30

提示

定格、慢动作、快动作和倒放效果均可以通过剪映实现，具体方法见第3章和第4章的内容。

9.7 并不深奥的蒙太奇

“蒙太奇”一词源自法语词汇 to mount，指插入一系列影像片段来传递或归纳事实、情感或思想。蒙太奇几乎广泛存在于所有的影视剧中，其本身并不难理解，也没有多么深奥。

9.7.1 认识蒙太奇

“蒙太奇”其实是一种“结构”。将时间、场景、内容有任意一点不同的两个镜头剪辑到一起，都可以称作“蒙太奇”。所以在学习剪辑的过程中，其实很少会提到蒙太奇，因为它太普遍了。

而蒙太奇这种结构的奇妙之处在于，通过不同的组合，可以让相同的画面讲述不同的故事。例如 3 个画面，第一个画面是群山，第二个画面是庙，第三个画面是和尚，讲述的故事就是“山里有个庙，庙里有个和尚”。但如果把顺序颠倒一下，变成第一个画面是和尚，第二个画面是庙，第三个画面是群山，其讲述的故事就成了“一个人选择出家当和尚，归隐山林”。

前者更适合做故事的开头，而后者则适合做故事的结尾。素材相同，只不过颠倒了顺序，表达的内容就会出现较大的差异。

也正因如此，蒙太奇的变化是无穷无尽的，没有定式。但有一些常用的组合画面的方式，可以让大家熟悉通过剪辑，通过蒙太奇，来让故事更精彩的方法。

9.7.2 平行蒙太奇

将两个或更多看似毫无交集的人物的画面连续出现在画面中，从而让观众意识到他们在后面的故事中肯定会有交集，并因此期待是什么会将他们联系在一起，这就是“平行蒙太奇”。

这种剪辑结构通常会用在视频的开头，既是对视频中的多个人物进行“亮相”，也勾起了观众的好奇心。例如图 9-31 和图 9-32 所示的照片

图 9-31

分别出现了 3 个看似毫不相关的人，但其势必会因为某些原因而产生交集。

图 9-32

9.7.3　交叉蒙太奇

在平行蒙太奇中，人物暂时是没有交集的。但是在交叉蒙太奇中，人物不但会直接产生交集，还有可能产生冲突和对抗等。

图 9-33

因此，交叉蒙太奇这种结构通常会出现在影视剧的高潮阶段，可以强化冲突的表现。例如这 3 个连续出现的画面，其中的人物已经在剧情中有了明确的联系。如图 9-33 所示的女人即将死亡，如图 9-34 所示的右图中的男孩正是她的儿子。男孩正在看的剧，又是图 9-33 中男人的首演。通过不同画面表现的复杂关系，将这部电影推向高潮。

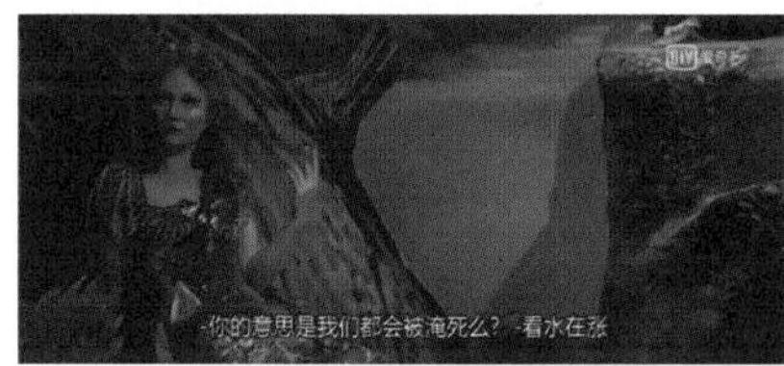

图 9-34

9.7.4　重叠蒙太奇

重叠蒙太奇是交叉蒙太奇的变形。多个画面同样是有联系的，但画面内容会有一定的“雷同”，以此强化影片的表现力。如图 9-35 所示中的警探开枪的“重叠”画面让枪战更精彩。

图 9-35

第10章
爆款短视频剪辑思路

无论是手机版剪映还是专业版剪映，甚至是更专业的剪辑软件，例如Adobe Premiere，它们都只是剪辑的工具而已。学会使用这些软件，并不代表学会了剪辑。对于剪辑而言，在处理视频时的思路往往更重要。在本章中，将介绍剪辑时常用的，以及不同类别短视频的剪辑思路。

10.1　短视频剪辑的常规思路

10.1.1　提高视频的信息密度

一条短视频的时长通常只有十几秒，甚至几秒。为了能够在这很短的时间内迅速“抓”住观众，并且讲清楚一件事，需要视频的信息密度很大。

所谓“信息密度”，可以简单理解为画面内容变化的速度。如果画面的变化速度相对较快，在某种程度上，观众就可以不断获得新的信息，从而在很短的时间内，了解一个完整的“故事”。

并且，由于信息密度大的视频不会给观众太多思考的时间，所以这有利于保持观众对视频的兴趣，对于提高视频的完播率也非常有帮助。

10.1.2　营造视频段落间的差异性

一段完整的视频通常是由几个视频片段组成的。当这些视频片段的顺序不太重要时，就可以根据其差异性来确定将哪两个片段衔接。通常而言，景别、色彩、画面风格等方面相差较大的视频片段适合衔接在一起。因为这种跨度大的画面会让观众无法预判下一个场景将会是什么，从而激发其好奇心，并吸引其看完整个视频。

值得一提的是，通过“曲线变速”功能营造运镜速度的变化，其实也是为了营造差异性。通过慢与快的差异，让视频效果更多样化。

10.1.3　利用“压字”让视频有综艺效果

在剪辑有语言的视频时，可以让画面中出现部分需要重点强调的词汇，并利用剪映中丰富的字体和“花字”样式，以及文字动画效果，让视频更具综艺感。

在剪辑过程中要注意语言与文字的出现要几乎完全同步，这样才能体现出“压字”的效果，视频的节奏感也会更为强烈。

10.1.4　背景音乐不要太“前景”

很多剪辑新手在找到一首非常好听的背景音乐后，总是会将其音量调得比较大，生怕观众听不到这么优美的旋律。但对于视频而言，其画面才是最重要的，背景音乐再好听也只是陪衬。如果因为背景音乐音量太大而影响了画面的表现就得不偿失了。尤其是用来营造氛围的背景音乐，其音量刚好能听到即可。

10.2 甩头换装（换妆）类视频的后期处理思路

甩头换装（换妆）类视频的核心后期处理思路在于，营造换装（妆）前后的强烈对比。抖音账号“刀小刀 sama”正是靠此类视频而爆红的，如图 10-1 所示。

图 10-1

其流量变现方式为卖服装和化妆品、广告植入、商品橱窗卖货等。

在换装（妆）前，人物的穿搭、装扮尽量简单，画面的色彩也尽量真实、朴素，如所示。

在换装（妆）后，可以通过以下 6 点，营造换装（妆）前后的强烈对比，得到如图 10-3 所示的效果。

（1）让着装及妆容更时尚，更精致。

（2）使用滤镜营造特殊色彩。

（3）使用剪映中“梦幻”或者“动感”类别的特效，强化视觉冲击力，如图 10-4 所示。

（4）选择节奏感、力量感更强的背景音乐。

（5）换装（妆）前后不使用任何转场特效，从而利用画面的瞬间切换营造强烈的视觉冲击力。

（6）对换装（妆）后的素材进行减速处理，如图 10-4 所示。

图 10-2

图 10-3

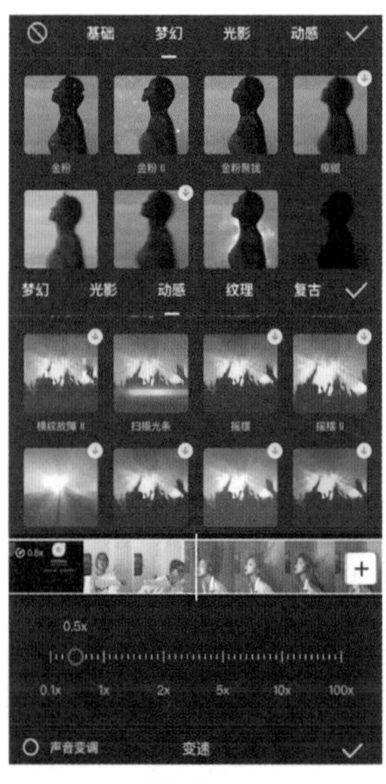

图 10-4

10.3　剧情反转类视频的后期处理思路

其实剧情反转类视频主要靠情节取胜，而视频后期处理则主要是将多段素材进行剪辑，让故事进展得更紧凑，并将每个镜头的关键信息表达出来。抖音账号“青岛大姨张大霞”正是靠此类视频而爆红的，如图 10-5 所示。

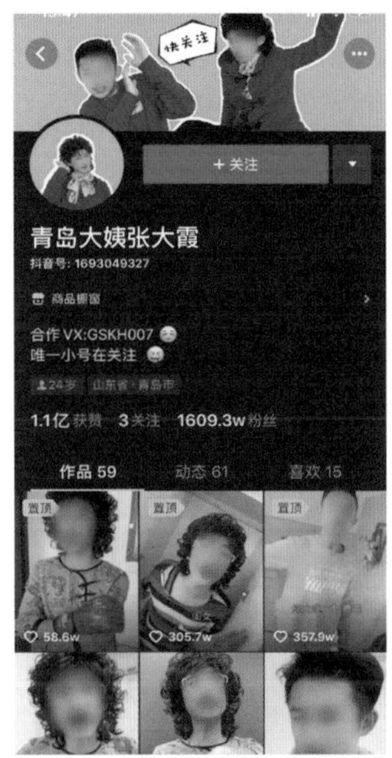

图 10-5

其流量变现方式为卖服装和道具、广告植入、商品橱窗卖货等。

剧情反转类视频的后期处理思路主要有以下 4 点。

（1）镜头之间不添加任何转场效果，让每个画面的切换都干净利落，将观众的注意力集中在故事情节上。

（2）语言简练，每个镜头的时长尽量控制在 3 秒以内，通过画面的变化吸引观众不断看下去，如图 10-6 所示。

（3）字幕尽量简而精，通过几个字表明画面中的语言内容，并放在醒目的位置上，有助于观众在很短时间内了解故事情节，如图 10-7 所示。

（4）在故事结尾，也就是“真相”到来时，可以将画面减速，给观众一个“恍然大悟”的时间，如图 10-8 所示。

图 10-6

图 10-7

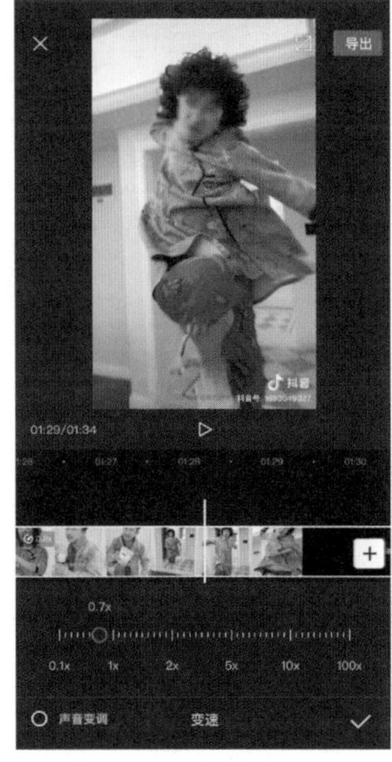

图 10-8

10.4 书单类视频的后期处理思路

书单类视频的重点是要将书籍内容的特点表现出来。而书中的一些精彩段落或内容结构，单独通过语言表达很难引起观众的注意，这就需要通过后期剪辑为视频添加一些能起到说明作用的文字。抖音账号“掌阅读书实验室”就是靠此类视频爆火的，如图 10-9 所示。

图 10-9

其流量变现方式为卖书、商品橱窗卖货等。

书单类视频的后期处理思路主要有以下 4 点。

（1）大多数书单类视频均为横屏录制，并在后期处理时调整为 9:16。从而在画面上方和下方留有添加书籍名称和介绍文字的空间，如图 10-10 所示。

（2）画面下方的空白可以添加对书籍特色的介绍，并为文本添加动画效果，实现在介绍到某部分内容时，相应的文字以动态的方式显示在画面中，如图 10-11 所示。

（3）利用文字轨道，还可以确定文字的移出时间，并且同样可以添加动画效果，如图 10-12 所示。

（4）书单类视频的背景音乐尽量选择舒缓一些的，因为读书本身就是在安静环境中做的事，所以舒缓的音乐可以让观众更有读书的欲望。

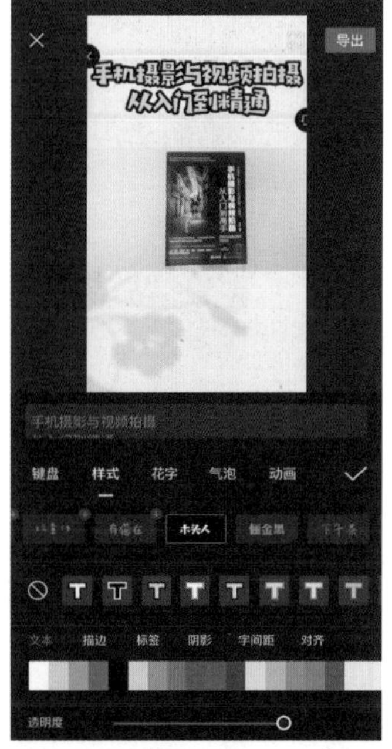

图 10-10

图 10-11

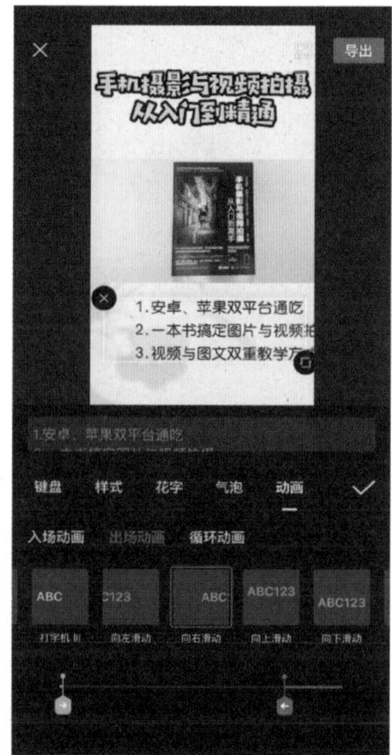

图 10-12

10.5 特效类视频的后期处理思路

虽然用剪映或者快影做不出来科幻大片中的特效，但是当“五毛钱特效”与现实中的普通人同时出现时，让日常生活也有了一丝幻想。抖音账号“疯狂特效师”正是靠此类视频而爆红的，如图 10-13 所示。

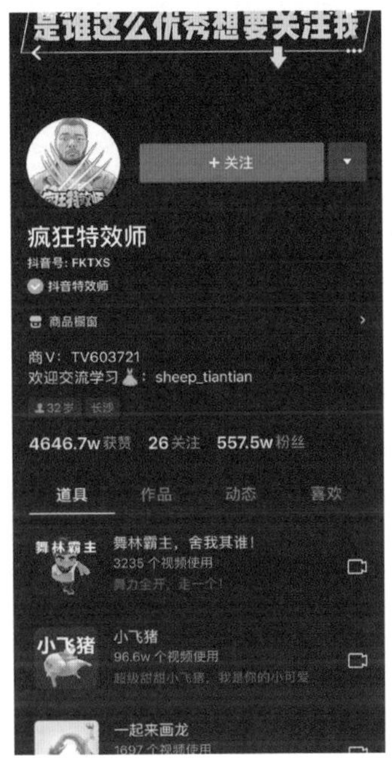

图 10-13

其流量变现方式为广告植入、商品橱窗卖货等。

特效类视频的后期处理思路主要有以下 4 点。

（1）首先要能够想象到一些现实生活中不可能出现的场景。当然，模仿科幻电影中的画面是一个不错的选择。

（2）寻找能够实现想象中场景的素材。例如，想拍出飞天效果的视频，那么就要找到与飞天有关的素材；想当雷神，就要找到雷电的素材等，如图 10-14 所示。

（3）接下来运用剪映中的画中画功能，如图 10-15 所示，为视频加入特效素材，与画面中的人物相结合实现基本的特效画面。为了让画面更有代入感，人物要做出与特效环境相符的动作或表情。

（4）为了让人物与特效结合的效果更完美，可以尝试使用不同的“混合模式”。如果下载的特效素材是“绿幕”或“蓝幕”，则可以利用“色度抠图”功能，随意更换背景，如图 10-16 所示。

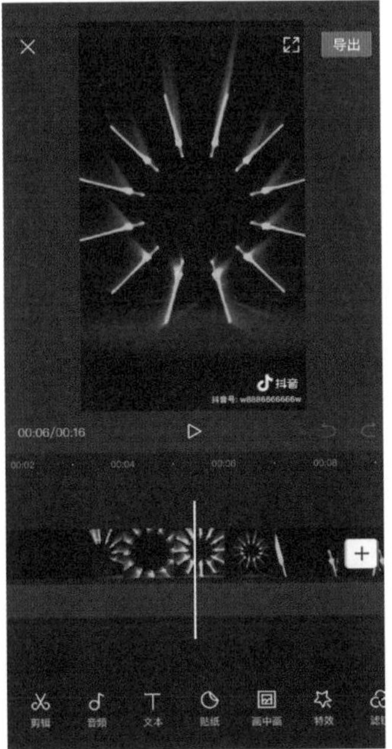

图 10-14

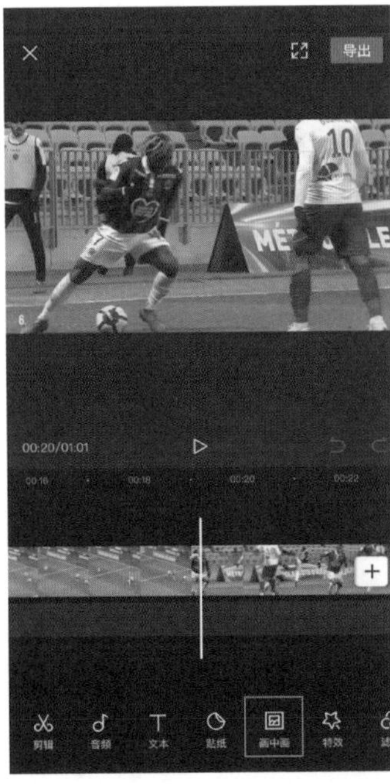

图 10-15

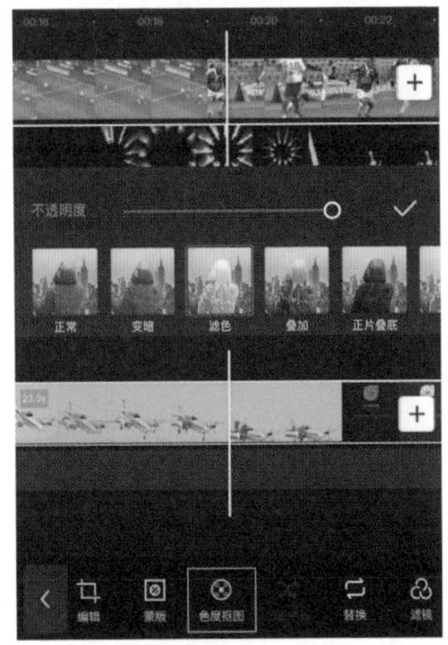

图 10-16

10.6 开箱类视频的后期处理思路

开箱类视频之所以会吸引观众的眼球主要出于“好奇心”，所以大多数比较火的开箱类视频都属于“盲盒”或者“随机包裹”一类的。但一些评测类的视频依旧会包含“开箱”过程，其实也是利用“好奇心”让观众对后面的内容有所期待。抖音账号“良介开箱”正是靠此类视频而爆红的，如图 10-17 所示。

图 10-17

其流量变现方式为广告植入、商品橱窗卖货等。

为了能够充分调动起观众的好奇心，开箱类视频的后期处理思路主要有以下 5 点。

（1）在开箱前利用简短的文字介绍开箱物品的类别，当作视频的封面。例如手办、鞋、包等，但不说明具体款式，起到引起观众好奇心的目的，如图 10-18 所示。

（2）未开箱的包裹一定要出现在画面中，甚至可以多次出现，充分调动观众对包裹内物品的期待与好奇。

（3）用小刀划开包装箱的画面建议完整保留在视频中，甚至可以适当降低播放速度，如图 10-19 所示。

（4）打开包装箱后，从箱子中拿物品到将物品展示在观众眼前可以剪辑为两个镜头。第一个镜头在慢慢地拿物品，而第二个镜头则直接展示物品，实现一定的视觉冲击力。

（5）视频最后，加入对物品的全方位展示，以及适当的讲解，其时长最好占据整个视频的一半，从而给观众充分的时间来释放之前积压的好奇心，如图 10-20 所示。

图 10-18

图 10-19

图 10-20

10.7　美食类视频的后期处理思路

美食类视频的重点是要清晰表现烹饪的整个流程，并且拍出美食的“色香味”。因此，对美食类视频进行后期处理时，在介绍佳肴所需的原材料和调味品时，要注意画面切换的节奏；而在菜肴端上餐桌时，则要注意画面的色彩。抖音账号“家常美食教程（白糖）”正是靠此类视频而爆红的，如图 10-21 所示。

图 10-21

其流量变现方式为调味品和食材广告植入，及商品橱窗售卖食品。

为了能够清晰表现烹饪流程，呈现菜肴最诱人的一面，其后期处理思路主要有以下 4 点。

（1）在介绍所需调料或食材时，尽量简短，并通过“分割”工具，让每个食材的出现时长基本一致，从而呈现一种节奏感，如图 10-22 所示。

（2）为了让每一步操作都清晰明了，需要在画面中加上简短的文字，介绍所加调料或烹饪时间等关键信息，如图 10-23 所示。

（3）通过剪映或快影中的“调节”功能，可以增加画面的色彩饱和度，从而让菜肴的色彩更浓郁，激发观众的食欲。

（4）美食视频的后期剪辑往往是一个步骤一个画面，所以视频节奏会很紧凑。观众在看完一遍后很难记住所有的步骤，因此在最后加入一张菜谱，可以令视频更受欢迎，如图 10-24 所示。

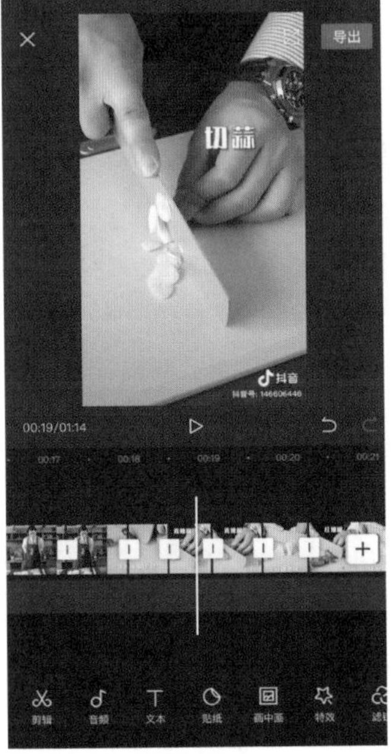

图 10-22

图 10-23

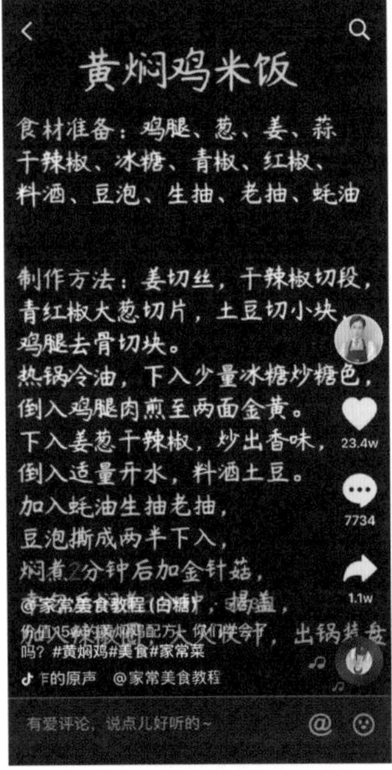

图 10-24

10.8 混剪类视频的后期处理思路

目前抖音、快手或者其他短视频平台的混剪视频主要分为两类。第一类是对电影或剧集进行重新剪辑，用较短的时间让观众了解其讲述的故事；第二类则是确定一个主题，然后从不同的视频、电影或者剧集中寻找与这个主题均有关系的片段，将其拼凑在一起。

这两类视频的头部账号均有不错的流量，但第一类，对电影或剧集进行概括性讲解的混剪视频显然更受观众欢迎。抖音账号“影视混剪王”正是靠此类视频而爆红的，如图 10-25 所示。

其流量变现方式为广告置入和商品橱窗卖货。

混剪类视频的后期处理思路主要有以下 3 点。

（1）在进行影视剧混剪之前，要将每个画面的逻辑顺序安排好，尽量只将对情节有重要推进作用的画面剪进视频，并通过“录音”功能加入解说，如图 10-26 所示。

（2）因为电影或者电视剧都是横屏的，而抖音和快手大多都是竖屏观看的，所以建议通过“画中画”功能将剪辑好的视频分别在画面上方和下方进行显示，形成如图 10-27 所示的效果。

（3）对于确定主题后的视频混剪，则要通过文字或者画面内容的相似性，串联起每个镜头。例如，不同影视剧中都出现了主角行走在海边的画面，利用场景的相似性，就可以进行混剪；或者三个画面表现了在抗疫期间，不同岗位上的人们所做的努力，通过“抗疫”这一主题，将不同的画面联系在一起，如图 10-28 所示。

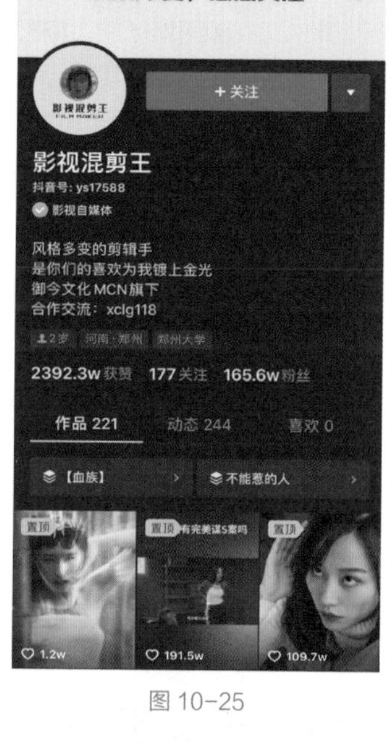

图 10-25

图 10-26

图 10-27

图 10-28

10.9　科普类视频的后期处理思路

目前抖音或者快手中比较火的科普类视频主要是提供一些生活中的冷知识，例如，“为何有的铁轨要用火烧？”或者“市场上猪蹄那么多，但为何很少见牛蹄呢？”

虽然即使不知道这些知识对于生活也不会产生什么影响，但毕竟每个人都有猎奇心理，总是不能抗拒去了解这些奇怪的知识。抖音账号“笑笑科普”正是靠此类视频而爆红的，如图 10-29 所示。

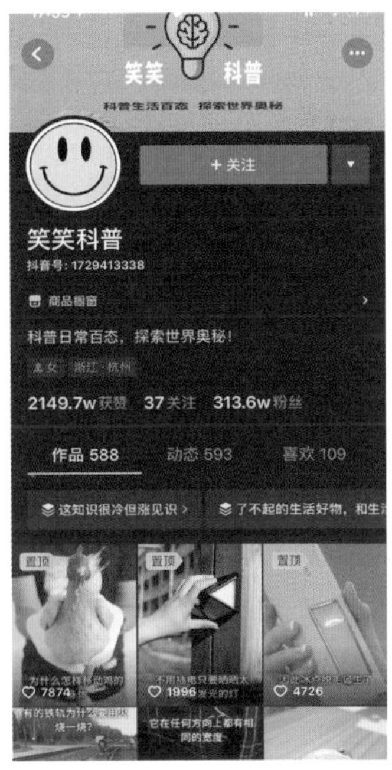

图 10-29

其流量变现方式为广告植入和商品橱窗卖货。

科普类视频的后期处理思路主要有以下 3 点。

（1）在第一个画面要加入醒目的文字，说明视频要解决什么问题。这个问题是否能够引起观众的好奇与求知欲，是决定着观看量的关键所在，如图 10-30 所示。

（2）科普类视频中需要包含多少个镜头，主要取决于需要多少文字能够解释清楚这个问题。因此在后期剪辑时，其思路与为文章配图是基本相同的。为了让画面不断发生变化，吸引观众继续观看，一般两句话左右就要切换一个画面，如图 10-31 所示。

（3）为了让科普类视频能够让多数人看懂，也可以加入一些动画演示，让内容更亲民。受众数量增加后，自然也会有更多的人观看，如图 10-32 所示。

图 10-30

图 10-31

图 10-32

10.10 文字类视频的后期处理思路

文字类视频除了文字内容，其余所有画面效果均是靠后期剪辑呈现的。此种视频的优势在于制作成本比较低，不需要实拍画面，只需把要讲的内容，通过动态文字的方式表现出来就可以了。其中抖音账号“自媒体提升课”正是靠此类视频而爆红的，如图 10-33 所示。

其流量变现方式为广告植入和商品橱窗卖货。

文字类视频的后期处理思路主要有以下 5 点。

（1）为了让文字视频更生动，并吸引观众一直看下去，文字的大小和色彩均要有所变化。在后期排版时，不求整齐，只求多变，如图 10-34 所示。

（2）使用剪映制作此类视频时，通常需要在“素材库”中选择“黑场”或“白场”，也就是选择视频背景颜色，如图 10-35 所示。

（3）由于在建立“黑场”或“白场”后，其默认为横屏显示，所以需要手动设置比例为 9:16 后再旋转一下，形成如图 10-36 所示的竖屏画面，方便在抖音、快手等平台播放。

（4）在利用文本工具输入大小、色彩不同的文字后，记得为每一段文字添加动画效果，让文字视频更具观赏性，如图 10-37 所示。

（5）文字的出现频率要与背景音乐的节奏一致，利用剪映的“踩点”功能，即可确定每段文字的出现时间。

图 10-33

图 10-34

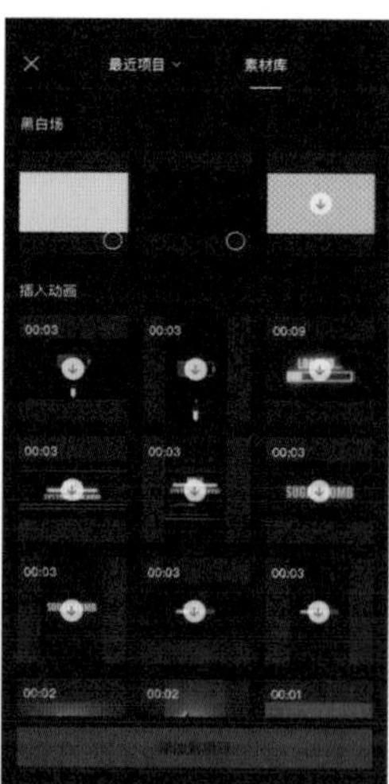

图 10-35

图 10-36

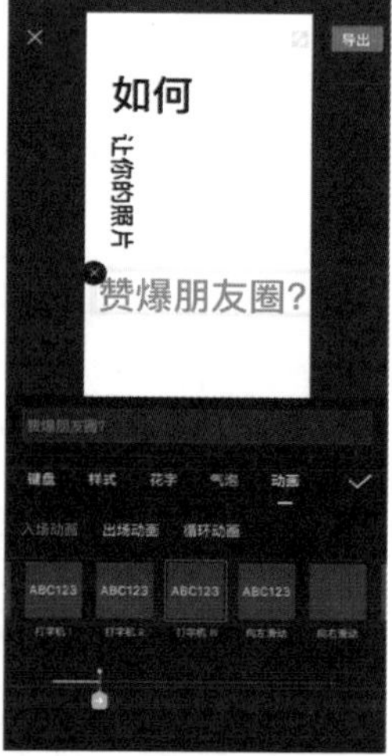

图 10-37

10.11 宠物类视频的后期处理思路

抖音和快手中的“高赞”宠物类视频主要分为两类，一类是表现经过训练后的狗狗的听话懂事、通人性。抖音账号“金毛~路虎”正是靠此类视频而爆红的，如图10-38所示。

另外一类则是记录它们可爱有趣的一面，其中抖音账号“汤圆和五月”的流量较高。

其流量变现方式为售卖宠物相关用品。

宠物类视频的后期处理思路主要有以下3点。

（1）将宠物拟人化是宠物视频中常用的方法，所以通过后期处理加入一些文字，并配合其动作，表现宠物好像能听懂人话的感觉，如图10-39所示。

（2）对于一些表现宠物搞笑的视频，还可以利用文字来指明画面的重点，例如图10-40所示中展示的猫咪的小短腿。另外，选一种可爱的字体，也可以令画面显得更萌。

（3）对于猫咪一些习惯性动作，可以发挥想象力，给予其另外一种解释。例如，猫咪“踩奶”的行为，其实来源于幼年喝奶时，通过爪子来回抓按母猫乳房可以刺激乳汁分泌，让幼猫喝到更多的奶水。而在长大后，这种习惯依旧被保留下来，用来表现其心情愉悦、有安全感。而将“踩奶”行为描述为“按摩”，则可以令宠物视频更生动，如图10-41所示。

图10-38

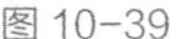

图10-39

图10-40

图10-41